TRAITÉ DE ZOOTECHNIE
P. Dechambre
LE PORC
PARIS
CHARLES AMAT, Éditeur

TRAITÉ DE ZOOTECHNIE

DU MÊME AUTEUR :

TRAITÉ DE ZOOTECHNIE

Six beaux volumes in-12 illustrés. — Reliure anglaise souple.

I. — ZOOTECHNIE GÉNÉRALE (3e édition 1914)

II. — LES ÉQUIDÉS *(2e édition 1921)*

III. — LES BOVINS *(2e édition 1922)*

IV. — LE PORC *(1re édition 1924)*

V. — LE MOUTON *(en préparation)*

VI. — LA CHÈVRE —

LA VACHE LAITIÈRE

Un volume in-12 illustré. — Broché : 9 fr. — *franco* : 10 fr.

LA FORMATION DU LAIT. — LES RACES BOVINES LAITIÈRES. — LA VACHE LAITIÈRE ET BEURRIÈRE. — HYGIÈNE DE LA VACHE LAITIÈRE. — RÉGIME ALIMENTAIRE DES VACHES LAITIÈRES. — DES DIVERS MODES D'EXPLOITATION DE LA VACHE LAITIÈRE. — LA RÉCOLTE DU LAIT. — LA CASTRATION DE LA VACHE. — DE QUELQUES MALADIES DES VACHES LAITIÈRES.

LE CHIEN

Races. Élevage. Alimentation. Hygiène. Utilisation.

Un volume in-12 illustré (1921). Prix : 15 fr. ; *franco* : 16 fr.

TRAITÉ
DE
ZOOTECHNIE

PAR

P. DECHAMBRE ✻

PROFESSEUR DE ZOOTECHNIE
A L'ÉCOLE NATIONALE D'AGRICULTURE DE GRIGNON
ET A L'ÉCOLE VÉTÉRINAIRE D'ALFORT
MEMBRE DE L'ACADÉMIE D'AGRICULTURE DE FRANCE

TOME IV

LE PORC

Ouvrage illustré d'une carte, de 84 gravures et de 22 tableaux

---

LIBRAIRIE DES SCIENCES AGRICOLES

PARIS (VIe)	BRUXELLES
CHARLES AMAT	EDM. MARETTE
ÉDITEUR	LIBRAIRE
11, RUE DE MÉZIÈRES, 11	3, RUE St-BONIFACE, 3

1924

AVANT-PROPOS

Les prévisions faites au moment de la publication des premiers volumes de mon *Traité de Zootechnie* portaient que celui consacré au Porc devait venir après celui des Ovins. Mais pour répondre aux très nombreuses demandes que de bienveillants lecteurs ont adressées, je me suis décidé à publier « Le Porc » avant le volume qui devait normalement le précéder.

Le développement pris par la production porcine; l'intérêt qu'il y a d'étendre un élevage rémunérateur; des conditions économiques différentes de celles d'avant-guerre; l'activité des relations commerciales provoquant, avec l'expansion des races améliorées, de nombreux essais de croisement et finalement amenant la transformation des anciennes races; l'arrivée du porc dans des pays neufs jusqu'ici à peu près complètement dénués d'industrie porcine; toutes ces questions ont pris beaucoup d'importance en ces dernières années; je me suis efforcé de les exposer aussi complètement que possible sans prétendre avoir pleinement réussi dans cette tâche complexe.

Pendant que se transforment les races métropolitaines entraînées par le courant qui porte irrésistiblement toute notre production animale vers le perfectionnement que l'on est unanime à y constater, la connaissance des animaux appartenant aux Colonies françaises se précise de plus en plus et s'élargit jusqu'à faire parfois éclater les anciens cadres descriptifs. Sur ce sujet particulier, j'adresse mes très vifs remerciements aux vétérinaires des Services zootechniques aux Colonies pour les documents, les monographies même, qu'ils m'ont envoyés et dont la plupart constituent des travaux inédits. Mes remerciements vont également à ceux de mes collègues et de mes anciens élèves de Grignon et d'Alfort qui m'ont communiqué des renseignements, envoyé des photographies, établi des dessins ou confié des clichés grâce auxquels le présent ouvrage a pu être abondamment illustré. Ils s'adressent aussi à mon éditeur, M. Ch. Amat, qui a fait les plus louables efforts pour présenter très convenablement le livre sur le Porc dans une période où l'édition des ouvrages techniques se heurte à des difficultés de toute nature.

P. Dechambre.

Mars 1924.

LE PORC

PREMIÈRE PARTIE

Races Porcines.

CHAPITRE PREMIER

Caractères zoologiques. — Domestication. — Rôle économique.

Caractères zoologiques. — Le *Porc* appartient à l'ordre des *Bisulques*, au sous-ordre des *Porcins* et à la famille des *Suidés*. Dans cette famille, le genre *Sus* renferme les Cochons sauvages ou *Sangliers* et les Cochons domestiques.

Les *Suidés* ou *Sétigères* ont le corps revêtu de poils raides ou *soies*, et supporté par des pieds dont les deux doigts médians touchent seuls le sol, les deux autres étant peu développés et reportés en arrière. La tête est allongée et terminée par un groin ou boutoir élargi à son extrémité en un disque où sont percées les narines. Les femelles possèdent six ou sept paires de mamelles abdominales, et mettent bas un nombre correspondant de petits.

Les Suidés sont des animaux nocturnes, qui vivent en troupe dans les forêts, recherchent les régions marécageuses et aiment à se vautrer dans la boue. Ils sont omnivores : bien qu'ils se nourrissent le plus souvent de racines et de tubercules, ils ne dédaignent

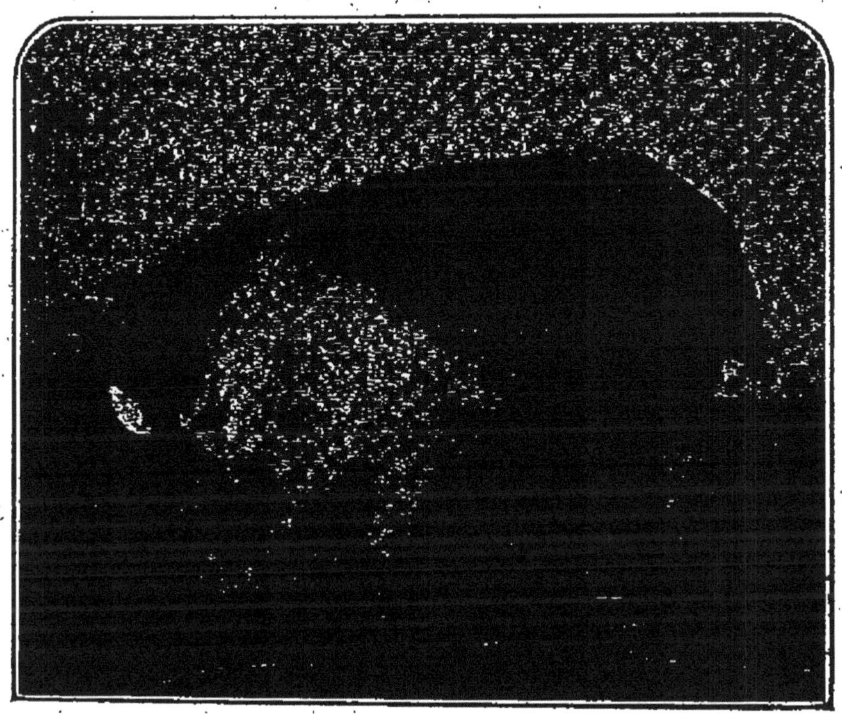

Fig. 1. — Hybride sanglier-truie.
(Station de zootechnie de Grignon.)

pas les proies vivantes ou mortes qu'ils trouvent à leur portée.

Les *Cochons* proprement dits (genre *Sus*) sont caractérisés par la formule dentaire : $\frac{3.\ 1.\ 4.\ 3}{3.\ 1.\ 4.\ 3}$ = 44 dents correspondant, pour chaque mâchoire, à six incisives, deux canines, et, de chaque côté, sept molaires partagées en quatre prémolaires et trois arrière-molaires. Les incisives inférieures sont dirigées très obliquement en avant (Railliet, *Zoologie médicale et agricole*).

Les espèces sauvages sont connues sous le nom de *Sangliers*. Les zoologistes en ont décrit un grand nombre qui ont été rangées dans quatre espèces principales : *Sus vittatus* ou Sanglier à bandes, *S. verrucosus* ou Sanglier à verrues, *S. barbatus* ou Sanglier barbu et *S. scrofa* ou Sanglier d'Europe.

Après avoir fait une étude attentive et minutieuse des caractères des diverses espèces du genre *Sus*, Cornevin aboutit à des conclusions utiles à rapporter (1) :

« Toutes les formes porcines, tant sauvages que domestiques, si différentes qu'elles soient morphologiquement, sont fécondes entre elles et donnent, non des hybrides, mais des métis.

« De par ce critérium physiologique, il n'y a dans le genre *Sus*, abstraction faite de *Sus verrucosus* et de *S. barbatus*, sur lesquels nous manquons de documents, qu'une seule espèce.

« En raison de l'immensité de son aire de dispersion et surtout de son étonnante malléabilité, cette espèce a subi très fortement l'influence des milieux et des conditions alimentaires; mais ses variations anatomiques et morphologiques ne sont que d'ordre ethnique.

« Ces variations s'étant montrées sur les formes sauvages tout comme sur les domestiques, avaient amené quelques zoologistes à faire plusieurs espèces de sangliers aussi abusivement qu'on avait établi plusieurs espèces de cochons domestiques. Ces

(1) Ch. Cornevin, *Les Porcs*, 1897.

formes sauvages sont les souches des formes domestiques.

« Autant qu'on puisse se former une opinion sur l'origine des groupes, il y a des probabilités pour que la souche première de tous les Cochons et Sangliers soit le *Sus indicus* ou Sanglier d'Asie. » (Le nom de *S. indicus* a été donné par H. von Nathusius à l'espèce désignée par Forsyth Major sous le nom de *S. villatus*, à côté de laquelle ce même nom englobe d'autres formes distinguées seulement par des caractères secondaires, non spécifiques.)

Isidore Geoffroy Saint-Hilaire avait, d'ailleurs, émis l'idée que les cochons d'Europe descendent des sangliers d'Asie, par opposition à Cuvier qui faisait dériver les cochons domestiques du Sanglier d'Europe (*Sus scrofa*). On s'accorde généralement à admettre, actuellement, suivant l'opinion formulée par Cornevin, que les formes porcines, sauvages et domestiques, appartiennent à une seule et même espèce.

Préhistoire et Domestication. — « Les fossiles du genre *Sus* commencent dans le miocène supérieur avec *S. antiquus* (Kaup), *S. palaechœrus* (Kaup) (?) ; *S. antediluvianus* (Kaup et Eppelsheim); avec *S. major* (Gervais), *S. major var. erymanthius* (Roth et Wagner) et *S. provincialis* (Gervais) trouvés à Pikermi, au mont Léberon, dans la vallée d'Alcoy (Espagne); et dans le pliocène supérieur du Val d'Arno et de l'Auvergne avec *S. Strozzii* (Meneghini) et *S. arvernensis* (Croizet).

« Dans le tertiaire supérieur de l'Inde orientale et de la Chine existent de nombreux restes de *S. giganteus* (Falconer), *S. hjsudricus* (id.), *S. Punjabensis.* Dans le pliocène d'Algérie, Thomas a trouvé *S. phacochœroides.*

« Le sanglier, *S. scrofa ferus* (Linné) est répandu dans le pleistocène d'Europe et d'Asie, et commence déjà dans le « Forest-beds » d'Angleterre. En outre, le *Sus priscus* de Serres existe dans les cavernes à ossements du sud de la France. Dans l'Inde méridionale, le *S. Karmeliensis* et le *S. cristatus* se trouvent dans le pleistocène.

« Le porc des tourbières, *S. palustris* de Rütimeyer, était à l'état domestique partout où étaient les habitants des cités lacustres; il provient, suivant Nathusius et Rütimeyer, comme le porc domestique, non du sanglier, mais vraisemblablement d'une forme souche indienne très voisine du *S. vittatus* actuellement à Java et à Sumatra (1). »

La domestication du porc est extrêmement ancienne. En Chine, l'élevage de cet animal serait fait depuis près de 5.000 ans. Les Aryens doivent en avoir appris l'élevage aux populations européennes méridionales. Quant aux autres peuples asiatiques, ils considéraient sa chair comme immonde et non nutritive, et l'accusaient de causer la lèpre. Pareille opinion devait avoir cours chez les Égyptiens, car le porc ne figure sur aucune de leurs peintures ni aucun de leurs bas-reliefs. La loi de Moïse prohibe l'usage de la viande de porc; cette mesure, basée sur la transmission de parasites à l'homme, est toujours en vigueur chez les Israélites et les Mahométans. En Perse, où le Coran est observé avec tant de rigueur, il n'existe point de porcs. « Les Grecs en élevaient beaucoup; le porc était immolé en sacrifice à certains dieux et déesses : Mars, Cérès, Cybèle. Les habitants de Samos honoraient le porc sous la tutelle d'un dieu; pour les Crétois, il était un animal divin

(1) Ezio MARCHI, *Zootecnia speciale*. Fasc. II. Turin, 1906.

parce qu'ils le croyaient avoir été élevé par Jupiter.

« La figuration du porc se trouve sur un bas-relief représentant la scène dite *Suovilaurilia* (*sus-ovis-laura*) dans laquelle sont immolés un verrat, un bouc et un taureau. Cet usage était déjà en vogue en Grèce au temps du siège de Troie, puisque Tiresias conseille à Ulysse (XIe chant de *l'Odyssée*) de sacrifier à Neptune un verrat, un bouc et un taureau pour calmer les flots en courroux. Les Romains conservèrent cette coutume et distinguèrent les *Suovilaurilia* en petites et grandes, suivant que les bêtes immolées étaient jeunes ou âgées.

« D'après Pline, une année, la seule Étrurie expédia à Rome 20.000 porcs. Le *porcus trajanus* était pour les Romains un plat de prédilection; il consistait en un porc entier, rôti après avoir été rempli de becfigues, de rossignols et d'autres oiseaux (1). »

Le Sanglier était abondant et estimé des anciens Gaulois qui le représentaient sur leurs enseignes et leurs monnaies. Peut-être s'attachait-il à cette figuration quelque idée religieuse? Les sangliers, préférablement les jeunes, vivaient souterrainement côte à côte avec l'homme. Dans la Haute-Bavière, on érigeait des tumulus pour la sépulture de cet animal.

La domestication du porc dans l'Europe occidentale date, comme celle de la plupart des autres espèces de Mammifères, de la période néolithique ou âge de la pierre polie. Les habitations lacustres fournissent des restes abondants de porcs; on y rencontre, en particulier, des maxillaires inférieurs en grand nombre, et dans un bon état de conservation. Il est à remarquer que ces maxillaires montrent

(1) Ezio Marchi et C. Pucci, *Il Maiale*. Milan, 1914.

presque tous, au niveau de leur portion renflée, une ouverture pratiquée à l'aide d'un silex (dont les marques apparaissent nettement à la périphérie) et qui devait servir à extraire pour l'alimentation la mœlle contenue dans le tissu spongieux. Deux formes doivent être distinguées, très différentes par leur taille : l'une, petite, désignée par Rütimeyer sous le nom de Cochon des tourbières (*Sus palustris*), l'autre, de grande taille, qui paraît très voisine des races domestiques anciennes de nos pays.

En Chine, d'après le *Chou-King*, la domesticité du porc daterait au moins de quarante-neuf siècles.

« Réputé immonde par les Égyptiens, le porc ne figure point dans leurs peintures sépulcrales. Personne n'ignore que les Juifs l'avaient exclu aussi de leur alimentation. Les Grecs et les Gaulois le faisaient entrer, au contraire, dans la leur pour une très large part. Enfin, les Aryas primitifs connaissaient le Porc domestique et en mangeaient la chair (1). »

Histoire. — De tous les animaux produits par notre ancienne industrie agricole, les porcs paraissent avoir été les plus nombreux. L'usage où étaient les Gaulois d'en élever de grands troupeaux, à l'état presque sauvage, s'était conservé dans la France féodale. On les laissait vaguer dans les bois, comme le prouvent des actes nombreux relatifs au droit de glandée; mais on en élevait aussi un grand nombre à l'étable, et alors on les nourrissait avec des pois, du son, de la farine d'orge et quelquefois même avec de la viande de rebut (2).

---

(1) N. Joly, *L'Homme avant les métaux*. Paris, 1879.
(2) D'après A. Monteil, *Histoire agricole de la France*.

La Gaule élevait beaucoup de porcs avec lesquels était obtenue une charcuterie renommée. Elle expédiait à Rome et dans toute l'Italie de nombreuses salaisons; les Gaulois entretenaient même, sur les bords du Pô, de grands troupeaux de porcs. Durant tout le moyen-âge, l'élevage porcin se maintint très en faveur; nombreux sont les règlements qui régirent successivement le pacage des porcs et leur droit de pâture dans les forêts.

Charlemagne ordonne à ses intendants de nourrir beaucoup de porcs; ceux-ci sont élevés jusque dans Paris où ils circulent dans les rues. Il fallut des ordonnances de saint Louis en 1261 et de François 1er en 1539 pour faire défense d'avoir des porcs dans l'intérieur de Paris. Encore les religieux de Saint-Antoine prétendirent-ils n'être point assujettis à cette interdiction. En 1663, le Parlement, constatant que le grand nombre de porcs qui divaguaient dans Paris nuisait à la salubrité, fit défense « à toutes personnes d'avoir, en leurs maisons, aucuns porcs, à peine de trente livres d'amende et de confiscation ». L'interdiction fut renouvelée le 17 brumaire an V.

La loi salique consacre 19 articles au vol des porcs et des bœufs. La loi bourguignonne fixe à 30 sols, comme pour la mort d'un laboureur, le rachat du massacre d'un porc. Le code salique estimait à 15 sols un porc castré, ce qui était la moitié du coût de la vie d'un homme. Pour un cochon de lait, l'amende était de trois sous, comme pour une brebis ou une chèvre.

Distribution géographique. — Le porc paraît originaire des régions chaudes du globe. De cette zone, il s'est répandu presque partout, sauf, toutefois, dans les contrées froides, car il ne s'étend pas au nord du 63° de latitude et n'existe pas en Islande. Très nombreux en Chine, en Mandchourie, en Indo-Chine, le porc est l'objet, dans ces pays, d'une consommation importante. Avant 1868, date de l'ouverture du Japon à l'influence européenne, il n'existait pas dans cette contrée où le petit nombre de porcs consommés venait de Chine. Il est très abondant, encore, dans la Papouasie et spécialement en Nouvelle-Guinée. « Cette abondance est telle que les indigènes ne prennent pas la peine de l'élever, en trouvant toujours à leur disposition quand ils en ont besoin. » (CORNEVIN.)

Il n'y a pas de porcs, ou qu'en nombre restreint, dans les pays de religion mahométane et juive. En Afrique du Nord où la population porcine, au Maroc spécialement, a pris une extension remarquable, ce fait est dû uniquement à la colonisation.

Le porc n'existait pas en Amérique lors de la découverte. Dans l'Amérique du Nord, il fut introduit vers 1540 par un officier de Charles-Quint, et dans l'Amérique centrale par un lieutenant de Pizarre. Il s'est rapidement multiplié dans le nouveau continent, bien qu'avec une intensité variable selon les régions. L'Amérique du Nord compte beaucoup plus de porcs que l'Amérique du Sud. Favorisé par l'extension de la culture du maïs, l'élevage intensif du porc s'est surtout installé dans les États situés au voisinage de la région des Grands Lacs, les mêmes où la production chevaline est très en faveur. L'importance économique prise par le porc dans l'industrie animale des États-Unis motive le nombre et la diversité des travaux effectués dans les Stations de Recherches, sur tout ce qui concerne l'alimentation de cette espèce.

Dans l'Amérique du Sud, les conditions actuelles de la production animale favorisent plutôt le développement des espèces bovine et ovine; cependant l'activité prise par les industries laitières et la nécessité de faire consommer des sous-produits industriels de diverses origines, assurent au porc une place qui va en grandissant.

D'autres pays nouvellement venus à la production animale en vue de débouchés vers l'Europe possèdent une population porcine dont la densité s'accroît rapidement. Le Maroc vient d'être mentionné; Madagascar est dans une situation identique. Avant la colonisation française, les Hovas élevaient déjà de grandes quantités de porcs; au contraire les Sakalaves tiennent ceux-ci comme impurs; ne les mangeant point, ils ne les élevaient pas.

Services des Porcs. — Le porc est essentiellement un animal alimentaire; aucun animal domestique n'est, à ce titre, d'un usage aussi exclusif. En de nombreux points du globe il fournit aux populations humaines la presque totalité, voire la totalité de leur nourriture animale. Sa chair musculaire, sa graisse sous-cutanée et interne, lard, saindoux, axonge, ses intestins, sang et issues diverses, toutes ces parties sont consommées sous les formes les plus variées. La préparation d'un porc pour la consommation ne laisse, pour ainsi dire, aucun déchet.

Les services que rendent les porcs de leur vivant sont, par contre, à peu près nuls : dans le Périgord, on les emploie à la recherche des truffes, mettant ainsi à profit le développement de leur sens olfactif. Railliet mentionne qu'en Normandie on les attachait autrefois au pied des pommiers qu'ils cultivaient en fouillant la terre tout autour. On raconte même que dans les Apennins, on les utilisait à la façon des chiens de berger. Enfin, P. Gervais a rapporté une utilisation pour le moins curieuse autant qu'exceptionnelle : celle du porc comme animal de trait.

« Dans certaines parties de l'Écosse, écrit ce naturaliste, principalement dans le Murrayshire, le porc travaille comme bête de trait, et il n est pas rare d'y voir un petit cheval, un âne et un cochon attelés à la même charrue. » Grognier a vu en France de pareils attelages, et il rappelle qu'une loi les avait défendus au peuple juif. — En Amérique, on lâche les Cochons contre les serpents venimeux dont ils font leur proie. On arrache aux Cochons vivants des soies pour faire des brosses, des vergettes et des pinceaux. Enfin, le fumier de Cochon, quoique peu estimé, a aussi son utilité; dans le Nord, on l'emploie principalement dans les champs de houblon.

Une utilisation toute spéciale a pris naissance, il y a peu d'années, à la faveur des progrès réalisés dans la chirurgie de l'estomac et des résultats expérimentalement obtenus dans quelques laboratoires. Il s'agit de l'obtention de suc gastrique de porc en vue du traitement, chez l'homme, de certaines dyspepsies. L'estomac est isolé tout en conservant ses connexions vasculaires et nerveuses; le cardia et le pylore sont rapprochés; l'animal reçoit un régime alimentaire qui lui permet de subsister, et par, une fistule gastrique convenablement faite, on recueille du suc gastrique pur.

Le porc fournit quelques produits industriels par sa peau, ses soies, ses onglons et sa vessie.

La peau de porc est excellente pour les garnitures de selle et divers objets de maroquinerie. En Espagne, on l'utilise à fabriquer des outres destinées à contenir du vin.

Les soies sont utilisées dans la brosserie; des usines importantes les préparent, les nettoient, les trient

(1) P. Gervais, *Hist. nat. des Mammifères*. Paris, 1855.

en vue de cette utilisation qui revêt les aspects les plus variés suivant la longueur et la finesse des soies employées. Un porc de taille moyenne peut donner jusqu'à un demi-kilogramme de soies.

Les onglons servent dans la fabrication du bleu de Prusse, de produits ammoniacaux ou encore de la colle forte.

La vessie dûment lavée, gonflée et desséchée, sert pour conserver de la présure pour fromage, le saindoux de porc ou encore des couleurs à l'huile.

Fumier. — D'après Boussingault un porc de taille moyenne recevant par jour 7 kilos de pommes de terre avec des eaux grasses fournit environ :

Excréments	1 kg. 300
Urine	3 kg. 050
Total	4 kg. 350

soit, dans l'année, environ

480 kilos d'excréments.
1.100 — d'urine.

Ces quantités subissent évidemment d'importantes variations suivant l'alimentation, le poids des animaux, leur puissance digestive, leur race, etc. La composition moyenne du fumier, donnée par Boussingault, est la suivante :

	A L'ÉTAT FRAIS	A L'ÉTAT SEC
Eau	72 %	»
Azote	0,78 —	2,89
Acide phosphorique	0,20 —	0,76

De ces chiffres, il résulte que le fumier de porc

vient après celui de mouton, et avant ceux de cheval et de bœuf. Cependant, il est peu estimé des cultivateurs parce qu'il a une forte teneur en eau. Il en sera rarement fait emploi seul, mais préférablement en le mélangeant aux autres fumiers ou en le complétant par des engrais chimiques.

CHAPITRE II

Caractères généraux des Races porcines. Classification des Races.

Les caractères ethniques généraux à rechercher dans l'espèce porcine sont de la même nature que ceux utilisés pour l'étude des autres espèces domestiques. Le porc doit être considéré comme une des plus malléables parmi celles-ci; dans la liste qu'il en a établie, par ordre décroissant de variabilité, Corneyin place les porcs en première ligne, avant les Chiens et les Bœufs, cependant connus pour le nombre et la diversité des races qu'ils ont fournies. Empruntés aux divers éléments qui régissent la plastique du porc, ces caractères généraux seront successivement examinés avec le profil, les proportions, le poids, les pelages et productions pileuses.

Variations du Profil. — Examinées plus spécialement dans la tête, les variations du profil montrent des écarts dont il importe de suivre la manifestation au cours du développement de l'animal, puis dans les diverses races.

I. Variations dues a l'age. — Dans toutes les espèces, la tête subit avec l'âge d'importantes modifications portant sur les deux portions essentielles, le crâne et la face, considérées dans leur accroissement et dans leurs rapports réciproques. Chez le porc, ces modifications sont extrêmement marquées; elles doivent être connues, car leur ignorance serait de nature à jeter quelque trouble dans les déterminations ethniques sur des individus jeunes.

A la naissance, les Porcins possèdent tous une tête de conformation à peu près identique; à cet égard, les formes primitives ou communes ne diffèrent pas beaucoup des formes cultivées et perfectionnées. Le front est arrondi, la face courte, le profil sensiblement rectiligne; la protubérance occipitale est peu développée; le crâne est proportionnellement plus étendu, par rapport à la face, qu'il ne le sera ultérieurement. Cela est particulièrement visible dans les races dont la face est nettement allongée chez l'adulte : race à grandes oreilles tombantes, race circumméditerranéenne.

Au cours de la croissance, des modifications surviennent qui sont dues à deux causes : allongement de la face et relèvement de la portion postérieure du crâne. La protubérance occipitale acquiert un volume parfois considérable dans certaines races, et, en même temps qu'elle s'amplifie, elle se déplace en avant par une sorte de mouvement de bascule de toute la partie supéro-antérieure qui déprime plus ou moins profondément la ligne fronto-nasale. Primitivement à peu près droite, cette ligne s'incurve de plus en plus, et ainsi se trouve constitué le profil concave, attribut fondamental des porcins domestiques adultes.

La différenciation du profil céphalique commence vers le troisième mois; elle s'accuse surtout après le septième, en même temps que se modifie l'indice facial. Cornevin a étudié sur des sujets de race berkshire ces oscillations de l'indice facial qui se traduisent par les chiffres ci-dessous (1);

---

(1) Ch. Cornevin, *Zootechnie générale*, p. 570.

	INDICE FACIAL
Truie berkshire, à la naissance.............	84,31
— à 20 jours................	79,26
— à 6 mois..................	68,53
— à 9 mois 1/2.............	71,34

En conséquence, la tête des porcs présente, chez les individus très jeunes, une morphologie qui rappelle celle du type fondamental de l'espèce; les caractères spéciaux à chaque race n'apparaissent que successivement, au cours du développement individuel; mais alors, ils se traduisent par des variations parfois si accentuées qu'on établirait difficilement la parenté existant entre les diverses formes si on n'avait point suivi la succession des phases intermédiaires.

Le tableau ci-dessous emprunté à Cornevin fait parfaitement ressortir cette évolution des formes porcines qui, partant d'un type allongé, aboutissent, dans divers cas, à une extrême réduction de la face.

	LAIE d'Europe	TRUIES					
		Napolitaine	Chinoise	Craonnaise	d'York	d'Essex	New-Leicester
Indice céphalique	37	45	60	56	58	63	64
— facial....	48	54	47	64	72	83	86
— nasal....	20	22	23	27	34	30	36

II. Profil céphalique chez les adultes. — Le profil de la tête, examiné chez les adultes, présente trois aspects fondamentaux.

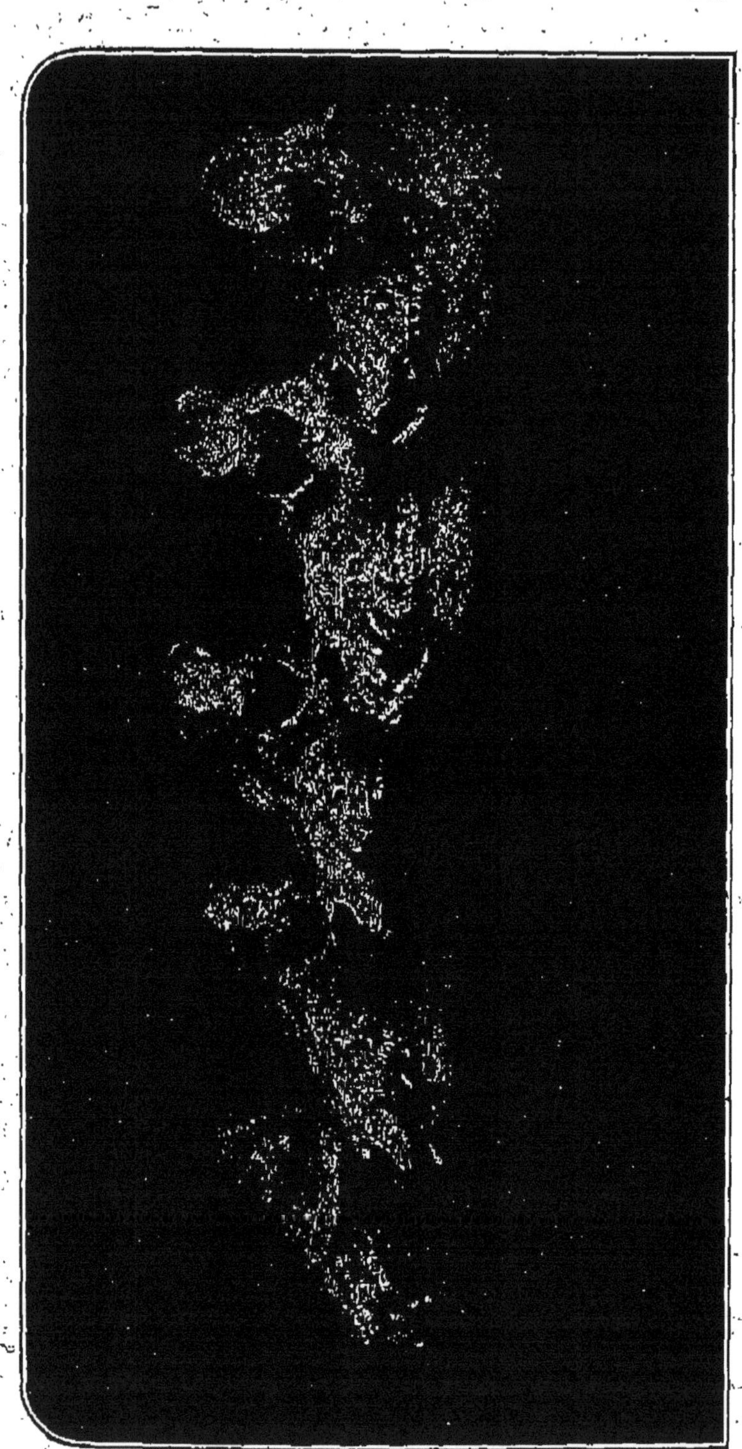

FIG. 2. — Variations du profil.

1. Profil droit : Sanglier. — 2 et 3. P. sub-concave : Limousin. — 4. P. concave : Craonais. — 5. P. ultra-concave : Yorkshire.

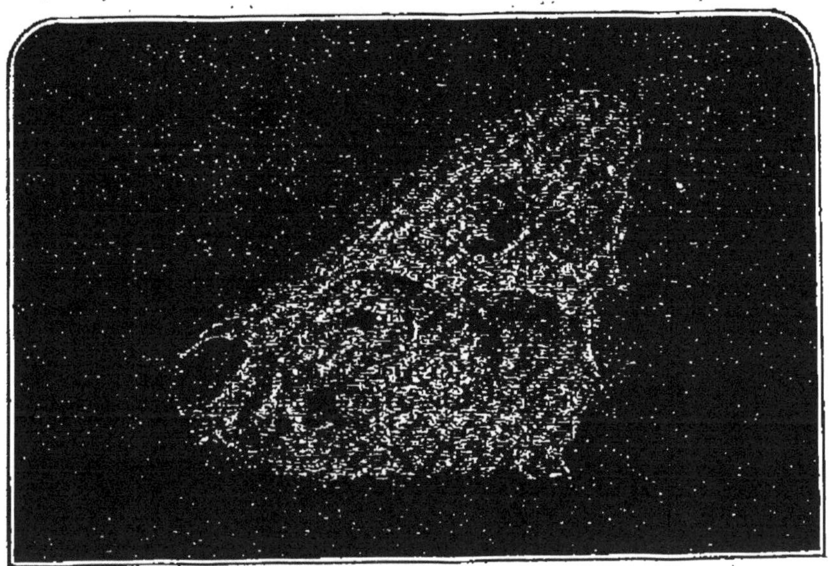

Fig. 3. — Sanglier.

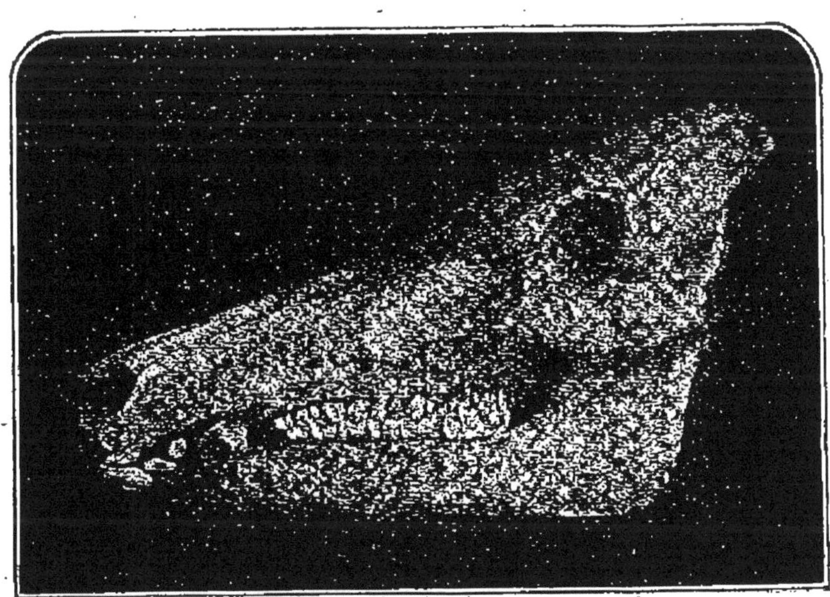

Fig. 4. — Sanglier.

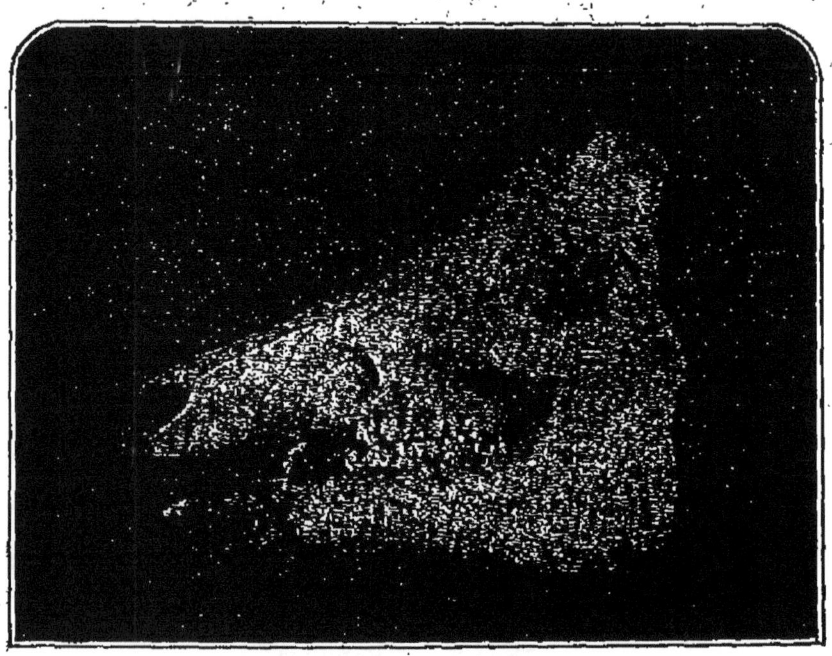

FIG. 5. — Type sub-concave.

FIG. 6. — Type concave.

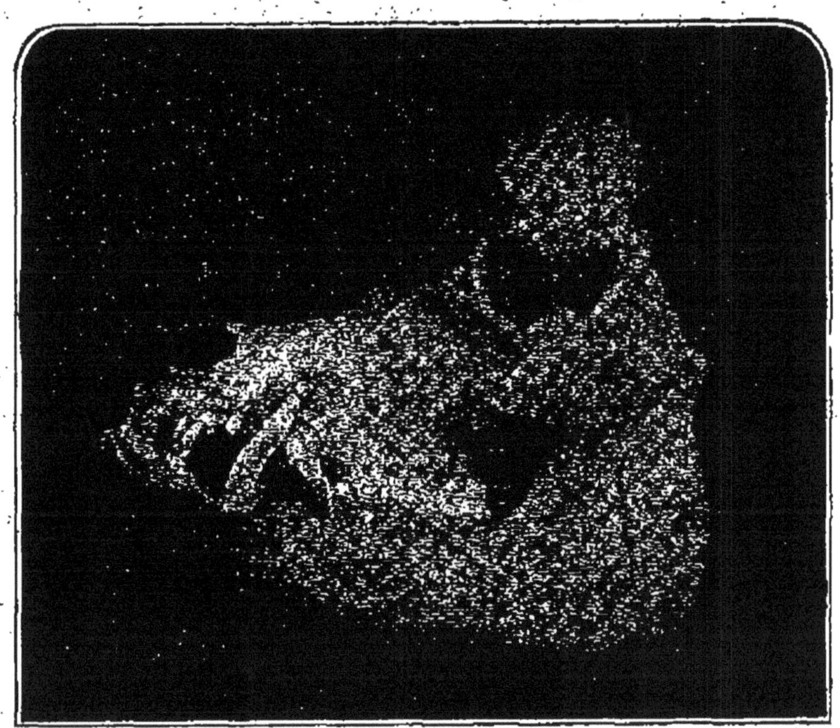

Fig. 7. — Verrat Berkshire.

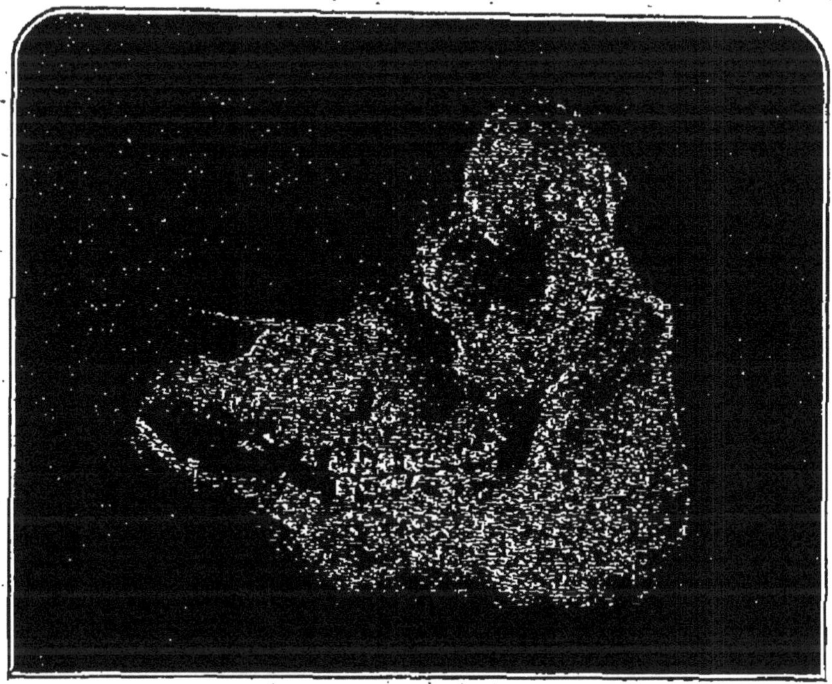

Fig. 8. — Type ultra-concave.

a) *Profil sub-concave.* — Caractérisé par une ligne fronto-nasale légèrement infléchie au point de jonction de la face et du crâne, le profil sub-concave diffère peu de celui du Sanglier qui est sensiblement rectiligne. La dépression est très peu accusée dans certaines races qui ont conservé la ressemblance avec la forme primitive. Chez d'autres, la concavité est un peu plus marquée, sans cependant atteindre jamais l'accentuation constatée sur la forme suivante.

b) *Profil concave.* — Ici le profil est très nettement concave, en raison de la forte dépression qui existe au milieu de la ligne fronto-nasale. Elle va de pair avec une élévation déjà sensible de la protubérance occipitale; celle-ci est tournée vers le haut; l'angle formé par les deux crêtes qui la constituent regarde en haut plutôt qu'en arrière.

c) *Profil ultra-concave.* — Dans cette troisième forme, la concavité est extrêmement accusée; la ligne fronto-nasale est brisée presque à angle droit. On peut remarquer que le front a conservé une surface arrondie d'un côté à l'autre. La protubérance occipitale est volumineuse, nettement basculée; comparativement à celle de la forme *a*, l'angle que dessinent ses deux crêtes est même légèrement infléchi en avant.

On peut donc trouver, dans ces variations du profil, un critérium essentiel pour la distinction des races. Celles qui se constatent dans les *proportions de la face*, dans *les dimensions* et *le port des oreilles* viennent les compléter de telle manière que trois types ethniques fondamentaux se dégagent facilement.

Afin de tracer sans interruption un portrait complet de toutes les variations céphaliques adéquates à la diagnose ethnique, nous allons étudier de suite les deux coordonnées dont il vient d'être parlé : proportions de la face et oreilles.

Proportions de la Face. — Dans une première forme porcine, la face est étroite et allongée, le groin fin. Ces caractères, qui rappellent ceux des mêmes régions chez le sanglier, sont en correspondance avec la faible concavité du profil; on les rencontre par conséquent dans le groupe des races subconcaves.

Une disposition opposée est la brièveté de la face due à la réduction de longueur des os nasaux et incisifs entraînant, par voie de corrélation, le raccourcissement du maxillaire inférieur et l'incurvation de ses branches vers leur point de soudure avec le corps de l'os. Elle est en rapport, cette brachyprosopie, avec l'accentuation de la dépression frontale. Les races ultra-concaves sont, en même temps, à face courte.

La troisième forme se rencontre chez les races concaves; elle est caractérisée par une face longue, mais en même temps grosse avec un groin épais.

Port et Dimensions des Oreilles. — Le port et les dimensions des oreilles offrent des variations qui se ramènent à trois dispositions :

a) L'oreille de longueur moyenne, dirigée en avant;
b) L'oreille longue, épaisse et pendante;
c) L'oreille courte, dressée verticalement.

a) L'oreille horizontale, ou légèrement dressée, ayant la pointe dirigée en avant, possède une longueur égale à la moitié de la tête ou même un peu inférieure. C'est précisément dans ce dernier cas que l'oreille a une tendance à se redresser. Cette disposition — oreille dressée — coïncide alors avec la face étroite, effilée et le profil à peu près rectiligne, et marque la ressemblance avec le sanglier; on ne la trouve que sur un petit nombre de porcins actuels appartenant à des formes encore directement apparentées à leur type primitif. En dehors de cette sorte de transition, l'oreille courte, horizontale et pointée en avant coexiste avec la face fine et allongée et le profil sub-concave.

b) L'oreille longue, épaisse, pendante est l'apanage des porcs concaves à grosse face et à large groin. Ses dimensions sont parfois très grandes; la longueur oscille entre 25 et 30 centimètres, la largeur entre 14 et 18. Elle est plus ou moins tombante, laissant chez certaines races l'œil à découvert, chez d'autres arrivant à recouvrir cet organe et à gêner la vue.

c) L'oreille droite, petite, triangulaire, dressée vers le haut, avec la conque tournée en avant, appartient aux formes ultra-concaves. La longueur y est d'environ 10 centimètres. L'organe est parfois un peu cassé à l'extrémité sur les verrats âgés.

La *nature des extrémités*, par ce que nous venons de constater dans la face et dans les oreilles, permet donc de compléter chez le porc une diagnose ethnique déjà affirmée par l'aspect caractéristique du profil céphalique. Deux types s'opposent, en effet, d'une manière très nette : un type sub-concave, à face allongée, étroite, à groin fin et incliné, à oreilles courtes, horizontales et pointées en avant; un type concave, à face longue, mais grosse et à groin épais, à oreilles longues, lourdes, tombantes, atteignant jusqu'au groin ou même le dépassant quelquefois.

La portée générale de ces constatations ressort de la comparaison que l'on peut établir, sans difficulté, entre elles et des variations de même ordre offertes par d'autres espèces; deux exemples vont suffire à cette comparaison :

L'espèce canine offre deux types ethniques parfaitement différenciés par la nature des extrémités : d'une part les chiens à face pointue, à lèvres minces, à oreilles courtes, triangulaires et dressées; d'autre part, les chiens à face large, épaisse, plissée, à lèvres pendantes, à oreilles longues, grosses et tombantes.

L'espèce chevaline — ici le caractère « oreille » est laissé de côté bien qu'il ne soit pas totalement négligeable — nous donne, d'une part les chevaux belges à face longue, épaisse, large; et de l'autre les chevaux barbes (ou mongoliques) à face fine, à lèvres minces auxquels s'applique si bien cette vieille locution pittoresque du cheval « qui boit dans un verre ».

Les oppositions sont frappantes; elles ont déjà une valeur pour chaque espèce considérée isolément; il nous apparaît que cette valeur est singulièrement accrue dès que les variations se constatent dans plusieurs espèces. — Nous laissons à dessein de côté, pour ne pas allonger démesurément ce chapitre, les exemples que fournissent l'espèce bovine, l'espèce ovine et ceux que l'on pourrait également choisir dans les races humaines.

Morphologie du Crâne chez les Porcs. — « Quelle que soit la conformation générale de la tête osseuse du Porc, celle-ci se caractérise par le grand développement du crâne; aussi a-t-on cherché à apprécier chez le porc, comme chez les autres animaux, la forme particulière de cette partie. Sanson, par comparaison des dimensions mesurées de la base de l'oreille à l'angle externe de l'œil d'une part, entre la base des deux oreilles d'autre part, a distingué chez le porc, comme chez d'autres animaux, des têtes *brachycéphales* et des têtes *dolichocéphales*. Ainsi comprises, ces expressions n'ont qu'un sens imprécis par rapport aux mêmes expressions employées chez l'homme, en crâniométrie, en vue d'apprécier la forme de la cavité crânienne par comparaison de ses dimensions longueur et largeur toujours mesurées à l'intérieur de la cavité. Comme TOUSSAINT l'a démontré pour le Cheval, il n'y a pas, chez le porc, quelle que soit la race, de têtes brachycéphales ou dolichocéphales au sens absolu de ces mots, la longueur du crâne l'emportant toujours sur la largeur quand ces mensurations sont faites à l'intérieur de la cavité. L'*indice céphalique*, expression du rapport de la *largeur* à la *longueur*, reste toujours plus petit que l'unité. La forme absolue du crâne, basée sur la valeur de l'indice céphalique, reste donc encore à déterminer. Si l'on veut établir une distinction précise entre les têtes osseuses des différentes races porcines d'après la forme du crâne, il faut d'abord préciser à partir de quelles limites l'indice céphalique basé sur des mensurations intérieures de la cavité crânienne permet d'attribuer les désignations de brachycéphale et de dolichocéphale » (BOURDELLE) (1).

Le Groin du Porc. — Le *groin* ou *boutoir* forme à l'extrémité inférieure de la tête une surface plane et circulaire, limitée par un bourrelet en saillie. Sur cette surface sont percés les naseaux qui sont étroits et peu mobiles.

Les dimensions et la direction du groin varient avec la forme et les proportions de la face. Le groin est rétréci et incliné dans les races à face allongée, fine, à profil peu concave; il est épais, taillé perpen-

---

(1) Professeur BOURDELLE, *Traité d'anatomie régionale*, t. III : *Le Porc*.

diculairement à l'axe de la tête chez les porcs à face grosse et à profil nettement concave; on le voit large, épais et parfois un peu retroussé sur ceux à face courte et large et à profil très déprimé.

Variations des Proportions. — Les variations des *proportions céphaliques* ayant été étudiées à la suite de celles du profil de la tête, il n'y a plus à examiner que celles des *membres* et du *tronc.*

Conformément à une loi générale dont d'autres espèces fournissent de frappants exemples, les *variations des membres* sont en corrélation avec celles de la tête, et plus spécialement de la face. Le raccourcissement de celle-ci coexiste, harmoniquement, avec la brièveté des membres; et inversement pour les variations par allongement.

Les *proportions du tronc* sont fréquemment en harmonie avec les précédentes; c'est le cas des grands porcs longilignes, à membres hauts, à tronc allongé, aplati d'un côté à l'autre, et celui des races à membres courts, à face brève, dont le tronc est également court, ramassé et épais avec un abdomen tombant. Mais il n'en est pas toujours ainsi. L'amélioration réalisée par les éleveurs dans le sens de l'amplification du tronc, de la recherche d'un corps allongé et épais, sous la forme d'un long cylindre capable de produire le maximum de viande, n'est pas en harmonie avec la brièveté des membres. Il faudrait, dans ce cas, un tronc court et ramassé. En étudiant l'histoire des races porcines qui offrent ces caractères, nous verrons que cette sorte d'anomalie, de non-concordance avec la loi générale ci-dessus appliquée, tient à l'origine artificielle des animaux et à une sorte de disjonction de caractères, que les éleveurs se sont empressés d'accentuer afin de l'utiliser au mieux de leurs intérêts économiques.

Variations du poids vif. — Le poids vif des porcs varie avec nombre de causes, et l'on sait depuis longtemps, Cornevin l'a parfaitement mis en évidence, que le porc est un des animaux le plus influencé par les conditions de milieu et d'alimentation. Dans les races cultivées, les reproducteurs seuls, verrats et truies, sont conservés assez longtemps pour atteindre le poids correspondant à celui d'un adulte; encore l'engraissement qu'on leur fait subir dans le temps qui précède leur réforme a-t-il pour résultat d'accuser un chiffre maximum. Ce chiffre peut être parfois très élevé. Il a été amené autrefois, au Concours d'animaux gras de Poissy, des porcs qui pesaient plus de 400 kilogrammes. Tessier rapporte qu'en 1781, on a tué à Durveston, dans le Dorsetshire, un cochon du poids de 1247 livres anglaises (565 kilogrammes). « En l'an VI, on montrait à Paris un porc ayant 2m,35 de longueur depuis le bout du groin jusqu'à la naissance de la queue, et 1m,13 de hauteur à l'épaule. Ce monstrueux animal avait été acheté jeune dans une foire de Nonancourt (Eure). On évaluait son rendement en viande nette à 400 kilogrammes. » (HEUZÉ.)

CORNEVIN cite un porc américain, exhibé vers 1897, dont le poids était de 661 kilogrammes, la taille de 1m,22 et la longueur du corps de 2m,50.

VIBORG (dans son livre intitulé « *Mémoires sur l'éducation, les maladies, l'engrais et l'emploi du porc*) écrit ceci (1) :

« Un porc anglais de la grande race à oreilles pendantes atteignit 1m,20 de hauteur et un poids de 637 kg. 500. A Paris, on a aussi fait voir de gros porcs de cette race, provenant de la Normandie, qui le

(1) Deuxième édition, en français. Paris, 1835, p. 21.

cédaient peu aux autres. A Louisbourg. en Allemagne, on a tué un porc de la grande race en question qui pesait 442 kilogrammes, et à Berlin un autre pesant 500 kilogrammes. C'est dommage qu'on n'ait pas ajouté combien de fourrage ces animaux avaient consommé. »

Poids remarquables de Porcs espagnols. — Dans la région de Jaburgo (Sierra Morena), Espagne, on signale les poids considérables atteints par des porcs élevés au pâturage, puis engraissés avec un régime à base de glands. Des animaux de 2 ans et même moins donnèrent un poids vif moyen de 230 kilogrammes et d'autres, de 3 ans environ, donnèrent un poids moyen de 368 kilogrammes. Un spécimen de ce dernier groupe a fourni les mensurations suivantes : (1)

Longueur	1m,85
Périmètre thoracique	2m,12
Hauteur au garrot	1m,10
Largeur de la croupe	0m,57

A cette occasion, j'ajouterai qu'au cours d'un voyage en Espagne, j'ai rencontré des porcs noirs, extrêmement gros, expédiés de Majorque, dont j'ai cru pouvoir estimer à l'œil le poids vif à 300 kilogrammes au minimum.

La taille peut varier, dans l'espèce, de 0m,55 à 1m,15.

Tous les porcs qui peuplent les îles de la Polynésie sont de race naine. Le poids y descend jusqu'à 30 kilogrammes.

Variations du nombre des Vertèbres. — Les ver-

(1) *Bulletin mensuel des Renseignements agricoles,* août 1922.

tèbres, de même que les autres organes « en série » (côtes, doigts, dents), présentent chez les diverses espèces domestiques des variations numériques bien connues, qui furent attentivement étudiées par Cornevin et Lesbre (1). Ces auteurs font remarquer que dans aucune espèce ces variations ne sont aussi fréquentes ni aussi étendues que sur l'espèce porcine. La formule vertébrale ordinaire des porcs s'écrit comme suit :

Vertèbres	cervicales	7
—	dorsales	14—15
—	lombaires	6— 7
—	sacrées	4
—	coccygiennes	21—23

Ce qui veut dire que les variations sont si fréquentes dans la région dorsale et dans la région lombaire qu'on ne peut pas indiquer un nombre unique, mais qu'il faut mentionner les deux observés le plus souvent. La région lombaire offre même des variations particulièrement très étendues, allant de 6 vertèbres à 5 ou à 7 et même, au témoignage de Cornevin, de 4 à 7. De semblables variations autorisent à enlever au nombre des vertèbres lombaires chez le porc toute signification spécifique ou ethnique.

Caractères fournis par la peau, les productions pileuses et les pelages.

Peau. — La peau du porc, communément appelée *couenne*, est épaisse et résistante. Ces deux carac-

---

(1) Cornevin et Lesbre, *Les Variations numériques de la colonne vertébrale et des côtes* (*Bulletin de la Société centrale de méd. vétérinaire et Société d'Anthropologie de Lyon* — 1897).

tères sont surtout marqués au niveau de la tête et du tronc et plus encore, dans ces régions, sur les parties supérieures que sur les parties latérales; c'est à la face interne des membres et aux parties inférieures du corps que la peau est le plus mince.

L'épaisseur de la peau est toujours plus grande chez les mâles que chez les femelles, spécialement dans les parties supérieures du corps et au niveau des épaules. « Chez les vieux verrats, cet épaississement devient parfois considérable et s'accompagne d'une grande dureté du tégument, ce qui lui a valu le nom assez impropre de « sclérodermie ». BASSET a démontré, en effet, que cet épaississement de la peau ne revêt jamais l'allure pathologique » (1).

La surface de la peau est ridée et irrégulière; elle est très incomplètement recouverte par les productions pileuses (*soies*), ce qui fait que la coloration du tégument cutané est le plus souvent visible.

La peau est doublée d'une couche de graisse qui s'est déposée dans le tissu conjonctif sous-cutané, mais qui fait également corps avec le derme, et qui constitue le *lard*. La plus grande épaisseur de la couche lardacée existe sur les régions supérieures du tronc; de là elle va en s'amincissant pour se réduire presque totalement au niveau des membres. L'épaisseur peut atteindre 10 et 12 centimètres.

Sur la face interne des membres, au niveau du périnée, la peau, plus mince et plus lâche qu'ailleurs, supporte un panicule adipeux moins dense, et peut se laisser plisser assez facilement.

Robes. — Les pelages de l'espèce porcine sont peu

---

(1) BASSET, *La prétendue sclérodermie du verrat n'est pas une maladie. Bull. de la Société centrale de médecine vétérinaire*, janv. 1910.

variés, cependant leur connaissance offre de l'intérêt pour l'ethnologue, en raison même de cette variabilité réduite.

La couleur des soies permet d'établir les robes suivantes :

Le *blanc*, soit de teinte nettement blanche, soit, plus fréquemment, de nuance légèrement jaunâtre;

Le *blond* ou *froment*, de teinte jaune vif, sans pigmentation;

Le *fauve*, le *gris*, robes de nuance indécise et difficile à fixer, comportant un fond jaunâtre, grisâtre, plus ou moins brun, avec des muqueuses pigmentées, souvent envahi de taches blanches. On y trouve quelquefois des reflets rougeâtres. De toutes les robes porcines, c'est celle qui rappelle de plus près le pelage du sanglier;

Le *rouge* ou *rouge marron* uniforme ou marqué de taches;

Le *noir*, qui est mat ou brillant;

Le *noir à extrémités blanches*, caractérisé par la présence de petites taches blanches limitées au-dessus du groin et à l'extrémité des membres;

Le *pie-noir* où se rencontrent divers aspects, suivant l'étendue variable des taches : taches noires, petites, arrondies et disséminées, souvent bordées; taches noires étendues, de situation quelconque sur le corps ou bien occupant une position bien déterminée; tache noire sur la nuque, l'encolure, l'épaule, tache noire sur la croupe.

La *coloration des soies* est le plus souvent en corrélation avec la pigmentation de la peau. Les soies sont noires sur une peau pigmentée; elles sont blanches ou blondes sur une peau claire. Il y a cependant une exception fournie par la race anglaise du Comté de Glocester, l'Old Spot, chez lequel la robe est formée de taches noires et blanches d'étendue moyenne, les soies noires étant insérées sur une peau blanche et les soies blanches sur une peau noire. On a même remarqué que dans les croisements, ces caractères de coloration se comportent comme des caractères dominants, puisqu'un verrat de cette race accouplé avec des truies de race et de coloration quelconques engendre des produits offrant la même opposition. Chez divers porcs, celui de « Cazères » par exemple, on rencontre également des taches foncées qui portent des soies blanches, soit sur toute leur surface, soit sur leur périphérie.

Les Types porcins. — En utilisant pour la classification et la connaissance des races de porcs : le profil de la tête, les proportions de la face, la nature des extrémités, ainsi que les dimensions et le port des oreilles, on obtient trois types :

1° Le type sub-concave, à face longue et fine, à oreilles horizontales et pointées en avant;

2° Le type concave, à face longue et épaisse, à oreilles larges et pendantes;

3° Le type ultra-concave, à face courte et camuse, à oreilles petites et dressées.

Le *type sub-concave* offre une tête allongée, à profil concave peu accusé, à face longue et effilée, terminée par un groin étroit et incliné, avec des oreilles petites, dirigées en avant, parfois dressées. Le corps est allongé, à dos droit; les membres sont assez longs et fins. La peau est colorée en noir, en totalité ou en partie; elle est couverte de soies peu abondantes et assez fines, quelquefois frisées.

Le *type concave* présente une tête forte et large, à profil concave bien ouvert, à face longue et épaisse terminée par un groin large taillé perpendiculairement à l'axe de la tête; les oreilles sont très développées et pendantes, cachant quelquefois les yeux. Le corps est allongé et voussé, un peu comprimé d'un côté à l'autre. Les membres sont grands et forts. La peau est toujours claire, avec des soies de même couleur, assez longues, fournies et grossières.

Le type *ultra-concave* se caractérise par sa tête large et courte, à profil concave très accusé, à face raccourcie et camuse terminée par un groin large; les oreilles sont courtes, pointues et dressées. Le corps est trapu, de formes arrondies; les membres sont courts. La peau, de pigmentation variable, rouge ou noire ou sans pigment, est couverte de soies fines et peu abondantes.

CHAPITRE III

Type sub-concave à oreilles pointées en avant.

Caractères généraux. — Tête allongée, avec concavité peu marquée entre le front et le groin, face étroite et fine, oreilles dirigées horizontalement, fines et pointées en avant, quelquefois dressées, corps arrondi et ramassé, peau uniformément pigmentée ou marquée de taches noires, brunes, roussâtres, grises. Cornevin, en raison de l'aspect de sa tête, lui appliqua le nom de *race à tête de taupe* qui donne une excellente idée de sa morphologie spéciale et caractéristique que vient encore souvent compléter la coloration noire. Il n'est pas exceptionnel d'y rencontrer des individus porteurs de pendeloques.

Origine et Répartition géographique. — Ce type porcin peuple toutes les contrées situées au pourtour de la mer Méditerranée en s'avançant plus ou moins loin dans l'intérieur des continents. Il se rencontre en France depuis le Plateau Central jusqu'à la Provence et aux Pyrénées; on le trouve en Espagne, au Portugal, dans les îles méditerranéennes, en Italie, dans l'Europe centrale et la péninsule balkanique. Il vit également dans le nord de l'Afrique où son élevage a pris depuis quelques années un développement très remarquable, et il s'étend jusque dans l'Afrique occidentale et équatoriale. Il existe enfin en Extrême-Orient (Indochine) une race qui s'y rattache très bien par toute sa morphologie.

Pour Sanson, « cette race a eu son berceau sur un point quelconque du centre hispanique »; il la qualifie de *race ibérique*, en se basant sur ce que son aire géographique embrasse les pays peuplés par les anciens Ibères. Le nom de *race circumméditerranéenne* ou périméditerranéenne lui est également applicable; il a l'avantage de ne rien préjuger de son centre de dispersion ni du sens dans lequel celle-ci a pu s'effectuer. Les appellations de *race romanique* et de *race napolitaine*, autrefois adoptées par beaucoup d'auteurs, ne correspondent qu'à des populations déterminées, celles de la province de Naples et des Romagnes, qui furent parmi les premières connues en Angleterre et en France.

Races porcines de l'Europe centrale et de la région des Balkans.

L'Europe centrale et méridionale possède beaucoup de porcs. Au milieu de cette population nombreuse, on rencontre même les principales étapes qu'a parcourues l'espèce pour parvenir à une amélioration avancée : dans certaines contrées, en effet, le porc a conservé la morphologie et est resté soumis au mode d'entretien des formes les plus anciennes; dans d'autres, il s'est plié aux exigences modernes et adapté à des modes d'exploitation et à des rendements plus profitables. Dans l'ensemble, la population appartient au type sub-concave à oreilles pointées en avant; on y trouve, représentants primitifs, des animaux à profil sensiblement droit et à oreilles dressées; les autres formes porcines apparaissent surtout par suite de croisements. Sans vouloir entrer dans le détail des nombreuses races et sous-races dénommées parmi les diverses nations de l'Europe centrale, nous étudierons celles qui sont le plus connues ou le plus caractéristiques.

Race épineuse des montagnes.

Le porc connu sous ce nom est originaire des contrées arides des Carpathes et des montagnes de la Transylvanie. Assez peu nombreux aujourd'hui, il est caractérisé par une tête longue, un groin effilé, un cou long, plat et mince, un dos étroit et incurvé, une poitrine plate, une croupe étroite et tombante, des membres hauts. Son corps est couvert de soies serrées formant une sorte de crinière hérissée sur le dos, le tout de couleur brun fauve. Il ne se rencontre plus que dans quelques communes perdues dans les montagnes d'où les progrès de la culture et de l'élevage le chasseront fatalement si ce n'est déjà fait.

En *Roumanie*, ce même porc primitif — profil droit et oreilles dressées — se trouve dans quelques districts montagneux, et dans ceux situés sur les bords du Danube, spécialement ceux de Jalomitza et de Braïla. Le pelage y est gris, roux, blanc ou pie. Dans la partie montagneuse, on lui donne le nom de *Stocli*, et dans les régions des bords du Danube, celui de *Baltaretz* (cochon de marais).

Dans la même population, à côté d'individus à oreilles droites, Filip a signalé des porcs à oreilles un peu pointées en avant, tout en possédant, par ailleurs, les mêmes caractères morphologiques.

Race Mongolicza.

Cette race, très répandue et bien connue, est encore désignée sous les noms de *Mangalitza*, *Mongol*, *Man-*

gol. Elle existe en Hongrie, en Roumanie, en Serbie, et nous n'entrerons pas dans la discussion ni de ses origines, ni de la source de son appellation, les divers auteurs qui l'ont étudiée dans la région qu'elle habite ayant émis sur ces points des opinions variables sinon contradictoires. On s'accorde sur le degré de perfectionnement auquel elle est arrivée, tant par son poids que par sa conformation et son rendement.

Le Mongolicza a la tête petite, avec le profil peu concave, le groin effilé et la partie postérieure étroite; l'oreille, longue de 12 à 14 centimètres, est dirigée en avant en protégeant l'œil à la façon d'un avant-toit; sa face supérieure est fortement couverte de soies laineuses et frisées. Le cou est court, le garrot et les épaules sont larges, la ligne du dos est presque droite ou un peu convexe, la croupe large, quoique souvent inclinée, ce qui reste une défectuosité méritant d'être corrigée. La poitrine est large, la côte ronde, l'abdomen bien développé, arrivant même à toucher presque la terre sur des sujets très gras aux membres fins et courts.

Un caractère important à considérer dans la race, ce sont les soies. Celles-ci sont de deux sortes : les unes grossières, les autres fines, presque laineuses. Ces dernières sont frisées et donnent à l'animal un aspect tout particulier; elles ne couvrent pas tout le corps; la face est entièrement garnie de soies courtes et rudes. La quantité de soies fines, laineuses et frisées est plus abondante en hiver; elle est moindre sur les porcs bien entretenus dans des porcheries chaudes que sur ceux qui vivent en plein air. Les mensurations prises par Filip lui ont donné les résultats suivants :

Longueur des grosses soies......	entre 6 et 8 cent.
— soies laineuses.....	— 4 et 5 —

Diamètre des grosses soies......	20 à 23 centièmes de m/m
— soies laineuses.....	4 à 5 1/2

Certains porcs hongrois ont dénoncé pour les soies laineuses, une finesse plus grande que celle indiquée par les chiffres de Filip.

Le pelage permet de reconnaître deux sous-races : le mongolicza blanc ou blond et le mongolicza noir. Dans la première, les soies sont blanches avec une nuance jaunâtre, une couleur presque blonde. Dans la seconde, le corps est noir, sauf la partie inférieure du ventre et les extrémités qui ont un reflet roussâtre; la peau est fortement pigmentée. On décrit une sous-race à ventre blanc qui dérive du croisement des deux principales.

Le Mongolicza noir est plus résistant que le blanc et supporte mieux la chaleur.

Par contre, le blanc est plus précoce et d'un engraissement plus rapide.

Poids moyen des Mongolicza.

Goret sevré..........................	8- 10	kg.
Verrat d'un an....................	70- 85	—
Truie d'un an.....................	65- 80	—
Vieux verrat reproducteur.........	120-130	—
Vieille truie reproductrice.........	100-110	—

Mensurations moyennes.

Hauteur	70- 75	cm.
Longueur	110-120	—
Thorax	110-115	—

Très sensible, comme tous les porcs, aux influences mésologiques, au mode d'élevage et d'entretien, etc., la race présente des variations qui ont permis de constituer diverses sous-races. Nous ne nous en occuperons que pour constater que les porcs élevés dans les contrées montagneuses ont une conformation plus grossière que celle des porcs venus, par exemple, dans la plaine de l'Alföld, et que le porc rustique des petits propriétaires diffère notablement du porc de grand élevage soumis à un régime intensif.

Le porc frisé est réputé pour la facilité de son engraissement, pour la qualité de sa chair savoureuse et fine, pour son lard épais, fin, blanc et ferme. On le considère comme un facteur important de la production animale représentée surtout chez les petits éleveurs, et comme jouant un grand rôle dans l'alimentation des populations rurales des régions balkaniques et danubiennes.

Porc de Bazna.

Produite dans quelques régions de la *Transylvanie*, la race porcine dite « de Bazna » dérive d'un croisement de la race frisée (Kondor de Transylvanie) par un verrat berkshire introduit d'Angleterre à Bazna. Les premiers produits de ce croisement acquirent rapidement une telle vogue que leurs descendants se répandirent dans toute la contrée. Leur élevage fut bientôt méthodique; les caractères essentiels devinrent constants, et la nouvelle race prit une bonne place dans l'élevage porcin des grands et des petits domaines.

Ses caractères généraux sont : une tête courte, des oreilles dressées, un groin un peu incurvé, le corps cylindrique, le dos peu voûté, le poil frisé, le manteau pie-noir, c'est-à-dire noir sur la tête, l'encolure, les épaules, la cuisse et la croupe, et blanc sale sur une large ceinture comprenant le dos, le ventre et les flancs.

Ce porc est précieux pour les paysans; ses produits

se vendent comme cochons de lait ou bien jeunes pour être engraissés de bonne heure.

Vers 1890, quelques domaines hongrois tentèrent l'élevage en troupeau de *sangliers apprivoisés* dans le but d'en obtenir une race résistante. Mais ces animaux furent décimés par des maladies parasitaires et infectieuses ; en peu de temps, tout cet élevage fut détruit et les domaines ne renouvelèrent pas leurs essais (1).

Race de Szalonta.

Le pays propre à cette race était en Hongrie, l'Alföld de l'Est et les forêts des bords de la Maros, de la Tisza et du Körös. La ville de Szalonta a donné son nom à un porc dont sa région a pratiqué l'élevage depuis une époque très ancienne.

La *race de Szalonta*, aujourd'hui disparue, était de très grande taille, quelques verrats dépassant un mètre et allant jusqu'à $1^{m},15$. Voici, selon le professeur Monosteri, ses mensurations moyennes :

	Longueur du corps cm.	Hauteur cm.	Thorax cm.
Verrats d'un an........	132	90	119
— vieux..........	138	105	130
Truies d'un an.........	133	82	115
— vieilles..........	135	89	120
Cochons gras...........	165	115	130

Poids des animaux.

Gorets sevrés.................	22 kg.
Verrats d'un an..............	120 —
Truies d'un an................	90 —

(1) *Le Porc en Hongrie.* Budapest, 1900.

Verrats reproducteurs.........	180 kg.
Truies reproductrices..........	150 —
Cochons demi-gras............	180 —
Cochons gras.................	280-320 kg.

Ses autres caractéristiques étaient :

Tête forte, groin un peu allongé, oreilles grandes et pointées en avant, dos un peu arqué, croupe tombante, jambes longues et solides. Son corps, d'un brun rougeâtre, était recouvert d'une épaisse toison frisée, presque toujours usée en plaques par le frottement sur quelques endroits du corps.

C'était un porc rustique, bon producteur de viande, mais tardif et peu prolifique : la truie ne donnait que 4 à 5 petits, et il fallait à l'animal au moins deux ans pour atteindre sa croissance. Très répandue sur l'Alföld jusque vers 1830, la race commença à décliner devant l'invasion du Mongolicza venu de Serbie; elle perdit rapidement du terrain et, malgré les efforts du gouvernement hongrois pour la conserver, finit par disparaître. Les anciens auteurs français en font mention en raison d'une présentation qui fut faite à l'Exposition universelle de 1855 à Paris où le groupe exposé fit l'étonnement des visiteurs par son poids et sa taille. La race n'est plus connue que par la description due aux auteurs hongrois, et par une gravure reproduite dans l'ancien ouvrage de Heuzé sur *le Porc*.

Les Porcs syndactyles.

Le nom de *porcs syndactyles* désigne des animaux chez lesquels les deux doigts principaux sont soudés en un doigt unique ne posant sur le sol, par conséquent, que par un seul onglon. Cette particularité est fort ancienne et depuis longtemps connue. DARWIN, dans ses *Variations des animaux et des plantes,* en traite dans les termes suivants :

« Depuis Aristote jusqu'à nos jours, on a parfois observé dans diverses parties du monde, des porcs à sabot plein. Quoique cette particularité soit fortement héréditaire, il est peu probable que les animaux qui l'ont offerte descendent des mêmes ancêtres; je serais plutôt disposé à croire que cette particularité est apparue en divers lieux et à diverses époques. Le Dr Struthers a décrit et figuré la conformation de ces pieds : chez ceux de devant et ceux de derrière, les phalanges des deux grands doigts sont représentées par une phalange unique, grosse et ensabotée; chez les pieds de devant, les phalanges médianes sont représentées par un os dont l'extrémité inférieure est unique, mais dont l'extrémité supérieure porte deux articulations distinctes. »

Dans le tome II du même ouvrage, à propos « de certains caractères qui ne se confondent pas », Darwin écrit : « Sir Héron a élevé quelques porcs provenant de croisements de la race commune avec le porc à sabots pleins; les métis n'avaient pas les quatre pieds dans un état intermédiaire : chez deux des pieds, les sabots étaient normalement conformés et réunis chez les deux autres. »

Dans le *Dictionnaire des Sciences naturelles,* à l'article *Cochon* (tome IX), Frédéric Cuvier mentionne la *race à un seul ongle* « qu'Aristote connaissait déjà ».

En 1892, j'ai étudié la syndactylie du porc sur deux animaux offerts au Laboratoire de zootechnie de l'École vétérinaire d'Alfort par M. Vasilescu professeur de zootechnie à l'École vétérinaire de Bucarest (Roumanie). A cette date, M. Vasilescu était en possession de plusieurs sujets chez lesquels l'anomalie se reproduisait héréditairement. Plus tard (1896), il a publié les résultats de ses observations (1).

---

(1) Vasilescu, *Coup d'œil sur l'existence des Porcs monodactyles,* 1896.

En partant de l'accouplement d'un porc monodactyle avec une truie à pied normal, il a obtenu dix générations composées de 54 sujets dont 39 furent syndactyles et 15 normaux. Il fait remarquer que si ce nombre est restreint, c'est qu'il a réformé, non seulement les sujets à deux doigts, en général, mais encore, parmi les syndactyles, tous ceux chétifs et considérés comme n'étant pas capables de faire souche. Il conclut « que par une reproduction soignée et une sélection rigoureuse entre les sujets syndactyles, la monodactylie se transmet de génération en génération; elle peut se reproduire indéfiniment ».

J'ai pu faire quelques observations sur la structure anatomique des doigts des porcs syndactyles en disséquant ceux des sujets envoyés à Alfort par M. Vasilescu (1). Ne voulant pas reproduire ici les résultats détaillés de cette étude, j'en résumerai seulement les conclusions.

Le membre pose sur le sol par un sabot unique dont les parties antérieures et latérales sont dures, résistantes, tandis que la partie postérieure et celle qui est en contact avec le sol sont molles et élastiques comme dans une patte de chien. En palpant à travers la peau la région métacarpienne, on sent que les premières phalanges ne paraissent pas soudées, non plus que les métacarpiens et métatarsiens correspondants. La dissection montre ensuite que la soudure porte sur les secondes et troisièmes phalanges. La région des tendons n'a subi aucune modification, si ce n'est le rapprochement, tout à fait à leur extrémité, des deux branches du perforant. En somme, la fusion des doigts médians, en apparence intime à cause de la présence d'un seul sabot, ne porte que sur le squelette et seulement sur les troisièmes et deuxièmes phalanges. La soudure marche en partant de la périphérie : la troisième phalange ne montre plus aucune trace de divi-

(1) P. Dechambre, *Sur les Porcs syndactyles* (*Journal de Médecine vétérinaire et de Zootechnie.* — Lyon, 1892).

sion; la deuxième porte une dépression médiane attestant l'existence de deux os primitivement distincts (à rapprocher de l'aspect normal des métacarpiens et métatarsiens principaux des ruminants); et si elle n'a qu'une surface articulaire inférieure, elle en présente deux supérieures répondant chacune à une première phalange parfaitement libre.

De Blainville mentionne qu'Aristote avait déjà constaté cette anomalie « sur les porcs de la Pœnie ». Au XIXe siècle et à notre époque, les porcs à sabot plein ont été signalés en Roumanie parmi les représentants d'une race vivant dans des conditions se rapprochant beaucoup de l'état de nature. Or, en consultant des cartes de l'Europe ancienne, on constate que la Pœnie était située au nord-ouest de la Macédoine, c'est-à-dire dans la même région danubienne, où l'anomalie se rencontre encore. Les animaux que nous étudions se sont donc perpétués à travers les siècles, dans des conditions identiques de climat, de milieu et de race. Cette persistance prouve qu'il eût été possible et même facile de fixer la variation et de l'étendre. M. Vasilescu estime que si on ne l'a pas fait, c'est vraisemblablement, et en partie au moins, en conséquence de la recommandation faite au chapitre XI du livre II du *Lévitique* de ne pas manger de la viande provenant d'animaux qui n'ont pas le pied fourchu.

Les caractères extérieurs des porcs syndactyles, poids et taille, forme allongée et étroite de la tête, oreilles courtes et peu inclinées, pelage fauve grisâtre, soies dures, un peu frisées, formant comme une sorte de crinière depuis la nuque jusqu'à la région lombaire, et recouvrant d'autres soies plus courtes, plus fines et feutrées, sont en tous points ceux des porcs primitifs de la région danubienne. C'est pour ces motifs que nous les rattachons directement au type sub-concave et que la description en est faite immédiatement après celle des races normales de l'Europe centrale et orientale.

Ce qui augmente l'intérêt de la *syndactylie* chez le

porc, c'est qu'on l'observe dans d'autres races que la circumméditerranéenne et même très loin de la région où vit cette dernière.

Le *Brésil* possède la race dite « Casco de burro », race à pied de mulet, d'assez grande taille et dont le caractère essentiel est fixé.

Aux *États-Unis*, on connaît également un porc « *à pied de mulet* » (Mule-foot hog) qui constitue une race particulière et fixée. Sa couleur générale est noire; il peut se trouver de petits points blancs; plus de blanc que de noir constitue une disqualification.

L'Association d'élevage du porc à pied de mulet a son siège à Indianopolis. Les animaux de cette race ne sont pas très nombreux; ils se trouvent disséminés dans l'Indiana, le Missouri, l'Arkansas, le Texas et la Louisiane. Ils se nourrissent facilement, se développent vite, les truies sont fécondes et bonnes mères.

Des cas isolés de syndactylie ont été signalés au Danemark, en Hollande, dans le Sud Africain, au Mexique, et jusque dans les Iles Sandwich.

Il s'agit, en résumé, d'une variation, d'une mutation héréditaire qui, dans la plupart des cas, aurait pu être fixée comme elle l'a été expérimentalement en Roumanie et par des éleveurs, tant au Brésil que dans l'Amérique du Nord. Si son histoire détaillée n'offre pas un gros intérêt économique, elle est, par contre, utile à connaître du point de vue biologique général, au titre de la fixation héréditaire possible de certaines mutations.

Porcs de la Bavière, du Hanovre et du Braunschweig.

Rassemblés par les Allemands sous l'appellation de *race porcine indigène non améliorée*, ces porcs montrent des caractères qui permettent de les rattacher au type sub-concave, à groin fin et à oreilles pointées en avant.

« Tête allongée, front et nez étroits, joues plates, œil ouvert, groin proéminent, profil presque droit, oreille pointue et attachée haut; corps assez profond, de longueur moyenne, haut sur jambes, dos voussé, croupe avalée, jambon bas mais très plat; soies fortes et grossières, robe blanche, tête et partie postérieure noires ou, chez les porcs bavarois, rouge brun; forte crinière hérissée chez le verrat (1). »

Moyennes des mensurations prises sur des animaux de 8 mois à un an.

Hauteur du garrot	$0^m,78$
Largeur de la poitrine	$0^m,34$
Largeur du bassin	$0^m,29$
Longueur du tronc	1 mètre.

Mensurations prises sur des animaux de concours plus âgés.

	Verrats	Truies
Hauteur du garrot	$0^m,90$	$0^m,87$
Profondeur de la poitrine	$0^m,50$	$0^m,58$
Largeur de la poitrine	$0^m,39$	$0^m,40$
Largeur du bassin	$0^m,33$	$0^m,39$
Longueur du tronc	$1^m,19$	$1^m,18$

Le poids vif des truies de trois ans engraissées est de 200 à 250 kilos.

Ces porcs sont très rustiques; ils ne sont point tenus en stabulation; on les élève à la vaine pâture, au parcours dans les bois, etc.; ils supportent le séjour à l'extérieur, hiver et été, jour et nuit; les truies sont parfois croisées par des verrats de races améliorées pour obtenir des animaux d'un rendement plus avantageux.

(1) *Races allemandes*. Travail publié par la Société allemande d'agriculture, 1912.

Races italiennes,

« Les races porcines italiennes ont subi en ces derniers temps de notables variations par des croisements continus avec des porcs anglais des races Yorkshire et Berkshire. Celles qui se sont surtout modifiées à la suite de ces opérations de croisement, sont les races de l'Italie septentrionale parmi lesquelles demeurent bien peu de survivants des anciennes races locales (1). »

Parmi celles des races italiennes qui méritent d'être décrites, nous signalerons avec les auteurs qui viennent d'être cités : la race bolonaise, la race romaine, la race chianina, les races casertine, napolitaine, des Pouilles, etc.

La *race bolonaise* est la plus perfectionnée. A un an et demi, environ, un individu engraissé atteint un poids moyen de 230 kilogrammes. Elle donne une chair excellente; d'ailleurs les jambons, les épaules et la mortadelle de Bologne jouissent d'une renommée mondiale.

La race *romaine*, semblable à la précédente, est un peu plus rustique. Elle supporte la mise en pâture. Dans les Maremmes, on la nomme *race des Maremmes* ou *race des Buissons.*

La *race chianina* est un peu plus haute sur membres, avec le corps moins cylindrique, la croupe plus tombante, les soies plus fines, le manteau plus clair (gris ardoisé), des balzanes et le groin blanc, décoloration qui tendrait à augmenter si on ne s'y opposait par la sélection.

On peut voir quelquefois une tache blanche au

---

(1) Ezio Marchi et C. Pucci, *El Maiale.* Milan, 1914.

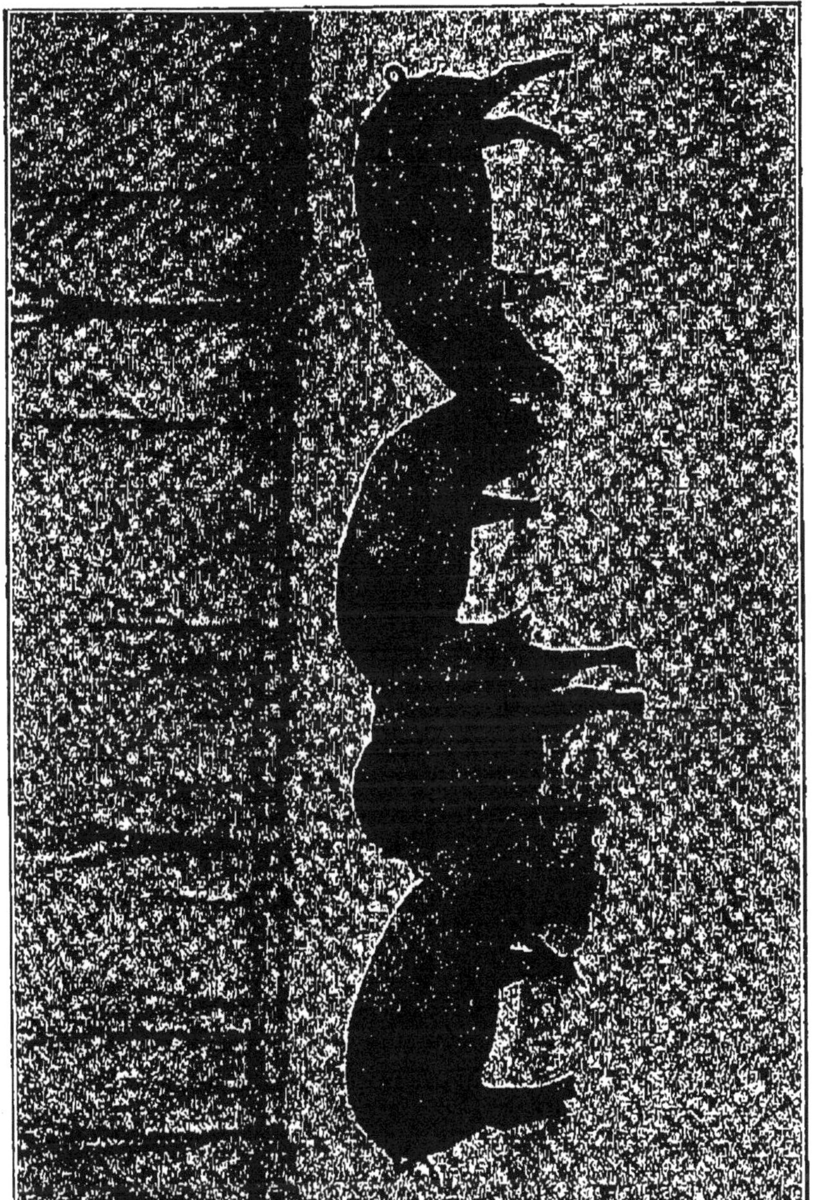

Fig. 9. — Race romaine.

(Cliché Stanga).

garrot, une en arrière du coude, qui peut s'abaisser, s'étendre encore, et former comme une sangle, et même un complet manteau blanc. Cette robe est peu recherchée, car ces porcs sont moins résistants au climat. On les écarte de la reproduction.

La race *casertine* est de haute taille, de couleur gris ardoisé; moyennement prolifique, elle s'élève bien et atteint un gros poids. Les éleveurs de la race chianina achètent souvent des verrats casertins.

Baldassare (1) donne les caractères suivants de la race casertine :

« Tête en forme de tronc de cône à base plutôt petite; oreilles de moyenne longueur, très rapprochées l'une de l'autre et pendantes en avant (quelquefois, surtout chez les porcelets, un peu de côté).

« Il existe des individus et même des familles, chez lesquels on trouve au niveau des angles postérieurs de la mâchoire, dans la région parotidienne inférieure, deux appendices cutanés (pendeloques). Cou un peu long et étroit. Le tronc présente fréquemment un dos voussé, une poitrine étroite, une côte plate, les cuisses en dépression et les fesses resserrées et tranchantes. Le squelette est peu volumineux. Les os des membres sont légers et fins. »

La race *napolitaine* est la meilleure race italienne. Cette qualité, depuis longtemps connue, lui a valu de servir à la formation du *Berkshire*. Heuzé a écrit d'elle « qu'elle n'a pas de rivale pour la facilité avec laquelle elle s'engraisse, et le grand poids auquel elle peut arriver quand elle a été bien nourrie ». Actuellement, les plus beaux sujets se rencontrent aux environs de Nola et de *Teano*. Tous sont de couleur brun cuivré zain, sans poils, de petite ou de

(1) *Croisement et métissage des races porcines yorkshire, et casertine.* Naples, 1899.

FIG. 10. — Race Casertine.

(Cliché Slanga).

moyenne taille (0,55 à 0,60); l'ossature en est fine, les membres robustes, la précocité moyenne ainsi que l'aptitude à l'engraissement. La viande est bonne et, en un an et demi, un animal gras peut peser 180-200-240 kilogrammes.

Son élevage a lieu pour ainsi dire entièrement dans le sud, surtout dans les provinces du versant méditerranéen. « En Basilicate on l'apprécie aussi à côté du porc appelé « cavallino », de haute taille, qu'on y élève, et en Romagne on a importé les porcs dits « pelés » ou *porcs nus* de Teano (1), décrits quelques lignes ci-dessus.

« Souvent, sous le nom de *race des Pouilles*, on rassemble des porcs de stature variable, à grosse tête, à croupe tombante, à jambes plutôt courtes, manteau noir, quelquefois marqué de blanc, d'allure assez sauvage, et qui sont dispersés dans toute l'Italie méridionale, non seulement dans les Pouilles, mais encore dans la Calabre, la Basilicate, etc.

« En Sicile, on connaît la race *Calascisbelle* dérivée de la napolitaine.

« En Sardaigne, les porcs sont plus petits, sous poil roussâtre, avec une crinière dorsale. Le Dr Spinu, dans sa note sur le *porc sarde* (1907), en a donné la description suivante :

« Tête longue, se rapprochant beaucoup de celle du sanglier, en forme de tronc de cône, oreilles rapprochées l'une de l'autre et légèrement pendantes

(1) Dans les divers ouvrages consultés, il est facile de voir que l'on considère la race napolitaine comme synonyme de race casertine ou de Teano. Cela n'est pas exact. Seule, cette dernière a la peau noire et glabre. Dans les autres provinces de la région de Naples, on trouve des porcs tantôt blancs, tantôt noirs, tantôt tachetés, de taille plus élevée que ceux de la race casertine, et recouverts de soies plus ou moins abondantes. (Marchi et C. Pucci.)

en avant, front étroit, yeux petits, groin fin et garni de plis, encolure un peu longue et peu développée, corps court, légèrement arqué, couvert d'abondantes soies droites, tronc étroit, côte plate, cuisses peu musclées, fesses resserrées, queue longue, droite, garnie de soies, membres robustes, articulations solides. La taille ne dépasse pas $0^m,60$; le poids oscille entre 40 et 50 kilogrammes. Le porc sarde est sobre, rustique, vif et hardi, et commence à être élevé d'une manière plus rationnelle permettant d'obtenir une notable amélioration. » (MARCHI).

Le porc « Grand noir » en Italie (1). — Deux races de porcs sont préconisées en Italie pour l'élevage mixte « semibrado » (stabulation alternant avec la libre pâture) : la « *large black* » anglaise et la *Poland-China* américaine.

La première a montré dans l'ensemble une rusticité et une précocité plus grandes que la Yorkshire; elle est plus appropriée au pâturage, plus résistante à la chaleur. Elle ne donne cependant pas toujours des produits atteignant le poids de la race Yorkshire.

Le centre d'élevage le plus important en Italie est dans la zone de Reggio Emilia, où les conditions lui sont très favorables, et où elle peut utiliser les sous-produits de l'industrie fromagère si importante dans cette région; les sujets qu'on y abat atteignent le poids énorme de 200 à 250 kilogrammes. Dans les provinces de Bologne et de Forli on abat des porcs qui dépassent deux et même trois quintaux. Souvent, ces porcs très lourds sont donnés par des métis de la grande race blanche (Large White) avec le romagnol ou le toscan. Le Grand noir, si l'on a

(1) *Bulletin de l'Office de Renseignements de l'Institut international de Rome,* août 1922.

en vue la production d'un gros poids, ne rencontre pas autant de faveur. Plusieurs éleveurs s'en servent pour faire du croisement de première génération avec le Yorkshire.

Races de l'Espagne et du Portugal.

Les porcs de la péninsule ibérique appartiennent au type circumméditerranéen dont ils possèdent tous les caractères essentiels : tête étroite et allongée, groin effilé, oreilles pointées en avant, formes ramassées, soies fines et peu serrées entre lesquelles la peau pigmentée présente un aspect granuleux; pelage communément noir, quelquefois grisâtre ou marqué de blanc. Les pendeloques sont fréquentes; elles sont, en outre, assez volumineuses et comme hypertrophiées sur les sujets fortement engraissés.

Les *porcs espagnols* à tête de taupe se trouvent surtout dans les provinces du Sud et du Sud-Est. Ils atteignent gras un poids élevé. J'ai pu voir sur place, un certain nombre de sujets venus des Iles Baléares, qui dépassaient 250 kilogrammes, et qui portaient sous la gorge ces épais bourrelets adipeux qui sont la marque d'un engraissement avancé.

Dans les autres provinces, la population est composée d'éléments différents.

En *Catalogne*, dans les régions d'Urgell, de Pallars et de Ribagorza, le troupeau porcin a conservé les caractères d'une race primitive appartenant au type à grandes oreilles. En *Cerdagne*, la population est métisse et sans caractères définis. Celle du *Val d'Aran* provient du croisement des deux types voisins, à oreilles horizontales et à oreilles tombantes, influencé par le craonais. L'action de la race Yorkshire (grande race blanche) est maintenant dominante;

des primes importantes sont offertes dans les concours aux reproducteurs qui appartiennent à cette race, ou qui s'en rapprochent le plus. On recherche des porcs à tête concave et courte, aux oreilles érigées en visière au-dessus des yeux, bien conformés, d'une taille de 0,65 et de pelage blanc (1).

La production porcine est une industrie particulièrement développée et lucrative dans les régions où l'on cultive le maïs. La ration des porcs à l'engraissement comprend du maïs, du son en remoulage, du tourteau d'arachides, de lin, etc. Les animaux sont abattus avec des poids variant entre 100, 150 et 180 kilogrammes.

Les porcs de *Burgos* sont estimés en raison de leur bonne conformation et de leur engraissement.

Le *Portugal* possède des porcs à tête de taupe dans la partie située au sud du Tage. Les plus connus sont les porcs d'*Alemtijo;* ils vivent au pâturage dans les grandes forêts de chênes où ils sont engraissés à deux ans, du mois d'octobre aux mois de décembre et janvier. Ils peuvent atteindre le poids de 200 kilogrammes.

Les Porcs de l'Afrique Occidentale française.

Les porcs ne sont pas nombreux en Afrique occidentale française, la majorité des habitants étant des musulmans auxquels leur religion défend de manger la chair de cet animal. Les fétichistes eux-mêmes refusent souvent la viande du porc, bien que leur religion ne leur impose aucune défense à ce sujet. Dans le Bas-Dahomey, sur le bord de la côte, l'éle-

(1) Rossell y Vila, *Importancia de la Ganaderia en Cataluna*. Barcelone, 1919.

vage du porc est cependant assez actif, car le Dahoméen n'a aucune répugnance pour la chair de cet animal, et en fait même une assez grande consommation.

Les porcs de l'Afrique occidentale remontent aux importations faites par les Portugais. Adaptés à une existence semi-sauvage, ils ont tous les caractères d'une race primitive et inculte : taille et poids infé-

FIG. 11. — Au Congo. Une porcherie.

rieurs à la moyenne, tête allongée, étroite, très épaisse au niveau du crâne, front étroit, concave, chanfrein long terminé par un groin effilé; œil petit; oreilles courtes, pointues, dirigées obliquement en haut et en avant. Cou court, large, épais, dos long, large, droit ou un peu plongeant, croupe ronde, inclinée, fesse arrondie, cuisse longue; queue longue, fine, peu tirebouchonnée; membres courts et grêles;

onglons petits. Soies longues (6-10 cent.), grossières, assez serrées, plus longues sur le rachis. Peau pigmentée; pelage noirâtre ou brunâtre, quelquefois pie, rarement blanc. De tempérament robuste et vigoureux, ces porcs sont bons marcheurs. Les femelles donnent 6 à 8 petits par portée, et font une portée par an.

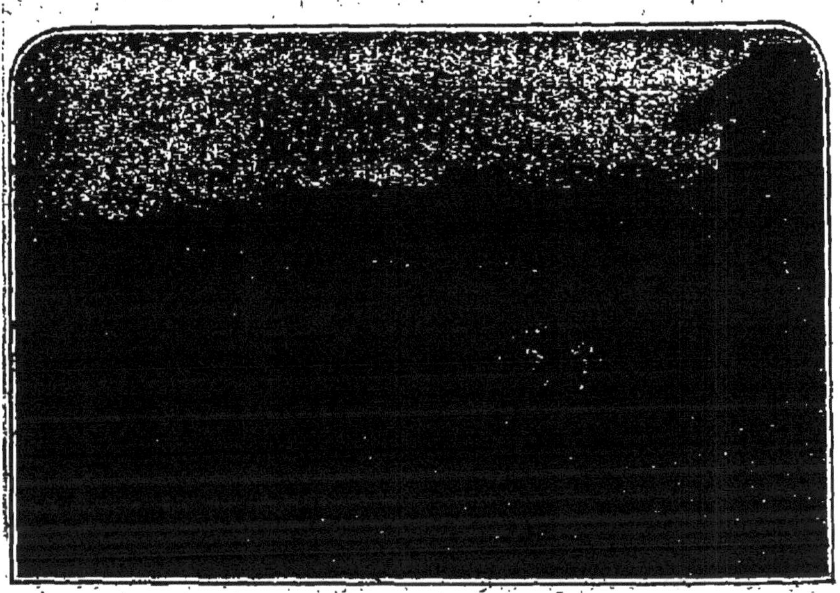

FIG. 12. — Porcs du Congo.

Le poids oscille ordinairement entre 60 et 80 kilogrammes. Des individus bien engraissés arrivent à peser 150 kilogrammes. Le rendement est de 75 % et la viande de bonne qualité.

Le porc vit bien en A. O. F. il s'engraisse vite et transforme utilement la nourriture qu'il trouve dans la brousse : herbes, fruits sauvages, racines, tubercules, etc. La viande de porc n'est pas à conseiller aux Européens pendant les fortes chaleurs; d'ailleurs, les porcs présentent souvent de la cachexie, de la ladrerie, des kystes de nématodes (MALFROY) (1).

Dahomey (2). — Les porcs sont en quantité innombrable dans le Bas-Dahomey, sauf dans les régions complètement musulmanes. Deux régions seulement n'en ont point : la vallée du R'Hlan et les bords du Couffo, contrées très humides et malsaines. Dans les cercles du Borgou et du Moyen-Niger, la population est à peu près complètement musulmane; il n'y a pas de porcs.

Les caractères du porc dahoméen sont, dans l'ensemble, ceux donnés ci-dessus; cet animal se rapproche énormément du sanglier; la taille oscille entre $0^m,40$ et $0^m,60$, le poids entre 50 et 60 kilogrammes. La tête est longue, étroite, légèrement concave, à oreilles un peu fortes et dressées, le groin petit et noir. La coloration est noire ou pie-noire; les soies sont peu abondantes, mais grossières et longues surtout sur la ligne médiane du corps où elles forment une véritable crinière que l'animal hérisse à volonté.

Bien conformé pour la marche, le porc dahoméen s'élève tout seul; son groin lui permet de fouiller la terre pour y trouver les détritus qui forment le fond de sa nourriture.

Soudan. — Haute-Volta. — Le porc soudanais a le crâne étroit, le chanfrein très allongé et terminé par un groin fuselé; ses oreilles sont petites, épaisses, charnues, son dessus est long, son corps cylindrique,

---

(1) Vétérinaire aide-major MALFROY, *Monographie du Cercle de Niamey, Territoire militaire du Niger*, 1922. (Travail inédit),

(2) Vétérinaire major PÉCAUD, *Les Animaux domestiques du Dahomey* (Travail inédit).

ses membres sont hauts et grêles. Il a la peau tachée de noir; des soies épaisses, hérissées, de couleur noire. Sa taille oscille entre 0m,45 et 0m,60, son poids entre 50 et 90 kilogrammes, atteignant exceptionnellement plus de 100 kilogrammes.

On le trouve en petite quantité et seulement dans les postes européens des chefs-lieux de Cercles ou des

(*Del. P. Bernard.*)

FIG. 13. — Porc soudanais.

Résidences. Les indigènes convertis à l'islamisme ne mangent pas de viande de porc et les fétichistes, ne gardant pas leurs animaux au moins une partie de l'année, craignent les déprédations que les porcs pourraient causer dans leurs champs. Cependant, ils devraient se livrer à l'élevage du porc qui deviendrait très rémunérateur. Les tirailleurs revenus de France ou en service à la Colonie commencent à consommer du porc, et en répandent l'habitude autour d'eux.

La difficulté d'expansion viendra de l'alimentation : dans le sud du Soudan et aux environs des rivières, à l'époque de la floraison, il y a des ressources nombreuses, mais elles sont de courte durée; il faudra utiliser des déchets alimentaires, des restes de légumes des potagers, etc. Il pourrait être installé à Bamako, au Service zootechnique, une porcherie modèle qui rendrait de grands services pour l'instruction pratique de la population locale (1).

La production porcine au Maroc (2).

La production porcine du Maroc a pris depuis quelques années un tel développement qu'il est nécessaire de l'étudier avec assez de détails pour que l'on puisse se rendre compte de ses possibilités et de son amélioration.

Caractères des porcs marocains. — Les porcs marocains appartiennent à la race circumméditerranéenne. Des introductions plus ou moins anciennes, puis récentes de porcs espagnols n'ont fait que confirmer cette dérivation; le portrait que l'on peut en tracer correspond, dans ses grandes lignes, aux caractères suivants :

Tête allongée et forte, avec la face étroite et effilée, le profil légèrement concave, les oreilles pointues dirigées horizontalement en avant ou faiblement rabattues sur les yeux. Encolure courte et d'épaisseur

(1) Vétérinaire-major WILBERT, *Études sur la Zootechnie du Soudan français et de la Haute-Volta*. 1918-1920 (Travail inédit).

(2) D'après les notes de M. le vétérinaire-major VELU, hef du laboratoire du Service de l'Élevage à Casablanca.

moyenne, tronc cylindrique, dos droit, fesses arrondies, membres courts et fortement musclés. Peau pigmentée garnie de soies noires ou grises. Les

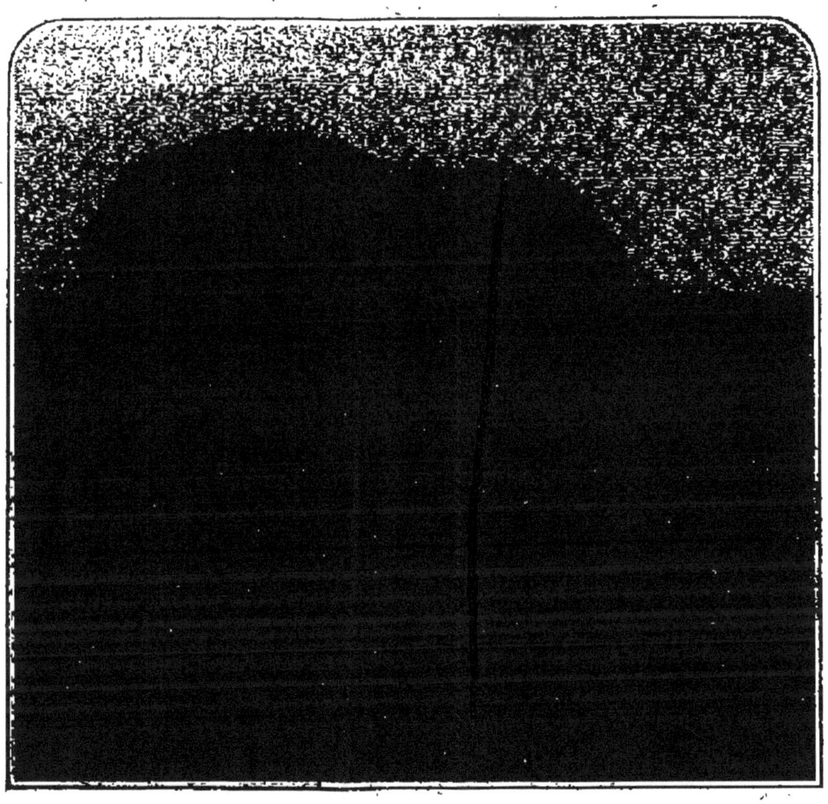

(Cliché Velu.)

Fig. 14. — Verrat marocain du Gharb.

animaux non pigmentés doivent être écartés de la reproduction, parce qu'ils résistent moins bien aux effets des radiations solaires que leurs congénères pigmentés.

Le poids vif moyen varie de 70 à 90 kilogrammes suivant la richesse des pâturages locaux. A un an,

(Cliché Velu.)

Fig. 15. — Troupeau de porcs au Maroc.

les dimensions corporelles sont, en moyenne, les suivantes :

Hauteur au garrot	0m,63
Hauteur à la croupe	0m,63
Longueur du corps	1m,20
Largeur du bassin	0m,25
Longueur de la tête	0m,30

(Cliché Velu.

Fig. 16. — Porc du Maroc.

D'un tempérament robuste et vigoureux, les porcs marocains sont très rustiques, agiles et bons marcheurs, doués d'un excellent appétit. Ils parviennent à l'état demi-gras avec une proportion assez faible de graisse; leur viande est savoureuse et conviendrait parfaitement au goût du consommateur français si elle était un peu plus grasse. Le rendement en

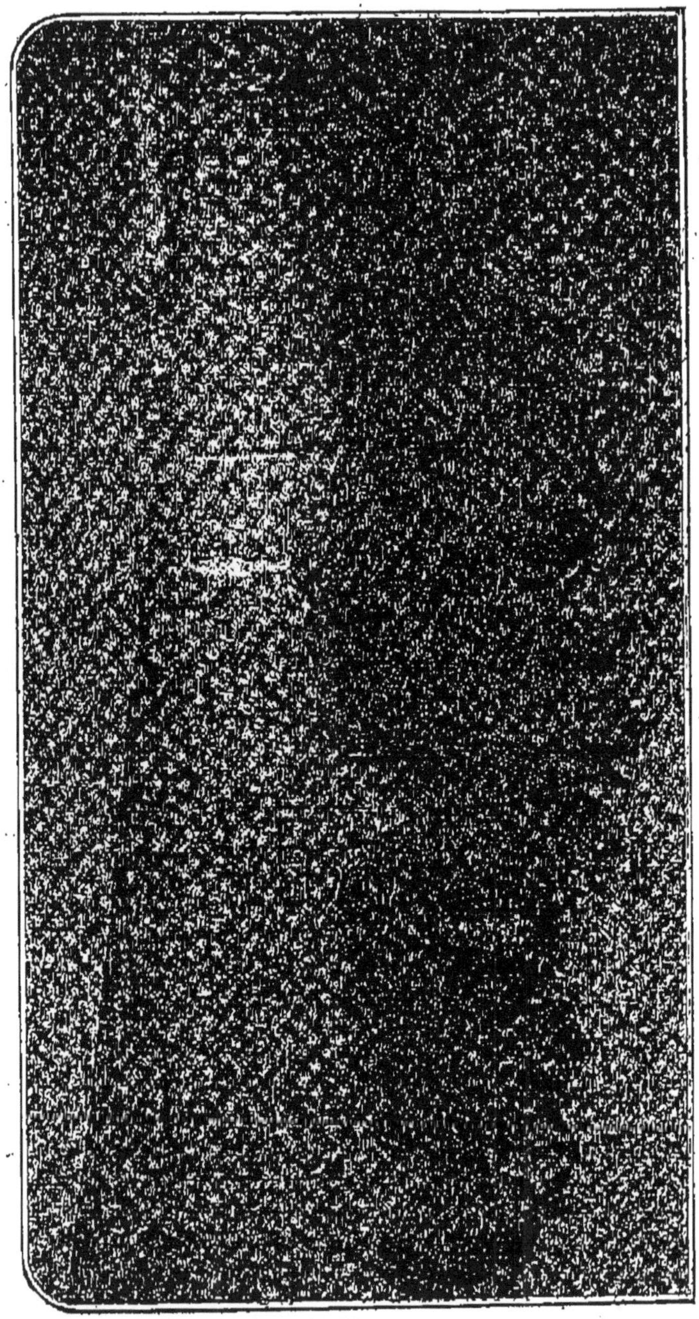

Fig. 17. — Porcs du Maroc.

viande nette est de 75 %. Les tableaux ci-dessous, dus à M. Velu, indiquent les proportions moyennes des diverses qualités de viande obtenues sur deux lots de porcs abattus à Rabat au cours de l'hiver 1917-1918.

I. — *Moyenne de rendement de 49 porcs de 18 mois.*

Poids vif moyen	90 kilos
— net —	64 kg. 500
Rendement	71,8 %

	Poids kilos	% de la viande nette
Jambons	12	18,6
Épaules	7	11
Lard	11	17
Poitrine	8	12,4
Panne	4	6,2
Côtes	14	22
Tête	5	7,4
Pieds	1,2	1,8
Perte par évaporation	2,5	3,7

II. — *Moyenne de rendement de 20 porcs gras.*

Poids vif	125 kilos
— net	95 kg. 5
Rendement	76,4 %

	Poids kilos	% de la viande nette
Jambons	17	17,8
Épaules	10	10,4
Lard	21,5	22,5
Poitrine	11,5	12
Panne	6	6,3
Côtes	20	20,8
Tête	5,5	5,8
Pieds	1,5	1,8
Perte par évaporation	2,5	2,6

Régions d'Élevage. — Les régions marocaines où l'élevage du porc est surtout pratiqué sont celles qui comprennent le plus de terrains de parcours tout en restant à proximité des grands centres ou des ports d'embarquement. Sont particulièrement à citer : la Chaouïa, les forêts de Boulhaut et de la Mamora, le Gharb et les Beni Ahsên, les banlieues de Salé, de Rabat, les Doukkalas, Abda, les Haha-Chladma.

A l'intérieur du pays, l'élevage se développe en association avec les indigènes, parfois même pratiqué par ces derniers pour leur propre compte. Les régions de Meknès, Fez, Marrakech lui réservent un bel avenir, même pour la consommation locale dont la demande dépasse l'offre. Les premiers colons qui se sont adonnés à l'élevage du porc ont obtenu des résultats tellement rapides et avantageux qu'un véritable engouement s'est emparé de presque tous les Européens pour cette industrie animale. Puis est survenue une période de calme qui se poursuit en bénéficiant de possibilités étendues, mais dont la réussite est subordonnée à une prudente observation des règles de l'élevage et de la situation économique.

Pratique de l'Élevage. — Améliorations. — Les premiers troupeaux vivaient presque à l'état sauvage; le parcours dans les champs suffisait à tous leurs besoins; ils se nourrissaient d'herbes, d'insectes, de sauterelles, d'escargots, de lézards, de serpents, etc., ainsi que d'un très grand nombre de bulbes et de rhizomes, ce qui suffisait généralement à leur entretien et permettait même leur engraissement.

A ce mode d'élevage très extensif pratiqué encore par quelques colons, se substitue peu à peu un élevage en semi-stabulation beaucoup plus rationnel et mieux adapté aux conditions modernes de la production. L'augmentation du nombre des porcins entretenus en liberté dans une même région a l'inconvénient de menacer l'extension des autres espèces domestiques : les porcs labourent avec leur groin les terrains qu'ils fouillent, détruisent la végétation et rendent inutilisables, pour les ruminants, les zones qu'ils ont parcourues. Enfin, les causes de contamination et de propagation des maladies infectieuses sont accrues; un mode d'élevage par trop rustique ne permet pas de prendre en temps utile les mesures prophylactiques indispensables, telles que l'enfouissement des cadavres et le prompt isolement des malades.

Pour ces diverses raisons, on constate une amélioration graduelle des procédés primitifs. Les truies mères sont généralement abritées et nourries avant la mise-bas et pendant l'allaitement. Les colons prennent peu à peu l'habitude de faire rentrer leurs élèves à la porcherie et de leur y donner une ration d'orge ou de maïs, supplément d'ailleurs indispensable en été quand les terrains de parcours sont desséchés et durcis.

La pratique de l'engraissement à la porcherie se répand de plus en plus. On nourrit avec des aliments cuits et variés : maïs, orge, fèves, farine de poisson, et on arrive à préparer pour la vente, des animaux pesant 120 kilogrammes, ce qui est beaucoup plus avantageux pour l'exportation puisque les frais de transport sont les mêmes pour un porc gras de 120 kilogrammes, et un porc maigre ou demi-gras de 80 kilogrammes.

La porcherie doit être installée de manière à être relativement fraîche pendant les grandes chaleurs et chaude pendant l'hiver; elle comportera un sol facile à laver et à désinfecter, ainsi que des cellules d'isolement pour les malades.

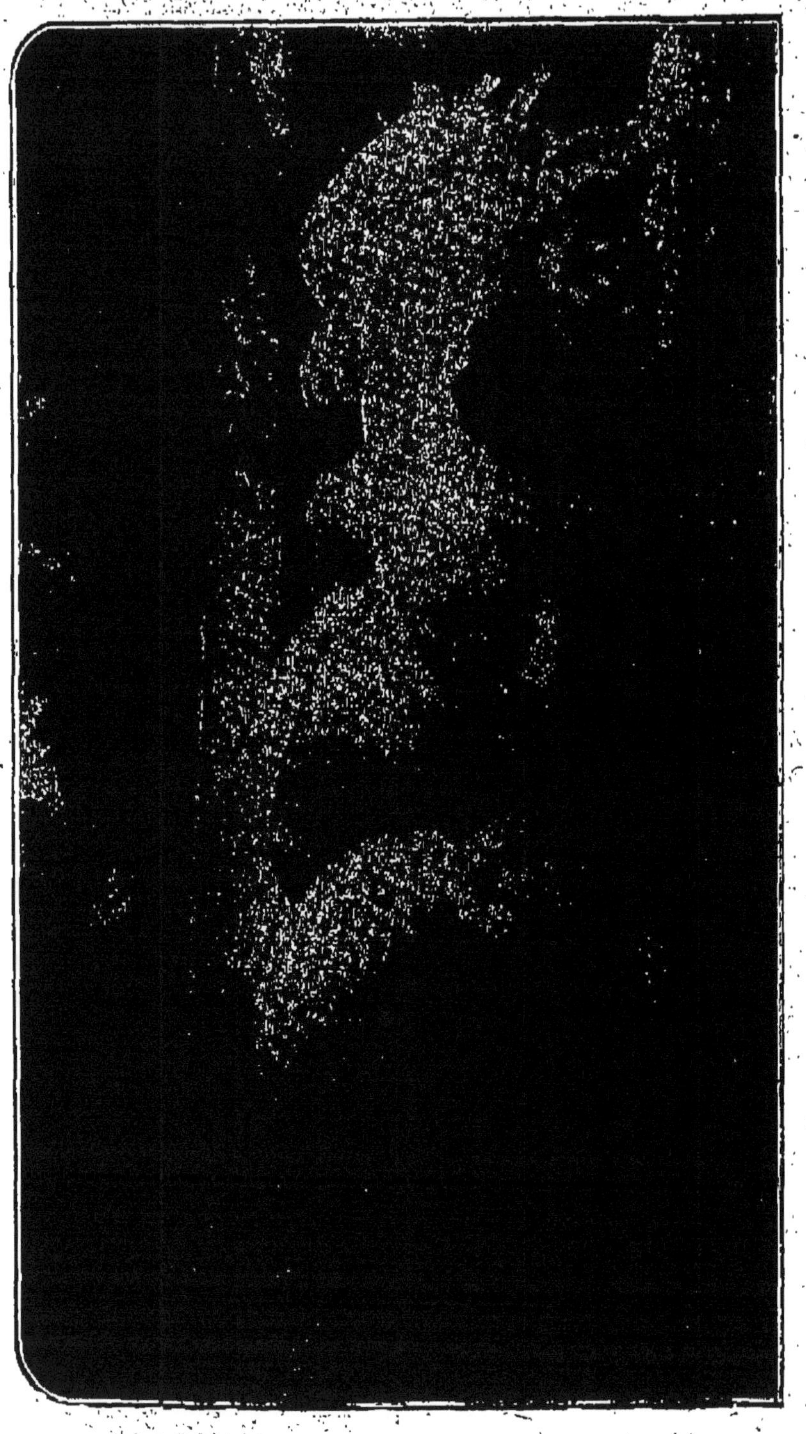

Fig. 18. — Porcs marocains croisés Yorkshire.

(Cliché Velu.)

Le Maroc, avec tous ses terrains de parcours, se prête admirablement à l'élevage du porc en semi-liberté. La race marocaine est adaptée au climat et possède des qualités qu'il faut s'efforcer de développer par une sélection bien comprise. Pour en activer l'amélioration, il conviendrait d'introduire des verrats pris parmi les races françaises du Massif Central et du Sud-ouest dont les caractères généraux sont déjà ceux des porcs africains. C'est ainsi que le service de l'élevage au Maroc a importé des verrats de *Cazères*. On a fait également des croisements Yorkshire à la ferme expérimentale de Rabat, croisements qui ont abouti à une amélioration notable de la conformation (dos large et épais) tout en laissant généralement une tête forte à face longue; les oreilles sont courtes et écartées, le pelage blanc ou pie.

Mais, il ne suffit pas de veiller à la reproduction et de chercher plus ou moins loin de bons verrats; il importe de développer les moyens de donner au porc marocain une ration suffisante et bien comprise : les jeunes céréales en vert, le bersim ou trèfle d'Alexandrie, les grains tels que le maïs, l'orge, les résidus industriels comme la farine de poisson, etc., viennent compléter les ressources naturelles fournies par les glands des forêts et les tubercules de toutes sortes, notamment ceux d'arum que le porc utilise au mieux. Les colons doivent s'efforcer d'augmenter leurs disponibilités alimentaires pour obtenir rapidement et économiquement des porcs susceptibles de trouver un débouché régulier sur le marché français.

La production porcine en Algérie et en Tunisie.

Algérie. — L'élevage des Porcs est pratiqué presque exclusivement par les Européens. Après être resté très longtemps stationnaire, il s'est accru sensiblement depuis une dizaine d'années et l'effectif dépasse 100.000 têtes.

La race est du type circumméditerranéen; transportée en Algérie par les Espagnols, elle est surtout nombreuse dans le département d'Oran notamment. Très rustique, elle se prête bien à la vie au parcours; le poids moyen des animaux vivant en liberté est de 65 kilogrammes; il peut atteindre 100 à 110 kilogrammes chez ceux nourris à la porcherie.

Le mode d'élevage du porc d'Algérie est à peu près le même dans tout le pays et celui qui domine est l'élevage au parcours. Il est surtout fait par la grande et la moyenne culture, la grande faisant naître et la moyenne élevant les jeunes après le sevrage. C'est à l'âge de trois mois que les jeunes sont sevrés, castrés et mis aux champs. Ils sont vendus quand ils atteignent le poids de 60 à 70 kilogrammes pour l'engraissement à la porcherie, soit en Algérie soit en France.

Des croisements ont été effectués avec des verrats craonais et des Yorkshire. Le croisement qui paraît avoir le plus de partisans est celui de la truie indigène avec le verrat du type Yorkshire. « Les produits obtenus se prêtent facilement à l'élevage de parcours et donnent à l'engraissement des résultats supérieurs en qualité et en poids. Le rendement en poids des animaux provenant de ces croisements est plus élevé de près d'un tiers ; la couleur des soies et du derme de la peau se transforme à tel point que la couleur noirâtre, qui a fait pendant longtemps écarter le porc d'Algérie de la consommation dans beaucoup de régions de la France, si elle n'a pas complètement disparu, a perdu son fond suie de cheminée, et a pris une teinte moins sauvage qui a permis de réhabiliter l'animal auprès de certains consommateurs métropolitains (1) » (GORCE).

Les expéditions en France, qui n'arrivaient autrefois que par les ports de la Méditerranée, ont également lieu depuis quelques années par les ports de l'Océan, Bordeaux, Saint-Nazaire, Nantes et aussi Rouen. Le commerce du porc s'est développé grâce à la facilité des communications et du transport plus rapide des animaux par chemin de fer. La petite culture et les industriels sont tous les ans acquéreurs pour l'engraissement d'un nombre important d'animaux; aussi l'élevage du porc de parcours reste-t-il suffisamment rénumérateur pour qu'on en conseille la pratique partout où il peut se faire.

Le département d'*Oran* est presque le seul producteur; *Alger* en est tributaire pour une partie des porcs utilisés par sa charcuterie, et Constantine de la Tunisie. Dans le département de *Constantine*, l'élevage porcin était autrefois très florissant (régions de La Calle et de Souk-Ahras); il y a beaucoup diminué par suite du développement agricole considérable de ce département. Beaucoup de terrains de parcours sont maintenant utilisés pour l'élevage des bovins, occupés par le reboisement ou mis en valeur par des cultures plus intensives. Il y a là un phénomène économique utile à mettre en évidence et dont l'intérêt compense la disparition du porc (2).

(1) Rapport sur *la race porcine algérienne*, par GORCE, vétérinaire à Oran, dans les publications de la Direction générale du Commerce, de l'Agriculture et de la Colonisation. Alger, 1914.

(2) Consulter les procès-verbaux de la Commission constituée en 1914 et chargée d'étudier les questions relatives à l'élevage en Algérie.

LÉGENDE
Porc du Nord et de l'Ile de France
Porc de l'Ouest
d° du Nord-Est
d° Blanc du Centre
d° Pie du Centre
d° de l'Est
d° des Pyrénées
Echelle
0 50 100 150 K
ANGLETERRE
LA MANCHE
OCÉAN ATLANTIQUE
Golfe de Gascogne
Golfe du Lion
MEDITERRANEE
ESPAGNE
SUISSE
LUXEMBOURG
PORC DU NORD ET DE L'ILE DE FRANCE
Groupe Flamand
Groupe Hesbignon
Groupe Ardennais
PORC DU NORD-EST
PORC NORMAND
PORC DE LA BRETAGNE
PORC DE L'OUEST
PORC BLANC DU CENTRE
PORC PIE DU CENTRE
PORC DE L'EST
PORC DES PYRÉNÉES
RACE DE LA GASCOGNE
RACE DU LANGUEDOC
PORC LANDES DE BÉARN
DU NAVARRIN
CRAONNAIS
PERCHE
BERRICHON
MARCHOIS
LIMOUSIN
AUVERGNATS
PÉRIGOURDIN
QUERCINOIS
ROUERGOIS
BOURBONNAIS
BOURGUIGNON
BRESSAN
DAUPHINÉ
CHAMPENOIS
LORRAIN
ARTÉSIEN
PICARD
POITEVINS
VENDÉENS
SAINTONGEOIS
ANGOUMOIS
ARIÉGEOIS
CERDAGNOIS OU PYRÉNÉES ORIENTALES
VAR DU ROUSSILLON
Race de Schwytz
Race de Payerne
Paris
Lille
Amiens
Rouen
Le Havre
Cherbourg
Rennes
Nantes
Tours
Orléans
Bourges
Nevers
Dijon
Besançon
Nancy
Strasbourg
Lyon
Grenoble
Limoges
Clermont-Ferrand
Bordeaux
Toulouse
Marseille
Avignon
Arles
Nice
Perpignan
Bayonne
Pau
Anvers
Bruxelles
Dressé sous la direction de P. Dechambre
R. Lévy del.

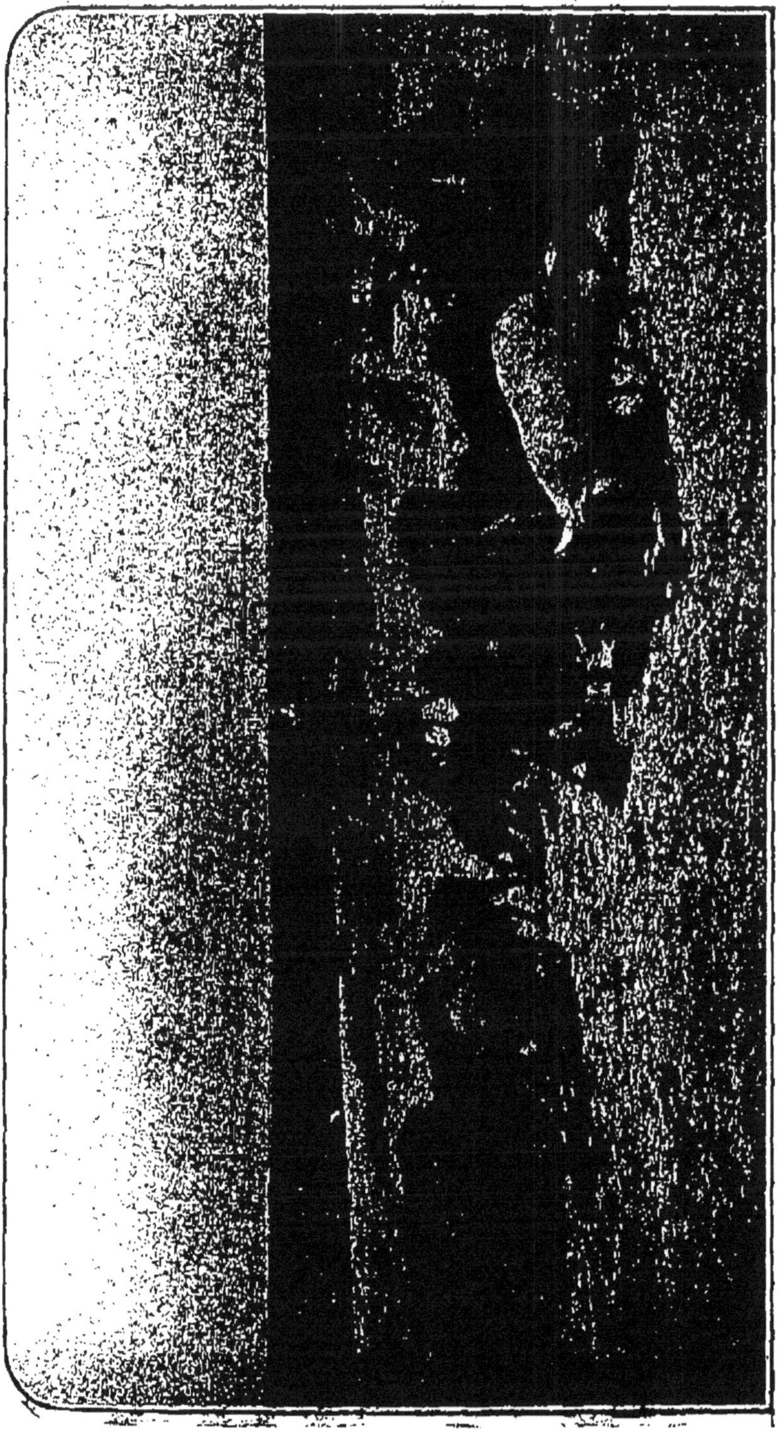

FIG. 19. — Porcs algériens (Oran).

Tunisie. — Le porc ne remplit en Tunisie qu'un rôle secondaire, son élevage n'étant pas ordinairement pratiqué par les indigènes. Il ressemble tout à fait à celui d'Algérie et, comme chez ce dernier, on trouve d'assez notables différences dans le poids et des variations de coloration. La robe est pigmentée tantôt de brun, tantôt de fauve ou de grisâtre; on la voit quelquefois tachetée de roux avec marques blanches plus ou moins étendues. Tous les porcs sont élevés en semi-liberté; ceux qui bénéficient d'une pâture et du parcours dans les forêts de chêne-liège, comme c'est le cas pour la région N.-O., ont une bonne conformation et fournissent une chair savoureuse; quant à ceux qui vivent à peu près à l'état sauvage en consommant les rares produits spontanés d'un sol pauvre, ils sont de petite taille, maigres et généralement sous poil fauve ou grisâtre.

L'amélioration peut être tentée par des introductions de verrats de provenance française pris de préférence dans l'une ou l'autre des races à peau pigmentée de nos contrées méridionales.

Race Indo-chinoise de la haute région. Race Muong, — Race du Yunnan.

L'Indo-Chine est, par excellence, le pays du Porc; cette espèce y pullule et prospère d'une façon toute particulière; avec le buffle, le bœuf et le chien, elle complète ce groupe d'animaux domestiques indispensables à l'Annamite; le porc est, pour ce dernier, l'animal de boucherie de consommation courante. La population porcine se répartit en trois races principales dont une seule, la race des régions basses ou des deltas, appartient au type classique, ultraconcave à oreilles dressées, de la race d'Extrême-

Orient. Les deux autres en sont nettement différentes par leurs caractères actuels et rentrent bien dans le type sub-concave à oreilles pointées en avant ou semi-dressées. Y a-t-il lieu de rechercher une filiation entre toutes ces races ainsi qu'avec les représentants sauvages du genre *Sus* vivant dans les mêmes contrées? La question se pose sans qu'il soit possible d'y répondre d'une manière satisfaisante. Il est certain que la recherche des origines ethniques se complique de plus en plus au fur et à mesure que s'étend le domaine des connaissances zootechniques et que des races animales nouvelles sont rencontrées en Asie, en Afrique, dans des régions mal connues et inexplorées autrefois.

Caractères. — La race *Muong* est de poids moyen; elle a la tête allongée et conique, le profil à peu près rectiligne, sauf chez le verrat âgé où il est un peu concave. Les oreilles sont de dimensions moyennes, dressées, mais avec une tendance à se pointer en avant; le groin est long et effilé; le dos est droit, les membres sont de hauteur moyenne. Le pelage est ordinairement noir; on rencontre cependant des sujets pies et, plus rarement, blancs.

La race est d'une rusticité remarquable; elle trouve aisément à se nourrir dans les montagnes où elle vit; sa ration est parfois augmentée de bananes sauvages. La chair est ferme, plus colorée et plus nutritive que celle du porc des deltas; le rendement atteint facilement 81 à 82 %.

Bauche signale la fréquence de l'accouplement des truies avec les sangliers du voisinage; il a constaté que de jeunes porcelets présentent souvent une robe rayée noir et fauve, analogue à celle des marcassins. Il ajoute que dans l'Inde anglaise « un croisement identique est pratiqué sciemment par les éleveurs qui castrent les mâles de très bonne heure et mènent les jeunes truies dans les forêts pour les faire saillir par des sangliers ».

Le même auteur donne les mensurations suivantes prises sur le vivant :

Long^r de la tête..	25 cent.	Long^r du corps..	70 cent.
Largeur de la tête.	10 —	Tour de poitrine.	75 —
Long^r de la face..	16 —	Taille	52 —
Long^r du nez....	12 —	Indice céphalique.	88 —
Largeur du nez..	3 —		

Cette race est remarquable par l'uniformité de sa plastique et de son pelage. Elle se caractérise, d'après Bauche, de la façon suivante :

Race de poids inférieur à la moyenne, sub-bréviligne, à profil droit, groin de longueur moyenne, oreilles petites et droites; robe pie marquée de trois ou quatre taches noires de grandes dimensions, généralement bordées; la première englobant le crâne, la racine du groin, l'encolure en formant un véritable camail; la dernière située sur la croupe recouvrant cette région, une partie des reins et des cuisses. Ces taches présentent quant à leur étendue et à leur situation une fixité remarquable qui, jointe à leur transmission héréditaire, constitue un caractère ethnique.

L'aire géographique de cette race s'étend depuis la frontière nord du Tonkin jusqu'au Quang-Si et au Quang-toûng.

Le Porc à Madagascar.

Les porcs, entretenus depuis longtemps à Madagascar par celles des peuplades qui ne sont pas de religion musulmane, semblent appartenir à deux races distinctes :

A. — L'une est à groin pointu, à tête longue, à oreilles horizontales ou peu tombantes, avec la côte plate, le dos voussé, les membres hauts, la robe noire. Elle se rattache au type de la race circumméditerranéenne, et on ne peut savoir actuellement comment et à quelle époque elle a été introduite dans l'Ile. D'après un ancien livre de voyages, ce seraient les Portugais qui auraient laissé à Madagascar les premiers porcs qui s'y seraient vite multipliés. Les porcs malgaches frigorifiés que j'ai eu l'occasion de voir en France en 1915 m'ont paru appartenir à cette race, dont ils avaient le groin effilé et les oreilles pointées en avant.

B. — La seconde race est à face courte, à oreilles dressées, à membres courts et à corps arrondi; elle est noire, quelquefois brun-rougeâtre ou gris-noirâtre. On peut la rattacher au type des porcs courte-face d'Extrême-Orient. Il s'agit vraisemblablement du résultat d'importations asiatiques, comme celles dont d'autres espèces ont également éprouvé l'influence.

Les porcs malgaches vivent en liberté autour des villages. Récemment encore, on ne leur donnait aucun soin, et ils se nourrissaient de détritus, d'ordures ménagères, etc., ramassés de tous côtés. Cela explique la fréquence de la ladrerie qu'ils contractent par l'ingestion des excréments autour des habitations. Actuellement, et depuis que leur commerce prend du développement, ils reçoivent une ration ordinairement composée de manioc, de patates ou de pommes de terre, de maïs, de troncs de bananiers, de tiges de cannes à sucre plus ou moins broyées, de son de riz, etc., et ils atteignent à un bon degré d'engraissement. (On trouvera au chapitre de l'alimentation

§ *Modèles de Rations,* plusieurs rations qui nous ont été communiquées par M. Brissot, ancien vétérinaire du service de l'élevage à Madagascar.)

Les truies sont prolifiques et donnent régulièrement de 8 à 10 petits.

L'effectif est au minimum de 600.000 têtes. Le plus grand nombre est rassemblé dans le centre (450.000) ; viennent après, l'Ouest et l'Est ; le Sud et le Nord n'en possèdent qu'un nombre très réduit.

L'exportation du saindoux, commencée en 1895, a augmenté régulièrement. Il s'est établi depuis quelques années plusieurs usines et fabriques de saindoux, salaisons et charcuterie qui exportent surtout à La Réunion et à l'île Maurice. Des croisements sont effectués avec des races venues de France et qui donnent de sensibles résultats pour la précocité et l'augmentation du poids. La race craonaise et la race Yorkshire ont fourni de nombreux métis. La tendance des éleveurs est de conserver chez ceux-ci les robes noires ou pigmentées, car les porcs blancs souffrent des insolations, érythèmes, etc. Pour cette même raison, on a procédé récemment à des introductions de reproducteurs Berkshire et de quelques sujets de la race de Bayeux pour remplacer les Yorkshire blancs.

La multiplication par le croisement de première génération entre un verrat européen et des truies indigènes nous semble devoir être recommandée en raison des résultats favorables qu'elle donne dans des circonstances analogues. Préférable au métissage qui aboutit vite à la variation désordonnée, ce croisement produit des métis assez homogènes, et impose seulement l'entretien surveillé et la bonne hygiène de quelques verrats, au lieu d'obliger à porter attention sur tout un troupeau de métis plus ou moins hétérogènes, et renfermant parfois des individus délicats ou insuffisamment acclimatés.

La production porcine est appelée à prendre à Madagascar un grand essor et à contribuer au développement général de la colonie.

Race Limousine.

Des conditions favorables à l'élevage du porc, déjà signalées par Magne, se rencontrent dans le Limousin : division des terres, abondance des châtaignes, culture très répandue de la pomme de terre, nécessité pour les populations rurales de produire une viande qui joue un grand rôle dans leur alimentation, habileté des éleveurs et des engraisseurs à la préparation d'animaux destinés au commerce. Toute la contrée, depuis longtemps, produit beaucoup de porcs.

Caractères. — Les anciens porcs limousins étaient à tête longue, conique, à chanfrein peu concave, à oreilles moyennes ou petites, baissées mais non pendantes, à corps bien fait, à pieds minces, fins et allongés, à soies assez fines, peu serrées, blancs sur le corps et noirs aux deux extrémités; animaux très rustiques et ne devenant pas bien gros, les plus lourds atteignant au maximum 180 kilogrammes.

En progrès très marqué sur la race ancienne, la limousine actuelle possède beaucoup d'uniformité depuis que les caractères à sélectionner et à fixer ont été définis, c'est-à-dire depuis 1894.

Elle a la tête conique, le groin étroit et effilé, l'oreille mince, horizontale, la pointe portée en avant et ne dépassant pas la moitié de la longueur de la tête; mais elle se distingue de l'ancien modèle par un corps trapu, large, arrondi, porté sur des membres fins. Les soies sont peu serrées; le pelage est blanc marqué de deux plaques noires, l'une sur la tête et l'encolure, l'autre sur la croupe; il y a souvent des mouchetures disséminées dans le blanc du corps. Deux épis ou tourbillons de poils

Fig. 20. — Truie limousine.

sont recherchés sur la ligne du dessus : l'un vers la nuque, le reboulé; l'autre à la croupe, la virade.

Les formes générales de la race limousine sont celles d'un animal ramassé, à extrémités fines, dont la physionomie (crâne, groin, oreilles) est tout à fait celle de son type ethnique et que Cornevin a dénommé le *porc à tête de taupe.*

Le perfectionnement de la race en a fait un animal fort apprécié pour la qualité de sa chair. Son

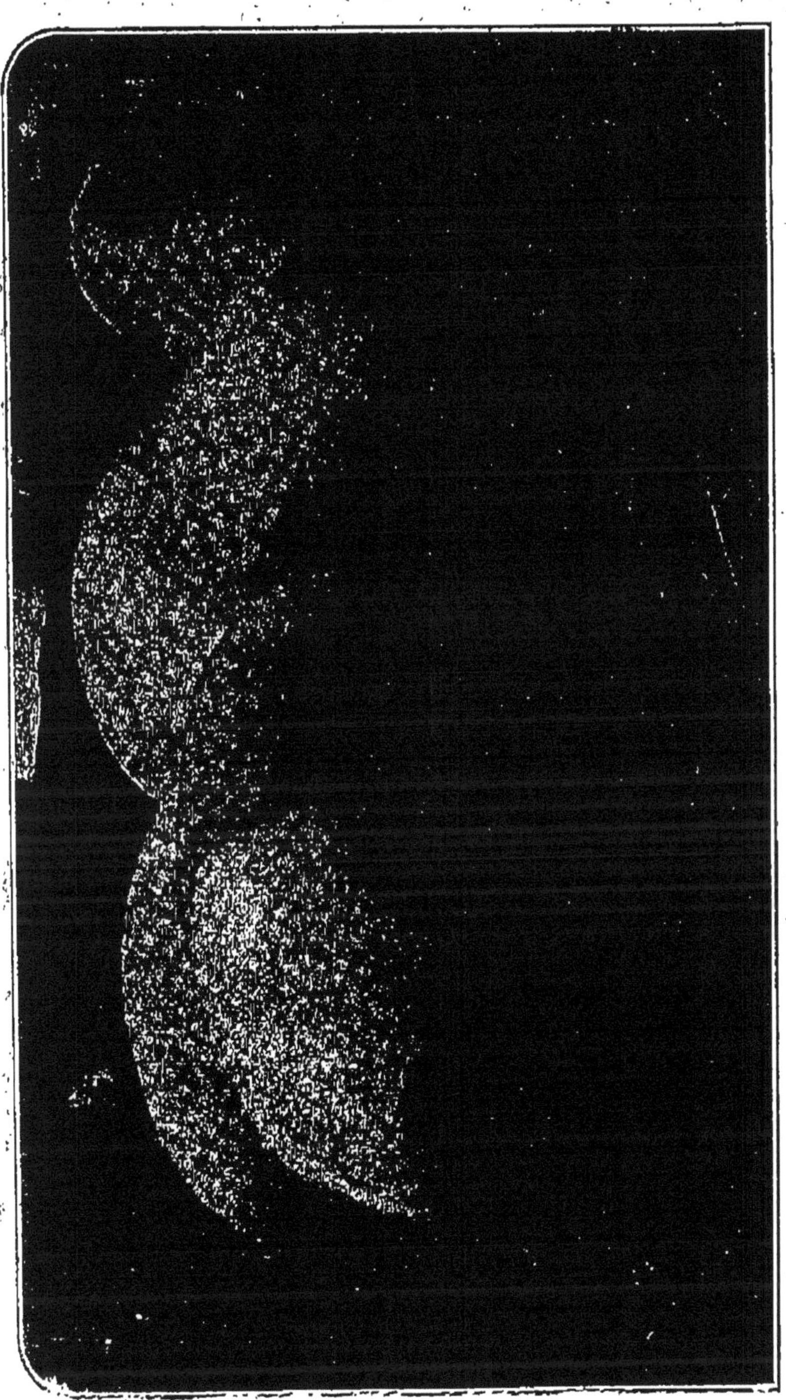

Fig. 21. — Porcs limousins. 1er Prix.

poids n'est jamais aussi élevé que chez les porcs à oreilles pendantes; il atteint, en moyenne, 150-180 kilogrammes. Cette race reçoit souvent le nom de *race de Saint-Yrieix* (Haute-Vienne) parce que c'est aux environs de cette ville que se tiennent les meilleurs reproducteurs.

Production. — La production du porc est intensive dans tout le département de la *Haute-Vienne*, ce qui s'explique par le grand dévèloppement pris par la culture de la pomme de terre, base de l'alimentation de cet animal. Sauf dans les grandes exploitations du nord, où la plupart des métayers achètent des porcelets de cinq à six mois pour les élever, chaque domaine entretient, suivant son étendue, une ou plusieurs truies portières dont les produits sont vendus vers l'âge de trois mois.

L'arrondissement de Saint-Yrieix est celui qui, relativement à son étendue, élève et engraisse le plus.

L'engraissement porte généralement sur des animaux assez âgés, dix-huit mois, mais dont la préparation est faite avec beaucoup de soin. L'alimentation est à base de châtaignes et de sarrasin, la viande et le lard obtenus sont très estimés. Les porcs gras sont dirigés sur Bordeaux, Bayonne, la région viticole du Sud-Ouest; un certain nombre sont envoyés à Paris et dans la région de l'Est.

Dans la région de Limoges, des croisements sont pratiqués avec le verrat Yorkshire. Cela donne des animaux souvent blancs et non pie-noirs, plus précoces, mais de chair un peu moins estimée que les précédents. Le croisement craonais, quelquefois pratiqué, surtout dans l'arrondissement de Rochechouart, aboutit à l'obtention de porcelets blancs à oreilles de dimensions variables qui passent vers cinq ou six mois dans la Vienne, les Charentes, les Deux-Sèvres pour y être engraissés.

La *Corrèze* exploite aussi la race limousine dont les débouchés se font surtout vers le Sud-Ouest et le Midi, tandis que la Haute-Vienne trouve sur le marché de Paris une vente régulière et permanente. Tulle et Brive reçoivent sur leurs champs de foire des porcs gras nourris de pommes de terre et de châtaignes dont quelques-uns atteignent jusqu'à 200 kilogrammes.

La *Creuse* produit peu de porcelets; elle engraisse surtout des jeunes amenés des régions voisines par des marchands. On y rencontre des porcs à grandes oreilles (craonais et dérivés) avec d'autres tachetés de noir et des métis anglais. Les sujets gras non consommés sur place sont exportés vers Paris et vers la région du Sud-Ouest.

Race Périgourdine.

De taille plus forte que les limousins, les porcs périgourdins s'en distinguent, en outre, parce qu'ils ont plus de blanc et des taches foncées réparties irrégulièrement. L'ancienne race a presque entièrement disparu, remplacée d'abord par des métis de craonais et de Yorkshire, puis par la race limousine pie-noire de Saint-Yrieix. Celle-ci, qui s'étend chaque année en Dordogne, y est avantageusement croisée avec la Yorkshire dont les descendants jouissent d'une précocité qui leur assure une croissance rapide. Les porcs gras expédiés de la *Dordogne* sur Paris pèsent en moyenne 100 kilogrammes.

L'élevage et l'engraissement se font sur tous les points du département de la Dordogne, mais principalement dans les arrondissements de Nontron, de Périgueux et de Sarlat.

LE PORC TRUFFIER. — Le Quercy et le Périgord sont renommés pour leur production de truffes et l'on connaît l'aptitude des porcs à découvrir ce champignon. Tous n'y sont cependant pas également aptes; les chercheurs de truffes choisissent leurs auxiliaires avec une attention spéciale.

On prend de préférence des truies, d'abord parce qu'elles donnent un produit par la vente de leurs porcelets, et ensuite parce qu'elles cherchent mieux que les mâles. Pour le choix, on a égard aux qualités des parents. On essaie, d'ailleurs, la sensibilité olfactive de l'animal en cachant des truffes et en observant la facilité plus ou moins grande qu'il a de les découvrir. L'animal commence son service vers l'âge de deux ans; il a toutes ses qualités, de trois à quatre ans; il peut être conservé jusqu'à un âge assez avancé. On le fait travailler tous les jours, en lui laissant de temps en temps quelque repos.

Le conducteur, quand il travaille à la recherche des truffes, porte sur son dos une besace contenant du maïs et il tient à la main un bâton. Il marche à côté de sa truie, et quand celle-ci est arrêtée et que, cherchant à fouiller la terre, elle signale la présence d'une truffe, il lui jette de côté une poignée de grain et pendant qu'elle se détourne, il a le temps de déterrer le précieux tubercule.

Le département du *Lot* possède une population porcine constituée par des métis dérivés de la race locale et des races anglaises blanches. On rencontre partout des truies destinées à la reproduction; c'est surtout dans les parties du département où l'on récolte la truffe qu'elles sont les plus nombreuses; on y conserve, à cause de la recherche de la truffe, des éléments locaux qui peuvent être perfectionnés par la sélection.

La race périgourdine s'étend encore dans le *Lol-et-Garonne* où elle représente environ le dixième de la population totale. Le reste appartient aux races limousine, craonaise, gasconne, de Miélan, auxquelles se mélangent quelques animaux venus de la Saintonge. Les cultivateurs préparent pour leur propre consommation des jambons, des saucisses desséchées et du « confit », viande cuite et conservée sous la graisse, qui entre toute l'année dans la consommation familiale.

Les plus beaux porcs gras se trouvent sur les marchés de Villeneuve; viennent ensuite ceux d'Agen, de Nérac et de Marmande.

L'institution de *Concours de Porcheries* par les soins des Offices agricoles a les meilleurs effets sur l'amélioration et la tenue des porcheries. A titre d'exemple, voici la table de pointage adoptée par l'Office agricole départemental de l'Aveyron :

	Coefficients
1° Caractères de la race et conformation des verrats	6
2° Conformation des truies	4
3° — des élèves	3
4° — des animaux d'engrais	3
5° État d'entretien des animaux	2
6° Importance du troupeau	1
7° Aménagement des locaux	3
8° Tenue des locaux, fumiers et purins	3

La notation s'étend de 0 à 10, ce qui fournit un maximum de 250 points. Ne sont recompensées que les porcheries ayant obtenu un minimum de 150 points.

Porcs du Centre (Berrichons, Auvergnats).

Sans chercher à établir de distinction nette entre des porcs qui ont une origine commune et qui se ressentent des mêmes croisements, il y a lieu de présenter l'état de la production porcine dans quelques

(*Cliché Marre-Gillin.*)

Fig. 22. — Porcs d'élevage au pacage.

départements du Centre de la France, qui contribuent par leurs expéditions à l'approvisionnement de grands marchés et qui, autrefois, possédaient des représentants dérivés directement de la race pie à oreilles horizontales.

Dans le *Cantal,* l'élevage et l'engraissement du porc ont une grande importance surtout dans la région riche en châtaigniers où le lait et la châtaigne sont les élements essentiels de son alimentation. Ces porcs sont continuellement au pâturage dès le printemps. La consommation familiale abat des animaux de 200 à 250 kilogrammes. Les porcs élevés dans les laiteries sont plus fins et abattus plus tôt.

Le département de l'*Indre*, peuplé par les berrichons, blancs, à oreilles longues et pointues, a une production porcine à peu près limitée à la région de la Châtaigneraie en s'étendant aussi à une partie du Boischaut : arrondissement de La Châtre et partie de l'arrondissement du Blanc (St-Benoist-du-Sault, Belâtre).

Le *Cher* élève surtout sur les confins de la Creuse et de la Sologne qui produisent beaucoup de pommes de terre.

Les Porcs bressans et charolais.

Elevés sur la rive gauche de la Saône, dans les départements de Saône-et-Loire et de l'Ain, les anciens *porcs bressans* étaient caractérisés par leur tête large à groin effilé, leurs oreilles semi-longues un peu pendantes à l'extrémité, leur dos long, mince, quelquefois arqué, leur robe noire aux parties antérieures et postérieures et blanche sur le milieu du corps. Ils étaient autrefois nombreux et produits fort économiquement ; nés en Bresse, beaucoup étaient exportés vers le Mâconnais, le Beaujolais, le Lyonnais.

La population actuelle du département de l'*Ain* comprend des animaux marqués de taches noires, d'autres entièrement blancs et quelques-uns de robe noire provenant de croisements faits avec des porcs de la Savoie. Tous sont faciles à élever et à engraisser. Pour les petites fermes bressannes qui ne comptent en moyenne que 12 à 15 hectares, l'élevage et l'engraissement des porcs annexés aux mêmes opérations sur la volaille constituent l'une des sources régulières du profit annuel. La Bresse fournit une grande partie des porcelets engraissés par les fruitières à fromage de gruyère où ils consomment les résidus de la fabrication fromagère. Nantua,

(Del. P. Bernard.)

Fig. 23. — Ancien porc bressan.

Porc de 16 mois, 1er prix de la 1re classe. Races françaises pures. Concours de Lyon, 1855.

Belley, Gex sont des débouchés réguliers dans ce sens. D'autres exportations ont lieu vers le Rhône, Saône-et-Loire, le Forez.

Les **Porcs charolais,** semblables aux bressans, comme eux autrefois blancs et noirs, aujourd'hui blancs, à oreilles moyennes et métissés d'anglais, s'étendent sur la rive gauche de la Loire et se confondent, ailleurs, avec ceux de la Bourgogne.

Le département de *Saône-et-Loire* produit surtout des porcs dans sa portion appartenant à la Bresse et dans les terrains granitiques situés entre la Saône et la Loire, contrées qui cultivent beaucoup la pomme de terre. Pierre-en-Bresse, Charolles, Louhans, Autun, etc., avaient de grandes foires à porcs où le pittoresque le disputait à l'importance commer-

(*Del. P. Bernard.*

Fig. 24. — Ancien porc charolais.
Animal âgé de 13 mois, 1er prix de la 1re classe.
Races françaises pures. Concours de Lyon, 1857.

ciale, et dont l'animation et la couleur locale ont souvent tenté des artistes. Les animaux y sont vendus comme laitons, nourrains ou porcs gras. Les bêtes d'élevage s'en vont vers les fromageries de la Franche-Comté. La tendance ancienne à faire de très gros animaux (200 kgs) va en diminuant et on ne dépasse guère en porcs gras le poids de 150 kilogrammes.

Les Porcs bourguignons.

Les porcs produits dans la *Côte-d'Or* et dans l'*Yonne* (région de la Puisaye) n'ont pas de caractéristiques bien définies; on en trouve de blancs, à corps long et à oreilles pendantes, d'autres plus ramassés, à oreilles plus pointues, blancs ou marqués de noir. Sauf dans la Puisaye (Bléneau, Saint-Fargeau, Saint-Sauveur, Toucy) la production de l'*Yonne* ne suffit pas aux besoins et on importe des porcelets de la Nièvre, du Loiret, et même de l'ouest (Mayenne, Sarthe). En *Côte-d'Or*, l'élevage et l'engraissement du porc ont une importance considérable dans le Sud et le Sud-Ouest du département (Seurre, Arnay-le-Duc, Saulieu). Pie ou presque blancs, les porcs *morvandeaux* étaient autrefois engraissés avec des glands, du sarrasin, de la pomme de terre. Les foires de Saulieu ont conservé encore beaucoup d'animation. Le surplus des animaux consommés sur place est expédié à la Villette, à Lyon ou aux charcuteries dijonnaises.

La Franche-Comté (départements du Doubs et du Jura) entretient des porcs dans ses nombreuses laiteries et fromageries. La production des porcelets est restreinte dans le *Doubs* et seulement pratiquée sur les confins de la Haute-Saône; les animaux d'engraissement sont surtout introduits de la Bresse et du Jura (Lons-le-Saulnier, Chaussin, Poligny, etc.) Quant au *Jura*, la production porcine a son plus grand développement dans la plaine, cantons de Chaussin, de Chaumergy, de Sellière, de Bletterans, qui vend des porcelets et des porcs gras.

Porcs dauphinois.

Le porc commun du Dauphiné est de robe ordinairement brune ou foncée. L'introduction de quelques reproducteurs berkshire et surtout de craonais a transformé notablement l'ancien modèle; les porcs actuels fournissent une très bonne viande, mais ne peuvent cependant pas être mis en comparaison pour la précocité et la conformation avec les races modernes perfectionnées. La race craonaise a surtout été répandue dans le Bas-Dauphiné (*Isère*, région de Bourgoin). Le développement de l'industrie laitière a aussi favorisé cet élevage. Il est à noter dans la *Drôme* l'introduction de reproducteurs Yorkshire.

Outre les denrées ordinairement employées (farineux, tourteaux, pommes de terre, etc.) il convient de signaler que, dans la Drôme, les porcs utilisent normalement, après cuisson, les feuilles de mûrier et les litières de vers à soie.

Le Porc corse.

L'espèce porcine est représentée en *Corse* par une population se rattachant directement au type circumméditerranéen à tête de taupe et de robe foncée. Sa description répond aux caractères suivants ; tête très allongée à profil presque rectiligne, groin étroit, oreilles courtes, droites ou semi-inclinées, corps ramassé et arrondi, membres forts, soies peu serrées et longues surtout sur la ligne médiane du dos. Robe noire, fauve ou fauve grisâtre; quand elle est pie, les taches blanches sont de peu d étendue.

L'élevage se fait en pleine liberté; les truies s'en

vont à l'extérieur, dans les bois, les maquis, les olivettes, accompagnées de leurs petits; un grand

FIG. 25. — Porcs corses.

(Cliché extrait de l'ouvrage de Ravel. La Corse 1911.)

nombre de porcs passent ainsi la plus grande partie de leur existence, bien préparés à la consommation lorsque la glandée est abondante; d'autres fois vendus aux cultivateurs qui les préparent pour la consommation familiale en leur faisant consommer des glands, des châtaignes, de la farine d'orge,

Le porc corse doit à ce genre de vie spécial d'être rustique et peu précoce; par contre sa chair est savoureuse et assure une réputation justifiée aux produits de charcuterie qu'elle sert à préparer (saucissons de Quenza, jambons, filets fumés ou lonzo). Le figatello, produit à base de foie de porc, est très apprécié dans l'île, mais ne donne lieu à aucun commerce extérieur.

Le croisement berkshire a donné de bons résultats dans plusieurs grandes porcheries installées sur le littoral. Les métis offrent un mélange des caractères des deux races avec prédominance du sang corse; le berkshire donne sa conformation et ses extrémités blanches; la tête reste allongée, peu concave, les soies longues et grises.

Les truies vivant en liberté sont quelquefois saillies par des sangliers. On m'a montré à Chiavari une portée de six petits hybrides qui portaient la livrée à bandes longitudinales des jeunes marcassins.

Race gasconne.

La race gasconne (1) fait partie de la population porcine méridionale dont l'élevage est très en honneur dans la région du Sud-Ouest. Elle a conservé les caractères fondamentaux de la race circumméditerranéenne, y compris le pelage noir que possèdent également les porcs espagnols du même type.

---

(1) J. Girard, *La Race porcine gasconne* (*Revue de Zootechnie*, 1921).

Caractères généraux. — Le porc gascon est un animal de taille moyenne et de poids moyen, complètement noir.

Chez l'adulte, la taille est voisine de 0m,75; à un

(*Cliché J. Girard.*)

FIG. 26. — Verrat gascon-lauraguais, 6 ans 3 mois. Taille : 0m,80. Poids : 175 kilos. A servi plus de 200 truies en 1919.

an, le poids oscille autour de 100 kilogrammes; il est de 150 kilogrammes à 18 mois, de 200 kilogrammes à deux ans et peut atteindre jusqu'à 250 et 300 kilogrammes sur des sujets de trente mois ou des animaux engraissés pour les concours.

La tête est mince, très longue, surtout dans la

face qui est droite, pointue, terminée par un groin fin et mobile; les oreilles sont de longueur moyenne (une demi-tête), étroites, rapprochées à la base, portées horizontalement ou légèrement inclinées en

(*Cliché J. Girard.*)

Fig. 27. — Truie de race gasconne, 6 ans (vieux type). Pesant, maigre, 145 kilogrammes.

avant-toit au-dessus des yeux. Le profil est presque droit (sub-concave), donnant à la face sa forme caractéristique dite en « cône tronqué » ou « en tête de taupe » (J. Girard).

Le corps est presque cylindrique, bien que la poitrine soit toujours un peu étroite; la croupe, courte et avalée, est large, supportée par des fesses rebondies, et pourvue d'une queue longue et forte, terminée par un bouquet de grosses soies.

Le type moyen peut être défini par les mensurations suivantes, prises sur un mâle de dix-huit mois, en bon état d'entretien (J. GIRARD) :

Taille au garrot	0^m,75
— au dos	0^m,78
— à la croupe	0^m,74
Longueur du corps	1^m,20
— de la tête	0^m,40
— de la croupe	0^m,35
Largeur de la poitrine	0^m,35
Hauteur de la poitrine	0^m,40
Largeur de la croupe	0^m,35
Longueur des oreilles	0^m,20
Largeur des oreilles à la base	0^m,10
Longueur moyenne des soies	0^m,06

La peau épaisse, mais souple, porte des soies longues et dures plus ou moins tassées, plus longues, plus serrées et plus grossières sur la ligne cervico-dorsale. Beaucoup de porcs présentent sur la nuque, entre les épaules et à la naissance du rein, des bouquets de soies formant rosaces ou épis.

Dans l'ensemble, le porc gascon est donc un eumétrique, sub-concave, médioligne ou sub-longiligne. Sa robe est noire; la peau est complètement et fortement pigmentée, les soies sont noires sur toute leur longueur; le groin et les onglons sont noirs sans aucune tache. Les marques blanches ou grises disqualifient les reproducteurs; elles proviennent d'un croisement anglais ou craonais.

La race gasconne est rustique et vigoureuse; elle supporte bien la chaleur et se nourrit aisément au pâturage. Le régime du parcours est imposé aux jeunes jusque vers dix à douze mois; après quoi ils sont engraissés. Cette opération dure deux à trois mois pour les porcs dits « à viande » et cinq à six mois pour ceux « à graisse ». L'abatage n'a guère lieu que vers dix-huit mois.

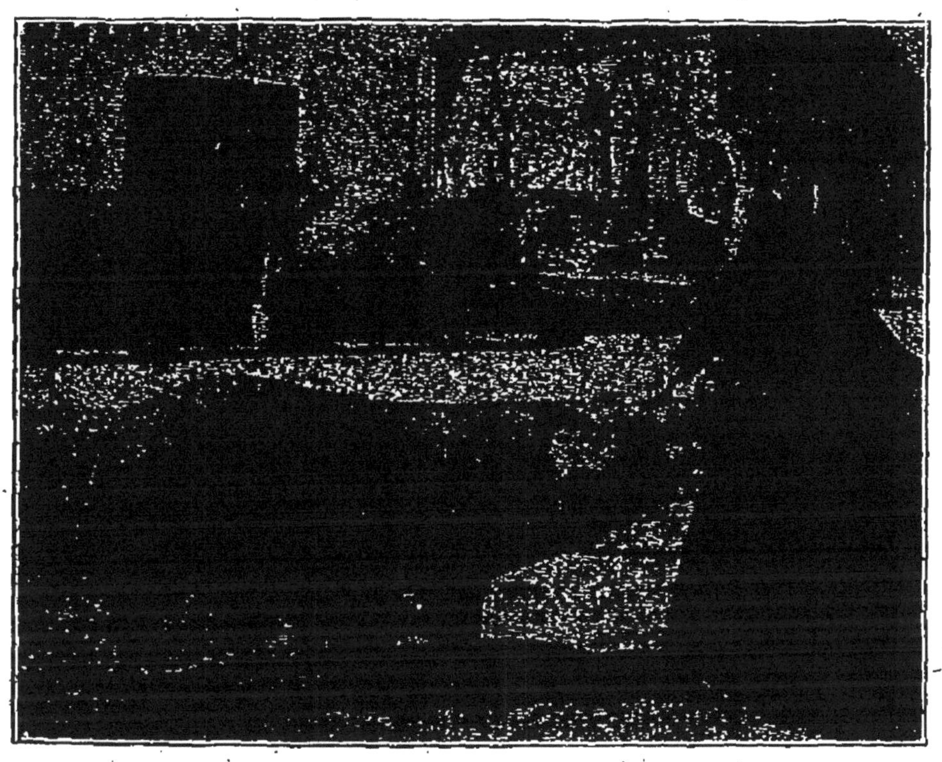

(*Cliché J. Girard.*)

Fig. 28. — Truie de race gasconne, 3 ans 5 mois. A donné 5 portées de 10 à 12 porcelets.

Aire géographique. — La race gasconne est aujourd'hui cantonnée dans le *Nébouzan*, petit pays de Gascogne enclavé entre l'Armagnac, le Comminges, avec extension vers la Lomagne, contrée essentiellement agricole et de petite culture, à cheval sur les trois départements du Gers, des Hautes-Pyrénées et de la Haute-Garonne. Les meilleurs centres qui produisent la race pure se trouvent dans les arrondissements de Lombez, Saint-Gaudens et Bagnères-de-Bigorre. Depuis le milieu du XIXe siècle, la race

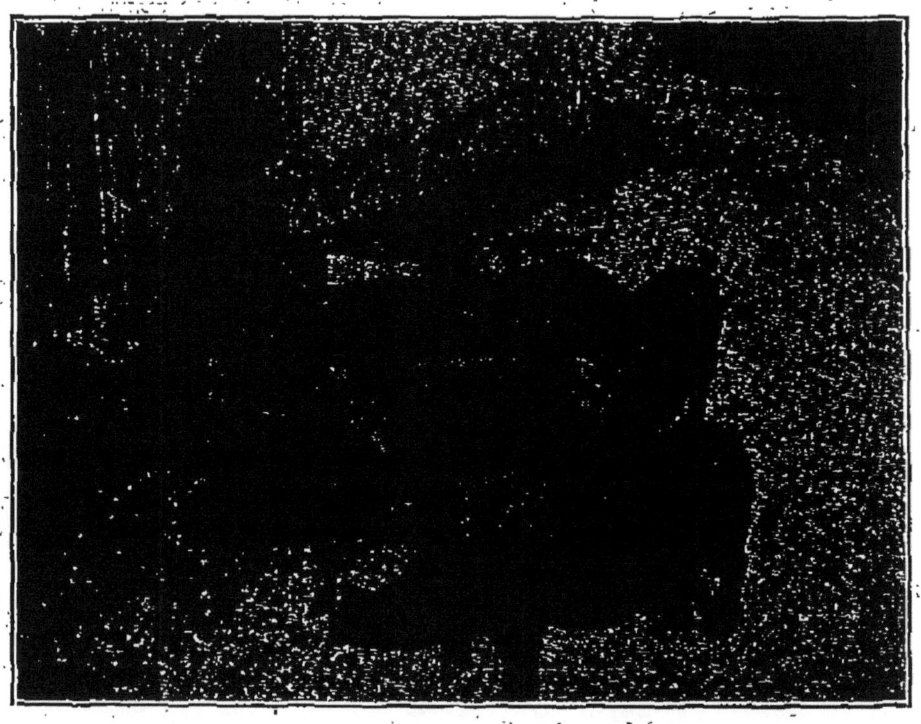

(*Cliché J. Girard.*)

Fig. 29. — Cochons de race gasconne, 12 mois. Pesant une moyenne de 110 kilogrammes avant l'engraissement.

a rétrogradé devant les progrès des races blanches importées surtout pour faire des croisements dont les résultats vont apparaître avec l'étude de deux populations fort intéressantes pour la région du S.-O., le porc de Cazères et le porc de Miélan.

Le Porc de Cazères (1).

La population porcine cazérienne, depuis longtemps réputée, ne constitue cependant pas une race au sens propre du mot; elle correspond à une production par voie de métissage dont les caractères sont fortement établis tant en raison de la discipline de sa production et de la perfection de son élevage que de ses mérites économiques spéciaux.

Aire géographique. — Le pays de production et d'élevage comprend toute la partie supérieure du bassin de la Garonne, depuis les Pyrénées jusqu'à Toulouse. Formé par les innombrables vallées divergentes qui, partant du plateau de Lannemezan et du pays de Foix, descendent à la Garonne par les coteaux de la Gascogne et du Lauraguais, il se divise en trois grandes régions très distinctes :

La *région sous-pyrénéenne*, pays d'élevage par excellence;

La *région des coteaux* (Lauraguais), où l'engraissement des porcs est une grande cause d'activité et une précieuse source de profit pour la contrée. C'est le centre d'élevage de la race porcine lauraguaise;

La *plaine*, pays plat qui va de Saint-Gaudens à Muret, avec *Cazères-sur-Garonne* pour centre, propre à toutes les cultures et remarquable surtout par son importance économique due à son rôle de point d'échange entre les nombreux petits pays qui descendent des Pyrénées vers Toulouse.

(1) D'après le professeur J. GIRARD, *Les Races porcines méridionales* (*Revue vétérinaire* de l'École de Toulouse, novembre et décembre 1922.)

Origines. — L'entretien, dans la région pyrénéenne, des anciennes races locales adaptées au climat dur et aux habitudes des cultivateurs, races locales conservées surtout dans la région montagneuse; d'autre

(*Cliché J. Girard.*)

Fig. 30. — Porcs de Cazères.

part, la pratique des croisements anglais suivie par les propriétaires de la plaine toulousaine, amenèrent avec le temps deux élevages parallèles. L'un eut pour objet la reproduction des races indigènes pour les besoins du pays, l'autre le croisement avec les races améliorées d'Angleterre en vue d'obtenir des porcs destinés au commerce. Cette division du travail aboutit à la formation des populations porcines actuelles de la Haute-Garonne comprenant deux porcs nettement différents au triple point de vue morphologique, physiologique et économique :

a) Le type indigène, pour la production du lard, porc à graisse ou porc gras représenté par les deux races *gasconne* et *lauraguaise*;

Ces porcs ont le corps allongé, la côte plate, la peau couverte de soies rudes, et la robe communément pie-noire ou presque noire. Ils sont excellents marcheurs; bien qu'ils laissent à désirer quant à leur conformation, leurs produits (chair et lard) sont recherchés par la consommation locale.

b) Le type charcutier ou commercial, pour grillades et viandes demi-maigres, porc à viande ou porc frais, porc à bacon des Anglais, fourni par la population *cazérienne*.

« Le porc de Cazères est donc un produit dérivé des deux grandes races méridionales voisines, la race gasconne et la race lauraguaise, sur lequel on a greffé et on greffe encore aujourd'hui (car les croisements se continuent) un peu de la caractéristique physiologique du type anglais représenté par la grande race Yorkshire, Large White ou Grand porc blanc.

« Il a deux sources : le croisement de la truie noire Gasconne avec le verrat blanc Lauraguais ou Yorkshire-Lauraguais, et le métissage par reproduction entre eux des métis Yorkshire-Lauraguais-Gascons (*Cazériens*). Le premier mode, de beaucoup le plus général est aussi celui qui donne les meilleurs résultats et fournit, en même temps que le gros de la population, le véritable type de celle ci.» (J. Girard).

Population. — La population porcine cazérienne comprend au minimum 400.000 têtes couvrant la presque totalité du département de la Haute Garonne avec extension sur le Gers, l'Ariège, l'Aude et le

Tarn-et-Garonne, sans compter les nombreuses existences un peu éparses dans le Centre et le Sud-Est. Les bons cantons de production sont en Haute-

Fig. 31. — Porcs de Cazères. (Cliché J. Girard.)

Garonne : Le Fousseret, Cazères-sur-Garonne, Montesquieu-Volvestre, Rieumer et Rieux.

Caractères généraux. — Taille moyenne, plutôt grande, atteignant les limites de l'hypermétrie.

Conformation compacte, remplie et ronde; membres nerveux et solides.

Tête moyennement forte et longue, à profil très

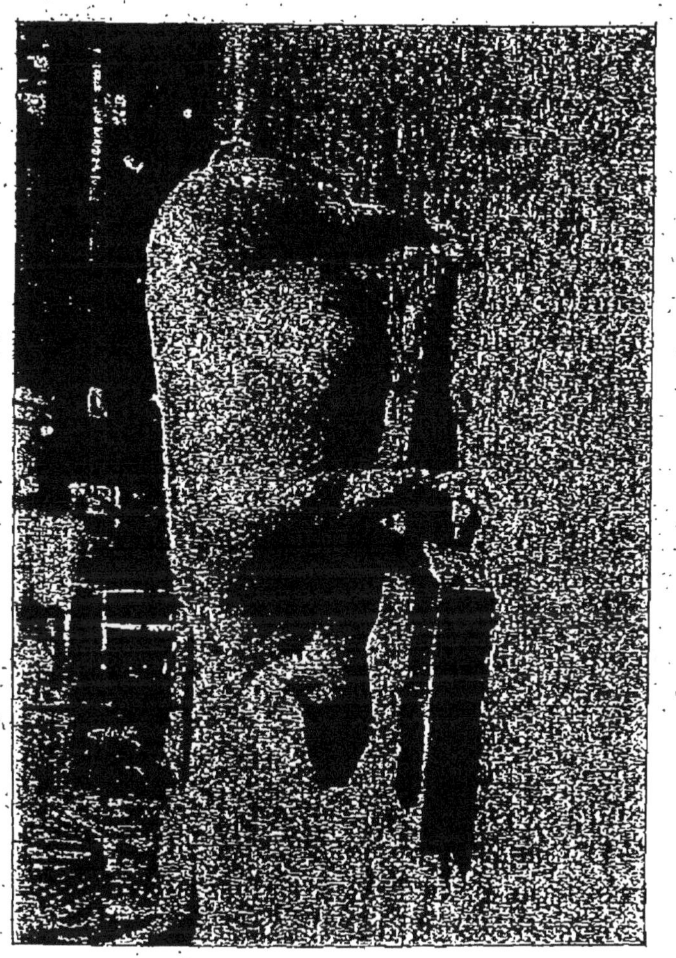

Fig. 32. — Porc de Cazères. (Cliché J. Girard.)

légèrement mais régulièrement concave depuis le front jusqu'au bout du nez; large au crâne, assez courte et mince à la face, terminée par un groin large, ordinairement droit, parfois un peu retourné, nuque épaisse, sans grande saillie au-dessus du front plat auquel elle s'accorde en formant un angle presque droit.

Oreilles larges, demi longues (moitié de la tête environ), portées en avant, dans un plan horizontal ou légèrement relevé, de forme triangulaire à pointes émoussées, les bords internes, épais, laissant les yeux et toute la face à découvert, les externes, minces et flasques un peu abaissés sur les joues; yeux écartés, mais encore un peu rapprochés de la base des oreilles, petits, mais bien ouverts et vifs; joues épaisses, fortement charnues; maxillaires développés à branches un peu courbes et bien écartées en arrière.

Cou court, très gros, en tronc de cône régulier, ayant le bord inférieur pourvu d'un gros fanon formant bavette graisseuse sous la gorge.

Corps massif, moyennement long, avec large poitrail et forte culotte, près de terre sur des membres relativement fins, mais très solides; l'avant main plus large, l'arrière-main plus long et plus haut; sans dépression en arrière des épaules; dos étendu et large; croupe longue, épaisse, arrondie, terminée par une queue courte et mince; jambons larges et longs, fesses bombées; ventre modérément tombant; jarrets larges, pieds petits mais très résistants; onglons serrés formés d'une corne noire très dure.

Peau fine sans excès, élastique, douce, d'un beau « blanc de marbre » avec quelques taches pigmentaires grises ou bleues. Ces taches, de couleur gris ardoisé, n'intéressent que la peau; le poil qui les recouvre est blanc comme sur tout le reste du corps; elles varient dans leur étendue et leur distribution; quand elles sont réduites et peu apparentes, elles sont presque toujours localisées à la base de la queue ou au voisinage des oreilles. On les veut ni trop nombreuses ni trop étendues; trois ou quatre au maximum, larges de 20 à 30 centimètres au plus, couvrant moins du dixième de la surface cutanée, et cantonnées dans les parties antérieure et postérieure du corps (tête et croupe) sans jamais dépasser les épaules ni le rein.

(Cliché Girard.)

FIG. 33. — Porc de Cazères.

Les soies, longues de 4 à 6 centimètres, sont assez fortes, modérément tassées, sans ondulations ni frisures, d'un blanc mat parfois légèrement ambré, mais sans aucune pigmentation. Beaucoup de sujets présentent deux épis très apparents, l'un en arrière de la nuque, l'autre au niveau du rein; ils sont recherchés des amateurs. Les soies noires ou grises disqualifient les sujets; celles qui sont trop rares ou trop fines, sur une peau trop fortement rosée, décèlent des animaux délicats.

Aptitudes. — Le porc de Cazères est un animal à deux fins adapté au milieu et à la situation économique des régions méridionales de la France. Il est robuste, résistant, vigoureux, rustique, peu sujet aux maladies, gros mangeur, et il convient à tous les systèmes d'élevage et à tous les modes d'engraissement. Il croît plus rapidement que les races communes dont il dérive et s'engraisse presque aussi facilement et aussi vite que les porcs anglais qui ont contribué à sa formation.

Le porcelet cazérien pèse à deux mois et demi autant qu'un gascon de trois à quatre mois; à cinq mois, il atteint facilement 75 kilogrammes et peut être livré à la consommation à sept ou huit mois avec un poids moyen de 80 à 100 kilogrammes. A ce moment, son rendement est voisin de 85 %.

Adultes et gras, les cochons dépassent toujours 250 kilogrammes; ils peuvent même arriver à peser de 300 à 350; ils donnent un rendement de 87 %.

Sous les deux formes, jeune ou adulte, le cazérien représente une sorte commerciale très estimée de la charcuterie toulousaine et recherchée sur les marchés de Limoges, Bordeaux, Lyon et Paris. Il a en outre le mérite de répondre parfaitement à la consommation locale, fournissant à la population rurale du Midi la viande de pot-au-feu, le lard pour les conserves et la graisse pour les préparations culinaires.

Exploitation. — L'exploitation se fait suivant

trois modes qui sont souvent associés ou combinés deux à deux comme en maintes autres régions :

1° La production des porcelets pour la vente au sevrage;

2° L'élevage des jeunes du sevrage au moment de l'engraissement;

3° La préparation du porc vendu jeune pour le « porc frais » et l'engraissement du porc adulte.

La *production des jeunes* est tout entière localisée entre les mains des petits propriétaires de la région des coteaux.

L'*élevage des porcelets* depuis le sevrage jusqu'au moment de l'engraissement n'est spécialisé que chez les marchands et un petit nombre d'exploitants disposant de vastes parcours au voisinage des bois et des landes. Les « coureurs » sont nombreux, sur les plateaux et sur les collines où ils trouvent des glands, des faînes et des châtaignes, ou bien dans les parties basses où ils se nourrissent de plantes variées, de racines, de vers, etc.

L'*engraissement* se pratique dans toutes les fermes; il s'exerce sur les produits de la propriété ou bien sur des animaux achetés au dehors. Il fournit les deux productions dont il a déjà été parlé et que nous retrouvons dans presque toutes nos contrées : le porc jeune de 80 à 100 kilogrammes destiné à la charcuterie et le porc fortement engraissé, sacrifié entre seize et vingt mois après une préparation d'un an, quand il arrive à fournir 200 kilogrammes de viande.

En résumé, le porc de Cazères, issu du croisement Gascon-Lauraguais-Yorkshire, a la taille et le développement du Lauraguais, la structure et le tempérament du Gascon, un peu de la carrure du Yorkshire dont il a hérité en même temps de la précocité et de la disposition à prendre la graisse. Il répond aux desiderata de la consommation régionale et aux exigences actuelles du commerce.

Le Porc de Miélan (1).

Miélan est le nom d'un chef-lieu de canton du département du Gers, situé dans le sud de ce département, près de la limite des Hautes-Pyrénées, à peu de distance de la Haute-Garonne. Le pays est très accidenté et formé de coteaux qui s'étendent des bords de la Garonne à ceux de l'Adour. Les terrains cultivés se trouvent en majeure partie sur le flanc est des coteaux, les friches et les bois recouvrent les croupes ouest. Le pays de Miélan, cantons de Miélan, Mirande, Marciac, Montesqiou-sur-Losse, quelques communes du canton de Masseube (Gers) ainsi que des communes des cantons de Castelnau-Magnoac, Lannemezan et Tournay (Hautes-Pyrénées), se sont spécialisées dans l'élevage d'un porc local, le *porc de Miélan.*

Origines. — Autrefois, les hautes vallées de la Losse et de la Baïse étaient peuplées par des porcs à oreilles pendantes, un peu mélangés avec leurs voisins gascons. Dans la dernière moitié du XIXe siècle, on y pratiqua des croisements avec le Yorkshire; les métis, dûment appréciés, se multiplièrent rapidement; puis la race anglaise, devenant prédominante, au détriment de la rusticité, ou bien l'on chercha à revenir à la forme locale, ou bien on prit des reproducteurs métis que l'on utilisa sans introduction d'anglais purs. C'est à la suite de ces divers métissages et

(1) Consulter : *Le Porc de Miélan*, par E. BERNÈS-LASSERRE. Ch. Amat éditeur. Paris, 1920.

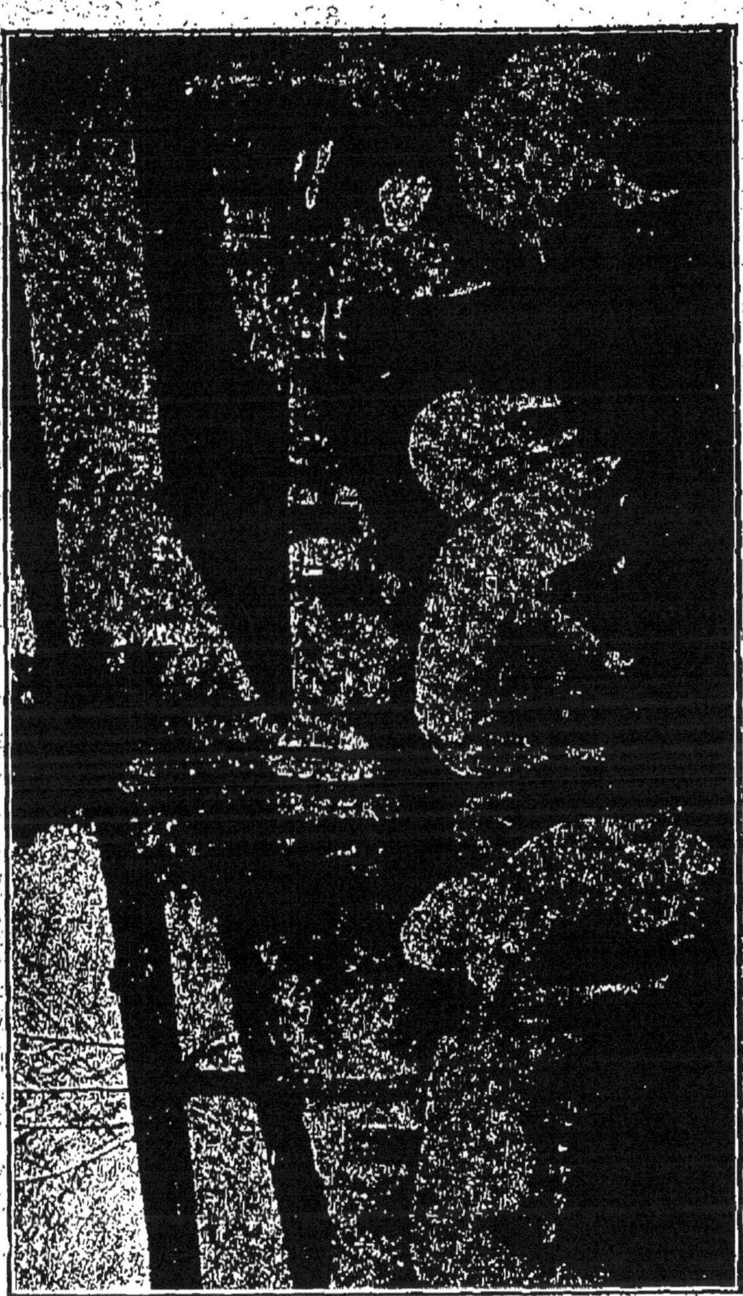

Fig. 34. — Truies de Miélan.

(Cliché Revue de Zootechnie.)

en sélectionnant les meilleurs sujets pour la multiplication, que le porc de Miélan a conquis une réputation dont il est redevable aussi pour une part à la solide organisation des Syndicats d'élevage qui s'occupent de lui.

Caractères. — D'après le portrait-type (Standard) dressé par la Fédération des Syndicats d'élevage de la race, le porc de Miélan répond à la description suivante :

« Tête moyennement longue, front large et plat, profil légèrement concave, presque droit, oreilles larges, tombantes en avant, jamais dressées, tendant à se rejoindre sur le groin.

« Tronc cylindrique, dos long, rein large et horiz..ntal, côtes rondes et relevées, quartiers bien en chair, épaules ouvertes; membres petits ou moyens, pas trop courts et bien d'aplomb; taille au-dessus de la moyenne; ensemble massif mais harmonieux.

« Peau blanche avec quelquefois des taches grises. Soies blanches, fines, courtes et rares .»

Aptitudes. — Le porc de Miélan jouit d'une remarquable aptitude à l'engraissement. Assez rustique, en même temps que précoce, il donne un lard ferme, une viande fine et savoureuse.

La richesse de l'alimentation donnée aux reproducteurs et le régime intensif auquel sont soumis les jeunes expliquent ces qualités en même temps que l'amélioration de la race. Celle-ci est prolifique; la truie donne assez souvent des portées de 13-14-16 petits. Les jeunes femelles peuvent être saillies dès l'âge de sept mois. Les porcelets sont vendus après le sevrage, vers deux mois et demi à trois mois; leur poids atteint à ce moment entre 35 et 40 kilogrammes. De sept à huit mois, le porc gras est utilisable pour la charcuterie. La rapidité de son développement le fait rechercher, dans toute la région pyrénéenne, par

FIG. 35. — Verrat de Miélan. (Cliché Revue de Zootechnie.)

l'élevage industriel qui réclame des animaux d'engraissement hâtif.

Expansion commerciale. — Les porcelets de Miélan sont exportés dans des régions très diverses.

Fig. 36. — Truie de Miélan. (*Cliché Revue de Zootechnie.*)

En dehors des points limitrophes, ils s'en vont vers la vallée de la Garonne, dans les Charentes, la Dordogne, les Landes, et même vers la région de Paris et l'Est de la France. Sauf dans les Landes, où ils restent dans les exploitations agricoles, ils sont surtout recherchés par les laiteries. Bordeaux, Toulouse et

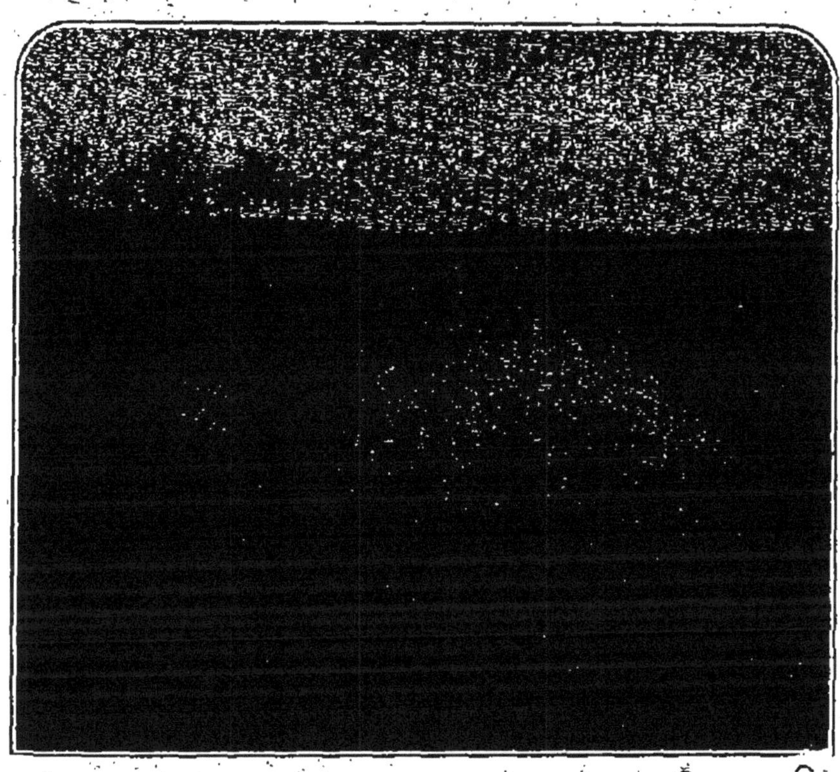

(Cliché Bernès-Lasserre.

Fig. 37. — Race de Miélan.
Une truie pleine âgée de deux ans. Type rustique.

Paris reçoivent les porcs qui pèsent ordinairement 120 à 130 kilogrammes. Montauban, Narbonne, Cette, Béziers, etc., les trouvent régulièrement sur leurs marchés. Quelques marchands espagnols et italiens viennent faire des achats dans le Gers.

L'expansion du porc de Miélan est la conséquence de l'organisation de Syndicats d'élevage groupés en une Fédération qui poursuit à la fois l'encouragement à l'élevage et le développement commercial. Cette Fédération a créé des Bulletins de saillie et de naissance; elle procède au pointage individuel des reproducteurs, établit pour chaque sujet (verrat ou truie) une fiche signalétique, zootechnique et généalogique détaillée, leur applique une marque spéciale et veille, enfin, à l'inscription des reproducteurs à un livre d'origine; toutes dispositions qui permettent la recherche et la conservation de sujets d'élite en vue du perfectionnement méthodique de la production porcine de la contrée.

Porcs du Sud-Ouest.

Dans les *Hautes-Pyrénées*, l'importance relativement grande de la culture du maïs, celle de la pomme de terre et la grande étendue de forêts assurant une récolte facile de glands et de châtaignes, favorisent l'élevage porcin. Les animaux y sont produits en vue de l'alimentation des ménages ruraux et pour la consommation des villes; ils donnent lieu, en outre, à une importante fabrication de jambons vendus sur les marchés de Tarbes, Lannemezan, Trie, Rabastens, et expédiés surtout dans le Gers et dans tout le bassin de la Garonne. Ils sont vendus sous la dénomination de jambons de Bayonne. Un certain commerce de porcs gras vivants s'effectue vers Toulouse, Bordeaux et Bayonne. La vente a lieu pendant l'hiver, préférablement après le 1er Janvier.

Les *Basses-Pyrénées* possèdent une industrie de préparation de jambons dits « de Bayonne » dont la réputation est solidement établie depuis des siècles.

Les jambons préparés autrefois en Béarn et salés avec le sel de Salies de Béarn ont ainsi pris le nom d'une ville qui n'est pas celle qui en produit le plus, mais où se tient un commerce important et une foire fort achalandée durant la semaine sainte. Dans le département, le commerce d'exportation des cochons vivants est presque nul, et restreinte la vente aux charcutiers. Les porcs sont tués et salés et, sous forme de salaisons et de jambons, actionnent un commerce d'exportation des plus importants et des plus assidus. Les fabriques de jambons se trouvent surtout à Orthez, Bénéjacq, Laroin et un peu à Oloron; elles s'approvisionnent dans les régions de Nay, Sault-de-Navailles, Salies-de-Béarn, Bordes, Bonnut, etc.

La population porcine est très importante dans les *Landes*, la viande de porc étant la base des préparations culinaires de la population rurale et ouvrière de la région. Les jeunes porcs ne sont cependant produits sur place que pour une faible part; ils proviennent en majorité des Hautes-Pyrénées, du Gers, du Lot-et-Garonne et même de la Dordogne.

Dans la Chalosse, les cultivateurs élèvent et engraissent des porcs à la fois pour leur consommation et pour la vente; dans la lande, au contraire, le colon engraisse seulement un porc pour la consommation familiale. Les jambons sont souvent cédés à des charcutiers. D'ailleurs, tout le département, particulièrement la Chalosse, expédie des jambons en quantité importante à Bayonne.

« Il existe à Dax une habitude assez singulière : les porcelets sont vendus au moment de leur naissance; les personnes qui les achètent les donnent à nourrir à des chiennes qui s'acquittent consciencieusement de cette mission; cela permet à des familles d'ouvriers de se préparer un porc pour l'année suivante (1). »

Les contrées si différentes entre lesquelles se partage le département des *Pyrénées-Orientales* ne

(*Cliché Poulain.*)

Fig. 38. — Race marseillaise.

possèdent qu'une faible population porcine. Les moutons et les bovins y tiennent davantage de place. Les *porcs du Roussillon* sont disséminés un peu partout. Certaines porcheries sont peuplées de

(1) Extrait du Rapport de la Direction des Services agricoles des Landes, dans la *Notice sur le Commerce des produits agricoles*. Paris, 1908.

craonais ou de métis provenant de quelques verrats yorkshire importés.

Le Porc Marseillais.

Le département des Bouches-du-Rhône, en particulier la région d'Aubagne, la banlieue de Marseille

(Cliché Poullain.)

Fig. 39. — Verrat marseillais.

et les localités qui bordent au sud l'étang de Berre s'adonnent depuis de longues années à l'élevage et à l'engraissement du porc. Le centre populeux représenté par Marseille offre à cette production un important débouché de nature à la soutenir et à en encourager l'accroissement. A la population porcine locale s'ajoutent divers éléments importés de l'Afrique du Nord surtout du Maroc qui fournissent en porcs maigres un certain nombre de porcheries d'engraissement de la région. La race gasconne (porc de Cazères), et le Yorkshire sont intervenus pour contribuer à la formation du porc marseillais actuel chez lequel les caractères généraux du type circumméditerranéen prédominent. Pour en assurer l'homogénéité et en faire progresser l'élevage, l'Office départemental agricole des Bouches-du-Rhône a organisé un concours spécial et formé un syndicat d'élevage du porc marseillais.

Celui-ci répond actuellement à la description suivante :

Tête allongée sans excès, front étroit, un peu déprimé, profil presque droit, oreilles petites, étroites, la pointe dressée et légèrement en avant.

Cou court, corps cylindrique, jambons larges, membres fins, relativement courts; soies blanches, assez fines, abondantes sur une peau blanc-rosé avec fond jaunâtre sans pigmentation. Poids vif moyen, 150 à 200 kilos à 12 mois pour les animaux améliorés (1).

Le porc marseillais est précoce; son lard est ferme, sa chair savoureuse; très apprécié dans la région, l'écoulement en est facile; les travaux entrepris pour son amélioration méthodique témoignent de l'intérêt qui s'attache à son rôle économique local.

---

(1) R. Poullain, *Standard du Porc marseillais*, 1921.

CHAPITRE IV

Type concave à oreilles pendantes.

Caractères généraux. — Le type porcin à oreilles pendantes est caractérisé par son profil concave, sa tête forte, sa face allongée, son groin large, ses oreilles grosses, longues, tombantes, ses soies épaisses, sa couleur rousse ou blanc-jaunâtre. Il a le corps long, et dans ses formes anciennes et non améliorées, le tronc est plat, le dos voussé, la croupe inclinée, les membres forts.

Origines et Expansion. — On le rencontre en Europe dans un grand nombre de contrées : Russie, Pologne, Théco-Slovaquie, Bavière, Provinces Rhénanes, Suisse, Hollande, Danemark, Suède, Grande-Bretagne, Belgique, Nord-Ouest et Sud-Ouest de la France, une grande partie du Portugal. Les conditions de milieu particulières, dans lesquelles il a vécu, ont déterminé, dans l'intérieur du type primitif, la formation de plusieurs races. Les unes sont restées voisines de l'ancienne, par exemple la race de Pologne et la race de Bohême; d'autres ont éprouvé une amélioration notable, telles que les races du Danemark, de la Belgique, des Flandres, des Ardennes, de la Bavière; d'autres, enfin, ont été méthodiquement perfectionnées, telle la race craonaise.

Les origines de ce type porcin si répandu, et dans des contrées si éloignées les unes des autres ont donné lieu à diverses interprétations. SANSON le considère comme originaire « de cette partie de l'Europe occidentale connue sous le nom de Gaule celtique » et c'est vers le nord-ouest de la Gaule qu'il place le berceau de cette race à laquelle il donne, conséquemment, le nom de race celtique.

Cornevin assure, et nous partageons sa manière de voir, qu'il est impossible de dire où cette race s'est formée primitivement et à quelle époque. Depuis un temps immémorial, on la rencontre à côté du type à oreilles horizontales. Il ne semble pas qu'elle soit celle auxquelles se rapportent les traditions gauloises et les chroniques gallo-romaines relatives aux grands troupeaux de porcs élevés dans les forêts de la Gaule. Le *Sus gallicus*, tel qu'il est représenté sur les monnaies et les enseignes, était à oreilles courtes et droites. Cornevin est porté à admettre « que la race à longues oreilles a été importée en Europe par quelque peuple envahisseur venant d'Asie ». Elle se répand, comme il a été dit ci-dessus, sur une bande de terre orientée, d'une manière très générale, dans la direction du 48e degré de latitude, suivant une ligne qui s'infléchit vers le Portugal. Or, dans aucun des territoires que nous avons énumérés, elle n'existe jamais exclusivement; elle est mêlée à d'autres races, surtout à celles du type subconcave à oreilles horizontales, et est fréquemment croisée avec elles et avec celles fournies par le type concave à oreilles dressées.

En suivant sa répartition en Europe, on rencontre un grand nombre de races pourvues de désignations locales et parmi lesquelles nous ne retiendrons que les mieux définies, les plus connues et celles qui offrent, pour la France, un intérêt spécial.

Race polonaise.

Il y a en Pologne une race porcine à tête grosse, étroite, à front caché par de larges oreilles pendantes et portant deux pendeloques sous la gorge. Haute sur membres, elle a le dos voussé, le ventre gros; ses soies sont grossières et rudes, son pelage est roussâtre ou jaunâtre. C'est une race très féconde donnant ordinairement de 10 à 12 petits d'un élevage facile; rares sont les porcelets qui meurent durant l'allaitement.

Le poids des porcs engraissés est d'environ 350 kilogrammes; il peut s'élever à 400 et 500 kilogrammes. La chair est un peu dure, mais la graisse est bonne La race est résistante et adaptée au pâturage; on se contente avec elle d'une précocité relative; son développement est achevé en deux ou trois ans. Elle peut servir comme élément de croisement avec des races peu prolifiques; les métis obtenus avec des races perfectionnées conservent sa fécondité et sa résistance au climat.

Race du Bakony (1).

Ainsi nommé en raison de son habitat dans la partie de la chaîne des monts Vértes qui porte le nom de Bakony et qui parcourt les contrées transdanubiennes, ce porc est encore appelé dans le pays « siska », c'est-à-dire « casqué », à cause de ses grandes oreilles flottantes. « Il avait anciennement l'aspect d'un animal primitif, avec son corps vigoureux, de moyenne grandeur, sa tête longue et osseuse, son dos de carpe, ses côtes plates, ses soies drues et rudes d'un gris de loup tirant sur le roux. Plus tard, lorsque son élevage eut progressé, son extérieur changea,

(1) Prononcer Bacogne.

mais s'affina peu, et, malgré tout, ses propriétés primitives demeurèrent; mis à l'engraissement, il donna peu de lard et une viande filandreuse. Sa propagation n'est due qu'à sa rusticité et à sa vigueur corporelle, car lorsque le commerce des porcs se développa, il put figurer sur les marchés autrichiens parce qu'il supportait à merveille les longs trajets à pied que le manque de moyens de communication imposait. — Vers 1840-1850, les porcs serbes de Mongolicza se répandirent en Hongrie; les éleveurs, séduits par l'aptitude à l'engraissement et les propriétés avantageuses de cette nouvelle race, négligèrent l'élevage du Bakony qui finit par disparaître sans laisser de traces (1) .»

Cornevin signale cependant, en 1897, le porc Bakonyer comme existant encore, mais en fort petites proportions dans les comitats de Raab, Somogy, Vesprini et Zala.

Race de Roumanie.

La race à oreilles pendantes est depuis longtemps connue en Roumanie et disséminée dans presque toutes les parties du territoire, bien que son élevage soit fort primitif. Filip signale que la couleur prédominante est jaune clair, mais qu'il y a des porcs qui sont noirs, roux ou pies. Les truies sont plus fécondes que celles de la race mangalitza; le nombre de leurs porcelets est plus grand et elles sont excellentes mères. Les porcs ne s'engraissent pas trop, mais leur chair est très estimée.

---

(1) *Le Porc en Hongrie.* Budapest, 1900.

Les Porcs de l'Allemagne.

Il existe dans toute l'Allemagne des porcs appartenant au type concave à grandes oreilles. Le type ancien aux longues oreilles pendantes, autrefois très répandu, fut croisé avec des verrats anglais, opération qui a contribué à la formation du groupe désigné sous le nom de *race porcine indigène améliorée.* Les provinces de Hanovre, de Saxe et de Westphalie possèdent les plus nombreux et les plus améliorés.

Caractères. — Tête longue et lourde, front étroit, yeux peu fendus, oreilles grandes et tombant en avant, groin très proéminent. Dos voussé, croupe inclinée, corps long, profond, plutôt plat, mais de grande taille, grâce aux membres forts, osseux, munis de paturons longs et d'onglons épais. Peau épaisse; pelage blanc; soies ordinairement frisées chez le verrat, en même temps que fortes et denses à l'encolure et sur le dos.

Moyennes de mensurations prises sur des animaux de 8 mois à un an.

Hauteur au garrot	$0^m,83$
Largeur de la poitrine	$0^m,40$
Largeur du bassin	$0^m,37$
Longueur du tronc	$1^m,12$

Mesures prises sur des animaux de concours.

	Verrats	Truies
Hauteur au garrot	$0^m,97$	$0^m,96$
Profondeur de la poitrine	$0^m,59$	$0^m,62$
Largeur de la poitrine	$0^m,51$	$0^m,46$
Largeur du bassin	$0^m,45$	$0^m,43$
Longueur du tronc	$1^m,36$	$1^m,30$

Le poids vif de truies de trois ans engraissées est de 300 à 450 kilogrammes avec un déchet d'abatage de 12 à 15 %.

Porc de Meissen.

Porc allemand élevé en Saxe et qui tire son nom d'une petite ville saxonne. Il dérive du croisement des truies tudesques à grandes oreilles avec le Yorkshire importé vers 1850. Cornevin le décrit avec une tête moyenne, des oreilles droites ou inclinées un peu en avant, un tronc dont la conformation générale est celle du Yorkshire, mais avec des membres plus hauts et plus forts. La couleur est blanche sans pigmentation.

Race féconde, bonne laitière, s'engraissant bien, le Meissener est très estimé en Allemagne et dans l'Europe centrale.

Porcs des Marches.

On englobe sous cette appellation des porcs à grandes oreilles qui habitent diverses régions de l'Allemagne, telles que la Silésie, le Hanovre, la Prusse orientale, le Brünswick, la Westphalie, le Mecklembourg, ainsi que le Jütland et le Holstein.

Ils ont la tête grosse, les oreilles amples et pendantes; ils portent fréquemment des pendeloques; le dos est un peu convexe, le tronc long et épais, la croupe forte. Sans être précoces, ils sont d'un bon engraissement ; ceux qui ne sont engraissés que dans le courant de leur seconde année deviennent très lourds. Le croisement avec les races anglaises les a tous avantageusement modifiés.

Le Porc du Wurtemberg est réputé pour sa chair délicate à graisse ferme.

Aptitudes et Exploitation. — Les porcs allemands améliorés sont des animaux lourds, un peu tardifs et rustiques, fournissant vers quinze mois un poids vif de 300 kilogrammes. Au cours de leur élevage, ils tirent parti de maigres pâturages. L'élevage en stabulation permanente est rarement pratiqué. Leur chair sert à la préparation de salaisons et de viandes fumées.

En vue de l'amélioration de l'espèce porcine, il s'est constitué en Allemagne des Syndicats d'élevage réunis en Fédérations. Des livres généalogiques sont tenus par ces syndicats. Les porcelets sont tatoués sur une oreille, au plus tard deux mois après leur naissance, du numéro de leur mère et, à l'âge de neuf mois, de leur numéro d'inscription au Herd-Book sur l'autre oreille. Depuis 1898, l'immixtion de tout sang étranger est interdite.

Race danoise.

L'élevage des porcs au Danemark est dirigé vers la formation d'une race indigène danoise qui satisfasse aux exigences des Agriculteurs au point de vue de l'embonpoint, de la productivité et de la rusticité, ainsi qu'aux demandes du marché quant à la qualité de la chair. Et, eu égard à ce que l'Angleterre enlève plus de 90 pour 100 de ses denrées d'exportation, le Danemark tient exclusivement compte des demandes de ce marché. Les éleveurs cherchent à produire un porc long, charnu, d'une fine ossature, avec le dos et la musculature abdominale particulièrement bien développés et de bons jambons.

Le *porc indigène danois* est grand et long, avec la

tête au groin allongé, le profil faiblement anguleux, l'oreille pendante, grande, large, généralement forte; le cou moyen; le corps long, bas, parfois assez plat avec le dos vigoureux et un peu recourbé en haut; la croupe assez large, souvent un peu tombante; des membres vigoureux et bien placés. Il est presque toujours blanc, dans de rares cas bigarré de noir.

La race ancienne devait vraisemblablement être, plus fréquemment qu'aujourd'hui, de robe pie-noire, à en juger par les tableaux représentant des scènes de la vie rurale d'autrefois que j'ai vus à l'École de Dalun, et par les figurations d'animaux de races anciennes qui ornent la frise du grand amphithéâtre de l'Institut agronomique et vétérinaire de Copenhague.

Les soies sont touffues mais pas précisément grossières.

La truie indigène se distingue par sa grande fécondité et une remarquable productivité laitière. Avec 9.000 mises-bas relevées de 1903 à 1911, sont nés de 10,6 à 11,4 porcelets par portée, desquels 8,3 à 8,6 existaient au moment du sevrage. En général, les truies mettent bas deux fois par an, souvent cinq fois au cours de deux ans. On peut, en conséquence, compter annuellement sur 17 à 20 porcelets viables par femelle. — On conseille de faire mettre bas la première fois à l'âge de douze mois, mais souvent la truie a sa première portée à l'âge de neuf à dix mois.

L'élevage des porcs de race danoise satisfait à la plupart des exigences du commerce avec l'Angleterre; les animaux sont ordinairement abattus à l'âge de six à huit mois quand ils atteignent le poids qui convient le mieux au marché anglais, c'est-à-dire 90 à 100 kilogrammes de poids vif. En outre, en croisant la truie indigène avec un verrat de la grande race Yorkshire, on obtient une marchandise encore mieux appropriée à ce débouché, car le poids cherché

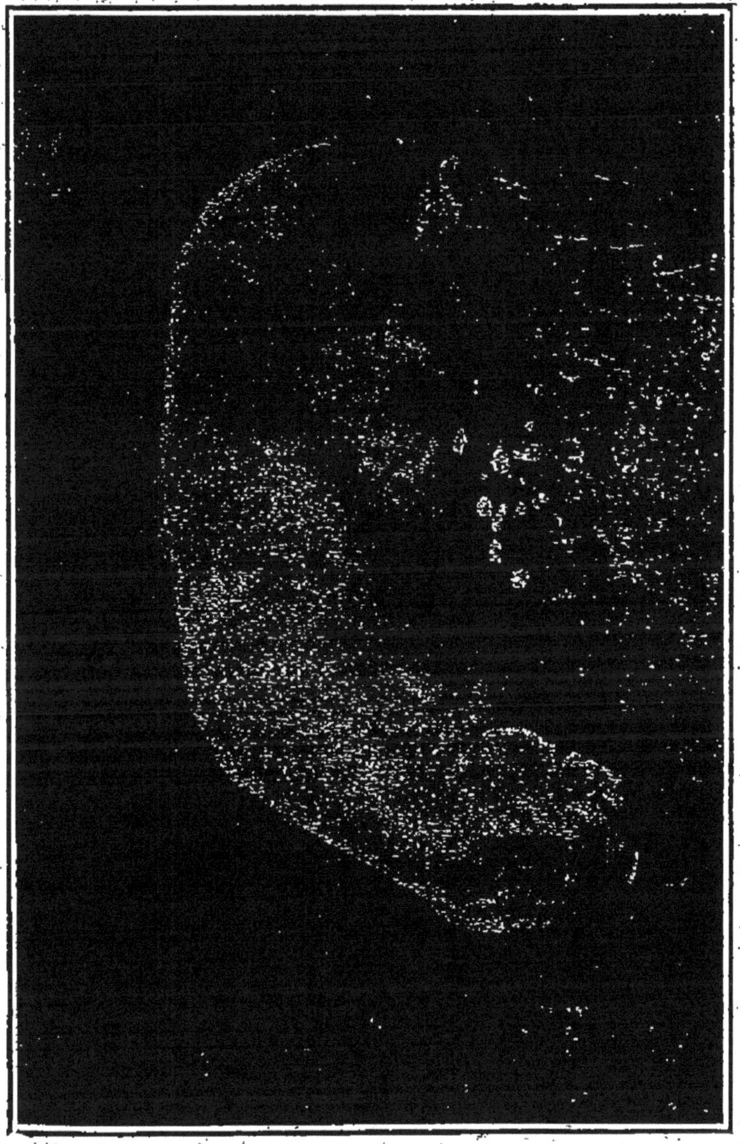

FIG. 40. — Verrat de race danoise indigène. Centre d'élevage de Vejen. Les encoches aux oreilles sont les marques d'identité de l'animal.

(*Cliché Dechambre : Revue de Zootechnie.*)

est atteint dans le même temps, ou à un âge un peu plus jeune, avec une même consommation de nourriture; la chair acquiert une qualité plus fine et le rendement est augmenté de 2 à 3 %. C'est pour cela que la grande race Yorkshire est très répandue en Danemark et qu'elle sert à pratiquer des croisements avec la race du pays.

En résumé, l'effectif porcin du Danemark comprend : la race indigène, la grande race blanche anglaise du Yorkshire et des métis entre ces deux races. La population est de 2.114.000 têtes, en augmentation sensible sur les années précédentes, les statistiques pour 1921 n'accusant que 1.430.000 têtes.

Exportations de « bacon » du Danemark en Angleterre.

Années	kilogrammes
—	—
1899	61.500.000
1913	118.500.000
1919	300.000
1922	120.000.000

Il a été fait des essais de croisement *Berkshire* avec la race indigène. Par leur conformation et leur pelage blanc-jaunâtre marqué de nombreuses taches noires irrégulières et arrondies, les métis rappellent tout à fait le porc de Bayeux qui procède, comme on le sait, du Berkshire et de la race normande, laquelle appartient, au même titre que la danoise, au type concave à oreilles pendantes.

Les Centres d'Élevage reconnus par l'État. — Il existe en Danemark, pour diverses espèces domestiques, une organisation spéciale, « *les Centres d'élevage reconnus par l'État* »; voici en quoi cela consiste pour l'espèce porcine.

Le travail méthodique d'amélioration de la race porcine danoise a commencé vers 1895. On a cherché à rassembler les meilleurs verrats et les meilleures truies chez quelques éleveurs intéressés à l'amélioration et décidés à ne pas recourir au croisement. Le nombre de

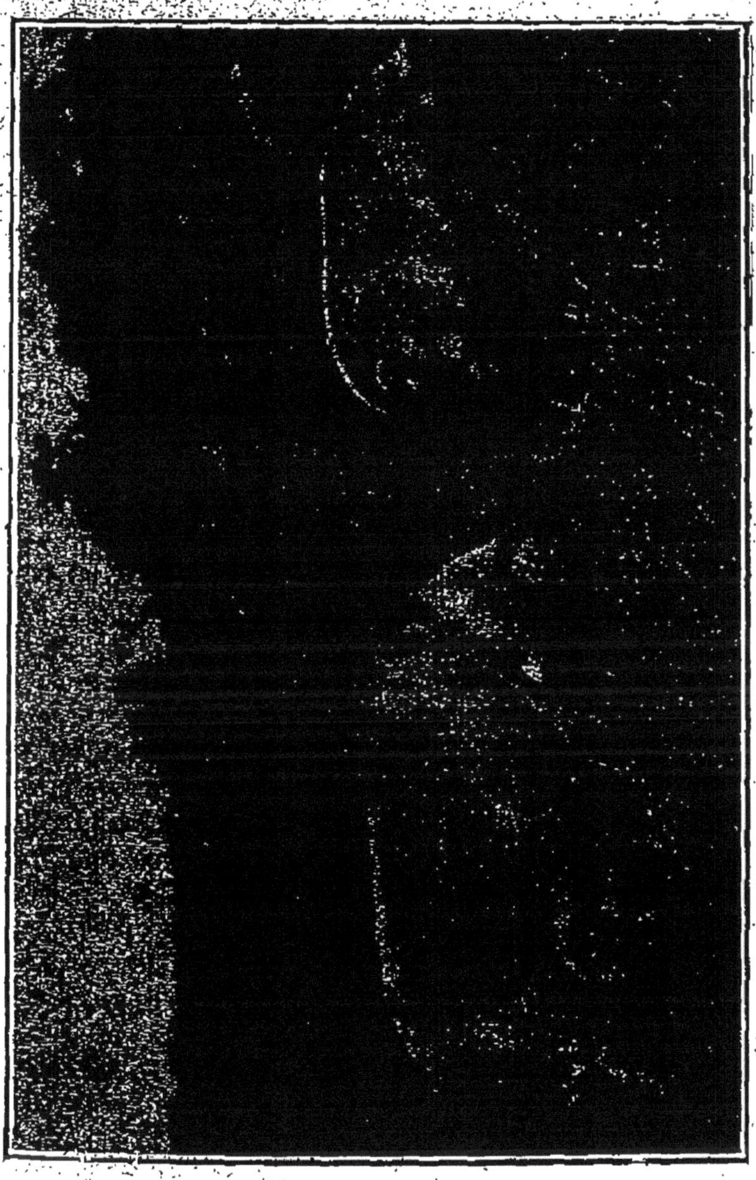

FIG. 41. — Deux truies de race danoise indigène. Centre d'élevage de Vejen.

(Cliché Dechambre : Revue de Zootechnie.)

ces éleveurs s'est accru peu à peu et on en trouve dans toutes les provinces. Les porcheries où les animaux ont acquis un aspect uniforme, une grande valeur de production et une faculté d'hérédité considérable sont qualifiées *centres d'élevage;* par elles, on travaille à répandre dans le pays autant d'élèves que possible.

Si des éleveurs habiles désirent que leur nom et leur travail soient connus dans des cercles plus étendus, ils s'adressent à l'abattoir de porcs coopératif local, qui, par un comité spécial institué dans ce but, se charge du contrôle des animaux. Tous les animaux reproducteurs sont choisis et marqués; la progéniture est marquée à l'oreille avec le numéro de la mère; le propriétaire doit tenir un registre mentionnant la monte, l'origine et la vente. Les animaux qui se trouvent ainsi enregistrés sont examinés une fois l'an par un comité nommé conjointement par l'État et les abattoirs coopératifs de porcs. Si ce comité les trouve suffisamment bons, les étables auxquelles ils appartiennent sont désignées comme *Centres d'élevage reconnus par l'État.*

Il y a environ 150 centres d'élevage reconnus par l'État pour les porcs de race indigène.

Il en est de même pour la race *Large White;* c'est-à-dire qu'il existe également pour elle des exploitations spécialisées qualifiées Centres d'élevage; il y a environ une vingtaine de centres reconnus par l'État. Les reproducteurs de ces « Centres » sont tous parfaitement purs, attendu que les sujets d'origine proviennent directement de porcheries anglaises où la race est sans mélange, et où les généalogies sont enregistrées. Les dossiers généalogiques des centres danois peuvent, en conséquence, pour toutes les générations, être ajustés à ceux du Registre généalogique anglais de la race Large White.

Depuis leur fondation en 1898, les Centres d'élevage porcin ont fourni les totaux suivants :

Race indigène		Race Yorkshire Large White	
Verrats	*Truies*	*Verrats*	*Truies*
22.835	57.846	8.725	3.613

Les centres « Yorkshire » commencèrent seulement à fonctionner en 1903. L'introduction de la race anglaise ayant, avant tout, pour but le croisement, le nombre des verrats se maintient constamment supérieur à celui des truies. En examinant les statistiques dans le détail, on constate que le nombre des animaux présents dans les centres d'élevage, tant de race indigène que de race anglaise, a très notablement augmenté dans la période 1918-1922 et notamment en 1921-1922. Cette augmentation se superpose à celle de l'effectif porcin total et à celle des exportations vers l'Angleterre. Il y a, en définitive, un parallélisme complet entre le fonctionnement des institutions d'élevage et la marche de la production qu'elles sont destinées à améliorer et à développer.

En faisant le choix des reproducteurs dans les centres, on s'attache notamment à la tendance à l'engraissement ainsi qu'à la qualité de la chair. Ce sont là des propriétés dont on ne peut pas juger directement avec exactitude. Aussi, la Direction de l'Élevage des porcs est-elle secondée par le Laboratoire d'expériences agricoles de l'Institut royal vétérinaire et agronomique, dans les stations d'essai duquel il est procédé à des expériences sur la progéniture de reproducteurs provenant des centres d'élevage. Les résultats de ces expériences servent de guide pour le choix de nouveaux animaux reproducteurs.

Il existe au Danemark des *Stations d'essais*, actuellement au nombre de trois, secondées par le *Laboratoire d'expériences agricoles* de l'Institut royal agronomique et vétérinaire de Copenhague. J'ai visité, en août 1923, la station expérimentale d'*Elsesminde*, en Fionie, où j'ai recueilli les données essentielles du fonctionnement de ces établissements et que je vais rapporter brièvement.

Le principe de l'expérimentation est le suivant : on fait des expériences d'alimentation avec contrôle à l'abatage pour savoir quels sont les porcs qui engraissent le mieux et avec quelle nourriture. On détermine, par exemple :

1° Combien de temps mettront les porcs à atteindre le poids moyen (90 kilos) exigé par l'abattoir;

2° Quelle quantité d'aliments aura été nécessaire pour obtenir un kilogramme d'accroissement, etc.

Les quantités de matières alimentaires consommées sont exprimées en *unités fourragères*. Je rappelle que l'unité fourragère type correspond à 1 kilogramme d'orge, terme de comparaison qui s'explique par l'importance de la culture de l'orge au Danemark et le large emploi qui est fait de ce grain dans l'alimentation des vaches laitières et des porcs.

A la station d'Elsesminde on obtient un kilogramme d'accroissement avec trois unités fourragères, alors que chez les paysans, il faut 4 à 4,5 unités en été et 5 en hiver.

Les constatations faites à l'*abattoir coopératif* fournissent le complément indispensable de l'information : à l'abattoir, on examine et on classe chaque groupe d'animaux en expérience, en déterminant le rendement et la qualité de la viande. Ce dernier point est apprécié par la mesure de l'épaisseur du lard et de la chair du dos et du ventre; on tient compte aussi de la forme et de l'épaisseur des jambons, etc. Le poids vif moyen recherché est de 90 kilogrammes. D'après les renseignements qui me furent donnés à l'abattoir coopératif d'Esbjerg, où l'on abat environ 4.000 porcs par semaine, le rendement moyen est de 84 %.

Il faut encore mentionner, pour en terminer avec les principales modalités de l'encouragement de l'élevage porcin au Danemark, l'organisation de *Concours* où les porcs peuvent être exposés par tous les membres des Sociétés agricoles. Dans ces grands concours, les animaux sont répartis en deux classes principales correspondant aux deux races à peu près exclusivement exploitées, indigène et Large White. Chacune y est jugée séparément.

Par tous ces moyens, auxquels vient s'ajouter la création d'abattoirs coopératifs (au nombre de 41 et dont le plus ancien date de 1887), l'élevage et le commerce des porcs ont pris en Danemark un développement remarquable en relation avec celui de l'élevage bovin et de l'industrie laitière. Orienté nettement vers l'exportation, soutenu et dirigé par les Stations expérimentales *spécialisées* de l'État, l'élevage du porc au Danemark est une des branches les plus intéressantes à étudier et les plus productives de l'économie animale de ce pays.

Porc du Comté de Glocester ou *Porc Old Spot* (*Le vieux lachelé*).

Les caractères du porc Old Spot sont les suivants (1) :

« Tête de longueur moyenne et large entre les épaules, oreilles longues et pendantes, museau légèrement aplati, poitrine large et profonde, épaules bien développées, dos long et uni, reins très larges, ventre plein, quartiers longs, larges et fermes, queue relevée, forte avec de longues soies, jambons grands, non aplatis, et bien pleins jusqu'aux hanches; pattes courtes, fortes et droites.

« La peau, claire ou foncée, ne doit montrer des zones colorées qu'en correspondance des taches de la robe. Taches blanches sur fond noir et taches noires sur fond blanc. Ces taches doivent être de grandeur moyenne. Soies non frisées.

« Les caractères de disqualification sont : tête étroite, museau aplati, oreilles épaisses, rudes et droites, soies rudes ou frisées; couleur gris ardoise ou rougeâtre; dos ensellé, peau ridée.

---

(1) D'après S. Spencer dans *The Journal of the Ministry of Agriculture*. Londres, mars 1922.

« Les verrats de cette race transmettent avec une grande continuité leur couleur à leur progéniture, même à celle provenant de l'union avec des truies d'une autre race et de couleur différente. »

La race est très réputée et se trouve l'objet de nombreuses demandes. Les causes de ce succès, qui a pour conséquence une augmentation de la population en même temps que des demandes des consommateurs, tiennent : 1° à la situation particulière des fermiers de certaines parties du Glocestershire qui demandent des porcs de nature robuste; 2° à l'augmentation de la production du lait, ce qui suppose des porcs rustiques et forts pour faire usage du lait écrémé et du petit-lait; 3° enfin à la nécessité de produire un aliment adapté aux nombreuses familles de paysans. La race *Old Spot* rustique, prolifique, précoce, très indiquée pour produire des jambons gras et lourds, répond à toutes ces exigences.

La Société d'Elevage constituée en 1912 publie un Herd-Book dans lequel le nombre des inscriptions a très rapidement augmenté de 1915 (286 inscriptions) à 1921 (6.789), en témoignage du succès et de l'expansion de la race.

Le Grand Porc blanc d'Ulster.

Dans le nord de l'Irlande existe depuis longtemps un porc de forte taille ayant des oreilles longues, minces et très inclinées sur la face. Il est entièrement blanc avec des soies peu abondantes, fines et lustrées.

Depuis 1908, la race possède un livre d'inscriptions. Elle est toujours en faveur dans le nord de l'Irlande (comté de l'Ulster), où l'industrie du bacon (lard salé) est très développée.

Race craonaise.

La race porcine craonaise reçoit son nom de la localité de *Craon*, chef-lieu de canton de l'arrondissement de Château-Gonthier, département de la Mayenne. La région dans laquelle la race s'est initialement développée possède une physionomie assez particulière qui lui a valu la dénomination de « pays de Craon » ou de « Craonais ».

« Le Craonais (1) n'a jamais eu d'existence à part dans les divisions politiques de l'ancienne ou de la nouvelle France. Il a pourtant son caractère original et nettement marqué; il est bien une petite province par la nature de son sol et de ses habitants. A voir l'ajonc qui pousse sur ses talus, la bruyère assez commune dans ses bois, ses pommiers et ses sarrasins en fleur, on serait tenté de dire : c'est la Bretagne. A voir ses hommes grands, robustes, aux types songeurs, on pourrait croire : c'est la Vendée. Mais regardez ces prairies où paissent, mêlés, de grands troupeaux de bœufs et d'oies, les chevaux, d'une race trapue et robuste; les bandes de porcs errant à la glandée par les chemins; cette terre forte que la charrue soulève en mottes violettes où nulle part le rocher n'affleure; regardez les chênes que cette terre nourrit; vous n'en verrez ailleurs ni tant ni de si beaux : ils entourent les champs d'une couronne sombre, leur pointe est droite, leur frondaison puissante, car le sol est profond à leurs pieds... Non, ce n'est plus la Bretagne, ce n'est pas encore la Vendée : c'est le Craonais. La grande propriété y domine. Les fermes, généralement

---

(1) René BAZIN, *Ma tante Giron*.

étendues, sont louées depuis des générations par les mêmes familles de fermiers aux mêmes familles de propriétaires... »

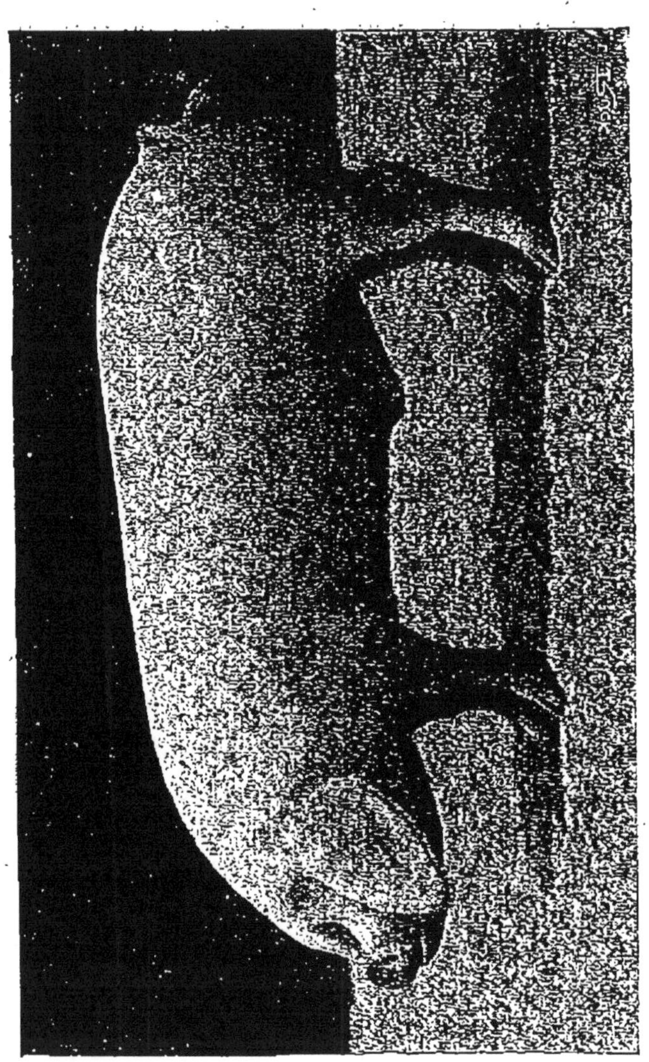

Fig. 42. — Verrat craonais (1903).
(Cliché Élevage Moderne.)

Le pays de Craon, sillonné par l'Oudon et ses petits affluents, est une région ondulée, autrefois assez pauvre, dont les sols reposent tantôt sur des bancs schisteux, tantôt sur des alluvions tertiaires. L'emploi des amendements et des engrais, très répandu dans la dernière moitié du XIXe siècle, a permis de notables améliorations culturales. Les exploitations sont devenues d'importantes fermes à blé et à bétail; l'élevage et l'engraissement des Durham-manceaux, la production du cheval de trait percheron ont laissé des bénéfices qui ont permis le perfectionnement des conditions générales de la production animale; la culture de l'orge a augmenté ses rendements dont la plus grande partie est utilisée à la nourriture des porcs. Bénéficiant de conditions de milieu sans cesse favorables, ceux-ci ont été améliorés progressivement; la population porcine ancienne a fait place aux animaux perfectionnés qui, sous le nom de *race craonaise*, se sont répandus dans tout l'ouest de la France. Déjà, il y a cinquante ou soixante ans, les porcs craonais étaient donnés comme l'une des races françaises les plus avancées sous le rapport de la finesse de l'ossature, de la peau et des soies et douée de précocité. Au dire de Magne, vers 1865, cette race remarquable par ses formes et ses qualités méritait d'être prise pour type des porcs élevés dans la bassin de la Basse-Loire.

Caractères généraux. — Front large et plat formant avec le chanfrein une courbe à concavité marquée par un angle fronto-nasal très ouvert; chanfrein long, assez large et épais; tête forte; oreilles longues, tombantes, bien cassées et plaquées latéralement en laissant l'œil à découvert. L'oreille dirigée trop en avant et gênant la vue est considérée comme un défaut.

Encolure courte, tronc très long avec le dessus droit, large et épais, croupe un peu inclinée; cuisses et fesses charnues; membres forts et courts. Queue relativement longue, peu tire-bouchonnée, même

FIG. 43. — Porcs craonais.

(Cliché Revue de Zootechnie.)

souvent déroulée et terminée par un fort bouquet de soies. Extrémités épaisses; onglons solides.

Les soies qui garnissent le corps sont longues, épaisses, serrées, droites ou un peu ondulées dans la région dorsale. On remarque souvent un épi, au long de la ligne médiane du corps, en un point variable du dessus. Elles ne sont jamais pigmentées, non plus que la peau; le pelage est donc blanc, blond clair, blanc jaunâtre sans taches ni marques noires.

Les sujets porteurs de ces petites taches foncées nommées dans le pays des « pissures » ont constamment été exclus sévèrement des concours et de la multiplication; aussi ne se rencontrent-ils plus que très exceptionnellement.

Aptitudes. — Le porc craonais est apte à la production de la viande grasse de bonne qualité, ne comportant pas un excès de graisse et fournissant un lard ferme et des masses charnues de parfait développement. De précocité moyenne, et de bonne conformation, il donne beaucoup de chair proportionnellement à sa graisse et une chair de bonne qualité. Dans les conditions normales de l'élevage, il atteint en six à sept mois un poids de 70 à 80 kilogrammes et 180 à 200 kilogrammes vers seize-dix-huit mois. La taille d'un verrat craonais adulte est d'environ 90 centimètres.

L'engraissement est pratiqué ordinairement du sixième au huitième mois suivant le débouché envisagé. L'augmentation journalière varie entre 500 et 750 grammes; le rendement final en viande nette est ordinairement compris entre 80 et 85 %. Voici à titre d'exemple, la pesée détaillée d'un porc craonais pesant vif 103 kilogrammes ayant donné un rendement de 86 % :

Jambons	14 kilos
Poitrine	11 —
Reins	22 —
Épaules	11 kg. 500
Échine et palettes	15 kilos
Panne	5 kg. 500
Abats	10 kilos
Total	89 —

Les qualités du craonais, précocité suffisante jointe à une bonne conformation et à la faculté de fournir de la chair sans excès de lard, expliquent l'extension de la race dans toute la région de l'Ouest.

Aire géographique et Extension. — Ainsi qu'il a été dit plus haut, la race craonaise a son berceau dans le *Pays de Craon*, département de la *Mayenne*. L'arrondissement de Château-Gontier avec, comme principaux centres, Craon et Cossé-le-Vivien, est la zone principale point de départ de son extension. Le département de la *Sarthe* l'exploite spécialement dans l'arrondissement du Mans, cantons de Conlie et d'Ecommoy, qui font des expéditions importantes sur Paris et la région du Nord, et dans celui de Saint-Calais, cantons du Grand-Lucé et de Bouloire. Dans le canton de Saint-Calais, on se livre surtout à la production de porcelets vendus à dix-douze semaines quand ils pèsent de 15 à 20 kilogrammes. Partout, dans cette région, l'élevage est répandu. Le canton de Sablé est, lui aussi, un centre de production importante pour la vente des porcs de lait.

Le département de *Maine-et-Loire* entretient presque exclusivement la race craonaise. On y connait les *porcs de Longué*, très estimés dans tout l'arrondissement de Baugé : ce sont des métis craonais-berkshire, blancs avec de larges taches noires, semblables au *porcs de Bayeux*, métis normandberkshire dont il sera traité avec la race normande.

En s'étendant en dehors de cette première zone, la race s'est adaptée à des conditions de milieu ou de production un peu différentes; quelquefois elle y a servi à des croisements avec des porcs indigènes d'ailleurs peu différents d'elle-même puisque appartenant au type concave à longues oreilles. En *Indre-et-Loire*, par exemple, dans l'arrondissement de Loches, la race craonaise est représentée par des animaux rustiques, bien adaptés à la région, qui méritent une mention spéciale en raison de l'amélioration dont ils sont l'objet depuis quelques années :

Dans le *Loir-et-Cher*, le craonais sert de base à des croisements avec le Grand Yorkshire blanc dont les débouchés sont la consommation locale et le marché de la Villette.

La *Loire-Inférieure* a un élevage et un engraissement de craonais surtout développés dans la région nord ayant Chateaubriant comme centre et dont les débouchés sont Paris, Nantes et Saint-Nazaire. L'*Ille-et-Vilaine* possède surtout des craonais dans la région de La Guerche qui compte un assez grand nombre de reproducteurs purs et qui reçoit souvent des porcelets en provenance de la Mayenne. Par extension, le craonais arrive aussi dans le *Morbihan* où il est plus ou moins croisé avec le breton. Pour montrer jusqu'où la race s'étend vers le Centre-Est, je dirai que l'*Yonne* importe des porcelets venant de la Mayenne, de la Sarthe, de la Vienne et que, comparativement à ceux amenés de l'*Allier* et de la Bresse, les premiers sont les plus estimés.

Les porcs que l'on trouve le plus abondamment dans l'*Allier* sont sous poil blanc avec de grandes oreilles tombantes; ils sont très souvent croisés avec des *craonais* et des anglais blancs; les craonais purs se rencontrent également. L'élevage et l'engraissement du porc tiennent une grande place dans ce département et viennent au second rang après la production bo-

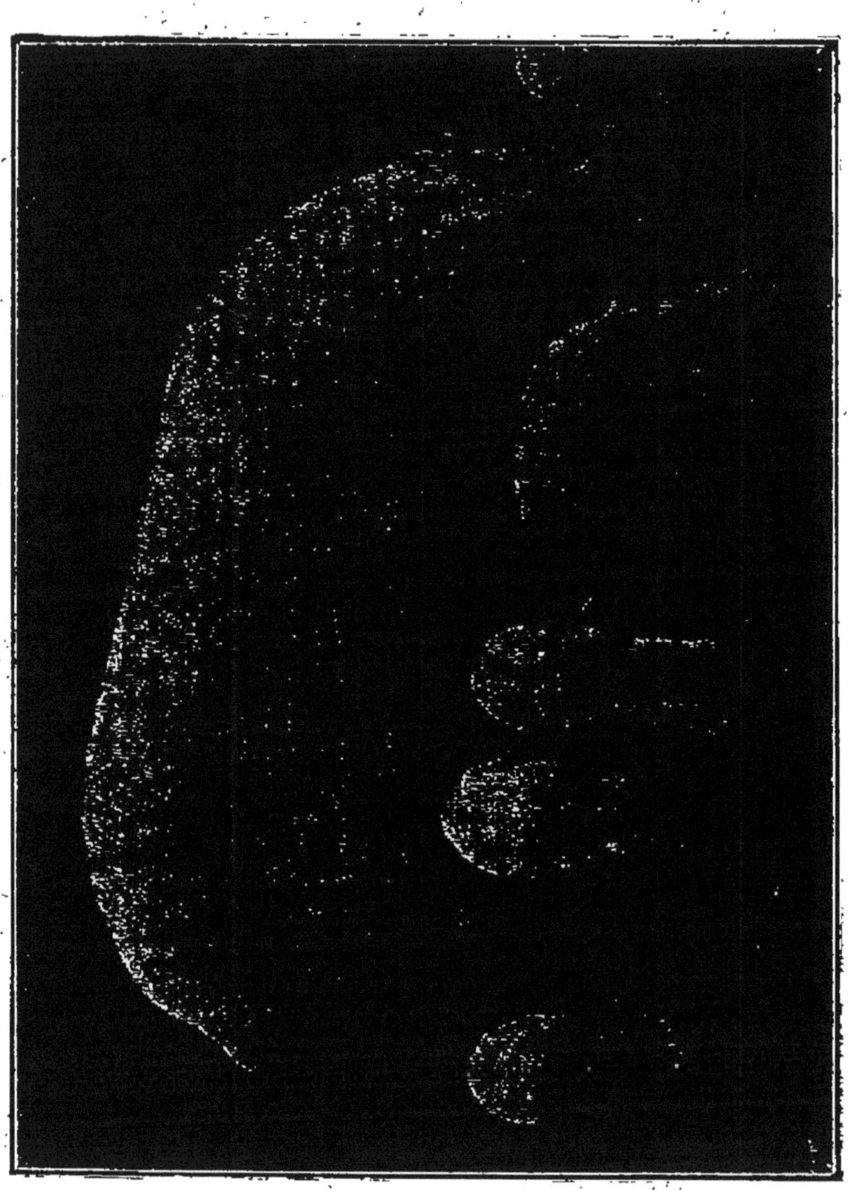

FIG. 44. — Porcs lochois.

(Cliché Revue de Zootechnie.)

vine. Les foires de Moulins, de Souvigny et de Cosne-sur-l'Œil sont des mieux achalandées.

Débouchés. — La race craonaise et ses dérivés contribuent pour une forte part à l'approvisionnement de la région parisienne. Les porcs de la Sarthe et de la Mayenne, surtout ceux des cantons de Craon et de Cossé-le-Vivien, sont expédiés toute l'année, mais principalement de septembre à février; ceux qui sont engraissés dans la Vendée et dans les Deux-Sèvres sont particulièrement abondants de juillet à octobre. Les Charentais remarquables par leur engraissement très poussé arrivent surtout de février à juillet. Les porcs de la Loire-Inférieure, nombreux sur le marché de Paris de mai à septembre, sont dirigés sur le marché de Nantes, pour la marine, pendant octobre et novembre.

Le **porc lochois** est un des représentants du type concave à oreilles tombantes qui peuple le N.-O. de la France. Quelques croisements avec des porcs du type à oreilles horizontales et avec des anglais, notamment le Yorkshire, l'ont un peu modifié et surtout rendu plus précoce et mieux conformé. Plus haut que le craonais, il est aussi large et plus allongé. Il a été doté récemment d'un Syndicat d'élevage dont l'action a beaucoup contribué à développer dans les environs de Loches le commerce des reproducteurs.

Porcs de la Vendée et du Poitou.

Les anciens porcs poitevins et vendéens étaient grands, à corps long et mince, à tête forte, à oreilles épaisses sans être très grandes, à dos de carpe, à pied gros, à jambes hautes avec peu de muscles et des jambons insuffisamment charnus, à peau dure, à soies grossières. Ceux du *Marais* présentaient ces caractères à un degré très marqué; ceux du *Bocage* étaient moins grands, plus fins, à dos plus droit, à corps plus épais (MAGNE).

Les résidus de la laiterie et le pâturage sur les prairies artificielles formaient la base de la nourriture de ces animaux; peu nombreux, ils étaient élevés et engraissés sur place en vue de la consommation locale. Depuis l'extension prise par la production laitière et l'industrie beurrière, la production porcine vendéenne s'est transformée et considérablement accrue. Les animaux exploités sont des vendéens améliorés par le craonais et par le croisement avec les races blanches anglaises. Ils fournissent la matière d'un commerce très important tant avec le marché de la Villette que directement avec les abattoirs de Paris sans passer par ce marché.

Le département de la *Vendée* peut être, sous le rapport de la production porcine, partagé en trois zones.

La région du nord-ouest est limitée par une ligne allant des Sables-d'Olonne à la Roche-sur-Yon et à Clisson; elle produit moins de porcs que les deux autres et ceux-ci y sont de qualité moindre; l'écoulement s'en fait surtout sur le marché de Nantes.

La région du nord-est est limitée par une ligne allant de Clisson à La Roche-sur-Yon et à Saint-Hilaire-des-Loges. Elle produit une quantité importante de porcs particulièrement de novembre à avril. Comme, en cette saison, la consommation locale est grande, les expéditions sont moins considérables que dans la troisième région. La viande produite est de première qualité et bien appréciée à Paris.

La région sud est limitée par une ligne allant des Sables d'Olonne à La Roche-sur-Yon et à Saint-

Hilaire-des-Loges. C'est la région des laiteries, donc la plus productive. Sa période de grande activité dure de mai à octobre; toutes les disponibilités sont dirigées sur Paris. Luçon, Nalliers, Fontenay-le-Comte, Benet, etc., sont d'importants centres d'expédition.

Le département de la *Vienne* produit également beaucoup, importe peu et expédie sur Paris.

Dans la *Charente*, l'élevage du porc se pratique en grand dans l'arrondissement de Confolens et dans la partie nord-est de celui d'Angoulême. Ces régions vendent leurs porcelets pour les localités où sont installées les beurreries. Là, les jeunes consomment le lait écrémé souvent sans aucune addition d'aliments complémentaires; quelques beurreries pratiquent elles-mêmes l'engraissement; les autres revendent leurs nourrains aux petits cultivateurs. Les débouchés des jeunes porcs gras sont Bordeaux et le Midi de la France; un certain nombre est envoyé à Paris.

Les laiteries et les engraisseurs de la *Charente-Inférieure* entretiennent des craonais, des métis craonais-anglais et aussi des sujets amenés de la Dordogne et de la Corrèze.

Race normande.

Caractères généraux. — Le porc normand a été décrit avec beaucoup de soin par les auteurs, tels que Magne et Heuzé, qui ont écrit sur l'espèce porcine dans le courant du XIXe siècle. Il était présenté comme étant supérieur à ceux qualifiés de « race commune ». Il a, dit Heuzé, « une tête un peu forte, un chanfrein camus, des oreilles larges, pendantes ou repliées à leur partie inférieure, des jambes allongées et moyennement charnues, une peau épaisse, garnie de soies dures et grossières. Son principal mérite consiste à avoir un corps très long, assez déve-

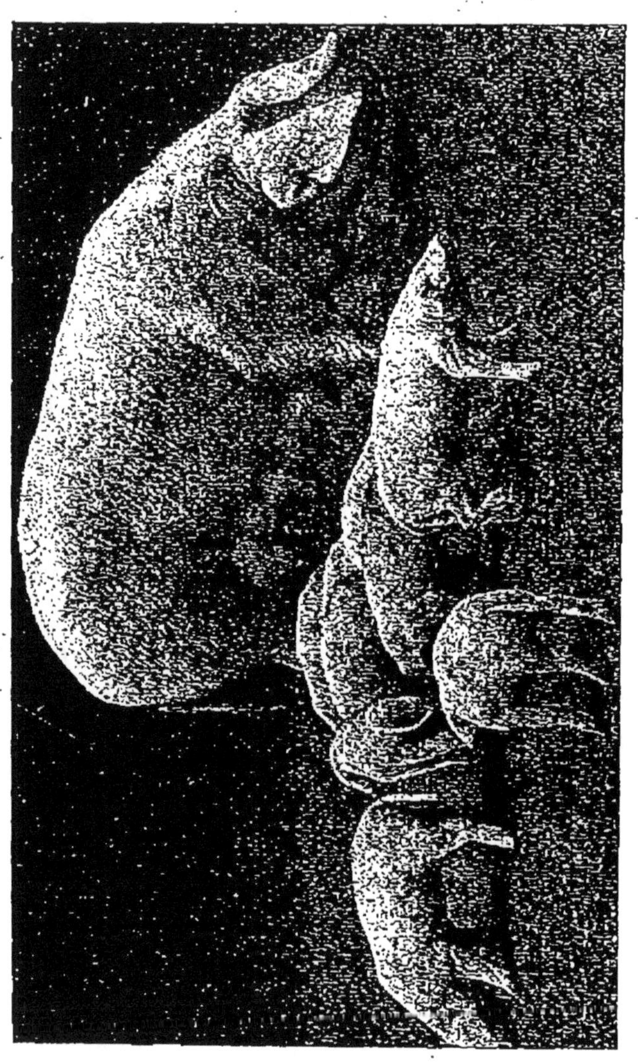

Fig. 45. — Truie normande.

(Cliché « Vie à la Campagne ».)

loppé et un dos presque horizontal. La chair de la race normande est de bonne qualité. Les femelles sont très fécondes. »

La race normande a conservé sa tête grosse et

camuse, ses oreilles épaisses, tombantes et qui cachent l'œil, son groin épais souvent relevé dans les animaux âgés, son corps long, ses soies dures, ses membres forts, son pelage blanc ou blond clair, Mais le tronc a pris de l'ampleur, la région dorso-lombaire est musclée et épaisse, les jambons sont

FIG. 46. — Porc normand.

moins allongés, la croupe plus arrondie, moins avalée, indices d'une amélioration dans le sens d'un rendement plus fort et d'un développement plus hâtif.

La nomenclature des diverses dénominations locales n'apporte rien de saillant comme démarcation entre les éléments de la population normande : cotentins, alençonnais, augerons, cauchois, percherons, ne correspondent qu'à des appellations régionales dont l'utilité ne se fait pas autrement sentir à notre époque où des transactions très actives et faciles déterminent des mélanges fréquents entre les diverses productions d'une même contrée.

Le porc normand a beaucoup de ressemblance avec le craonais, son voisin et son proche parent. La distinction des deux races s'établit surtout d'après les oreilles : bien cassées, laissant l'œil à découvert et un peu plus courtes que la tête chez le craonais; aussi longues que la tête et masquant l'œil chez le normand. Ce dernier, plus rustique que le craonais, a conservé un squelette plus fort, des membres plus hauts, des soies plus grosses et plus fournies; au lieu d'un pelage blanc ou blond clair, il offre souvent, sur les reproducteurs âgés, une couleur blond jaunâtre ou légèrement rousse.

Les truies sont demeurées fécondes.

Le poids vif que peut atteindre un normand engraissé est parfois très élevé, puisque l'on cite 350 et 400 kilogrammes chez des individus âgés de dix-huit mois environ.

Aire géographique. — La race normande habite toute la région du Nord-ouest jusqu'à la Bretagne. Le développement de l'industrie laitière dans toute la Normandie motive l'importance prise par l'élevage porcin. Corollaire de l'entretien de la vache laitière, celui du porc permet l'utilisation du lait écrémé et du petit-lait additionnés de pommes de terre, de farine d'orge, de choux, d'ortie hachée, etc. La Manche, le Calvados, l'Orne, l'Eure, la Seine-Inférieure et, par extension quelques départements voisins comme l'Eure-et-Loir, l'Oise, exploitent la race normande. On l'y trouve à l'état de pureté ou bien croisée avec la craonaise, plus souvent avec le Grand blanc anglais ; l'intervention du Berkshire a conduit à une production spéciale qui sera étudiée plus loin.

La *Manche* a un élevage et un engraissement également importants et prospères. Les transactions portent sur les porcelets et sur les sujets gras généralement vendus assez jeunes à six ou huit mois.

Dans le *Calvados*, l'industrie porcine est assez inégalement répartie : très prospère dans l'arrondissement de Vire, dans les autres elle est surtout localisée aux porcheries annexes des grandes fromageries. Dans ces vastes établissements se rencontrent des animaux de diverses origines, des normands ou des craonais croisés par les races anglaises. Les expéditions se font régulièrement vers la Villette. L'*Eure* et l'*Eure-et-Loir* ne possèdent qu'un commerce restreint. La *Seine-Inférieure* jouit de conditions très favorables à l'élevage porcin; aussi possède-t-elle des porcheries renommées qui entretiennent d'excellents reproducteurs. Les croisements anglais y sont pratiqués : plusieurs propriétés se consacrent à la production des sujets anglais purs disséminés ensuite plus ou moins loin pour la pratique du croisement. Le normand domine dans la *Somme* où il est cependant concurrencé par le croisement Yorkshire et même par l'entretien de Yorkshire purs dans plusieurs bonnes porcheries.

Avant 1914, le département de l'*Oise* entretenait du porc normand dans ses parties ouest; le reste du département était pourvu de métis normand-yorkshire; dans la suite, la reconstitution s'est faite partie avec la race à oreilles tombantes, partie avec des croisements anglais blancs.

Le Bocage du Calvados, la Vallée d'Auge, le Bessin, le Pays de Bray sont les contrées de Normandie qui se livrent plus spécialement à l'engraissement des porcs pour l'approvisionnement de Paris où ces animaux arrivent ordinairement de juin à novembre.

Le Porc de Bayeux.

Le porc de Bayeux est une population d'origine métisse dont l'histoire peut être rattachée à la race

(*Cliché Revue de Zootechnie.*)

Fig. 47. — Porcs de Bayeux.

normande qui est un de ses éléments de formation, l'autre étant la race anglaise berkshire.

Chez ce porc, la tête est forte, assez allongée, à profil peu concave, avec un groin long, effilé et pointu. Les oreilles sont horizontales ou à peine tombantes et arrivent à peu près à la moitié de la longueur de la tête. Le corps est bien conformé, long, épais, à dessus large; les soies sont épaisses et fournies.

FIG. 43. — Porc de Bayeux.

(Cliché Revue de Zootechnie.)

Le pelage à fond blanc porte des taches noires nombreuses, plus ou moins larges, réparties sur tout le corps; elles se rencontrent souvent autour des yeux, sur les épaules, la croupe, les fesses, et toujours sur les côtes; leur nuance est terne.

Ces caractères s'interprètent par le croisement effectué : du normand, le Porc de Bayeux a la forme générale de la tête et le fond de la robe; le berkshire lui a donné des oreilles horizontales; les dimensions de ces appendices sont intermédiaires entre l'oreille relativement petite du berkshire et l'oreille large et longue du normand. Au berkshire encore appartiennent l'ampleur de la ligne du dessus ainsi que les taches noires, mates et ternes si caractéristiques des croisements où intervient le porc anglais. Le croisement remonte à une cinquantaine d'années, époque où, dans les environs de Bayeux, plusieurs fermiers avaient fait venir des verrats anglais noirs pour les croiser avec les truies du pays.

Nous avons indiqué, avec la race craonaise, l'existence des porcs dits « *de Longué* » qui sont des métis craonais-berkshire. Les deux sortes de métis possèdent des caractères semblables dans leur conformation et leur pelage; ceux faits en Maine-et-Loire ont la tête plus brève, plus concave avec un groin plus fort et plus court que ceux obtenus par la truie normande.

Des animaux semblables à ceux reproduits en métissage sont obtenus dès le croisement de première génération. Les uns et les autres, aussi bien ceux du Maine-et-Loire que du Calvados, sont rustiques et fort appréciés dans les grandes porcheries de l'Ouest. Ils s'adaptent sans péril à l'alimentation au petit-lait des fromageries; nourris au sérum frais, ils résistent et viennent bien, tandis que les craonais ou les normands purs subissent une plus forte mortalité. Les grandes porcheries où la stabulation est la règle les apprécient beaucoup, car ils s'élèvent facilement sans sortir, avec du petit-lait et des farineux; les normands et les craonais surtout rassemblés en grandes agglomérations doivent être conduits à l'extérieur sous peine de présenter une sérieuse mortalité lors du sevrage ou peu de temps après.

Les truies métisses sont fécondes; leurs portées sont de 12 porcelets, en général; on les considère d'ailleurs comme mauvaises lorsqu'elles donnent seulement 8 petits. Les jeunes sont vendus après sevrage ou parfois un peu plus tard sur le marché de Bayeux, toujours largement approvisionné chaque semaine en porcelets de diverses catégories. Engraissés dans les laiteries et fromageries, ils sont consommés en Seine-et-Oise ou à Paris. Précoces, ils s'engraissent bien et fournissent une chair estimée.

Les Porcs bretons.

Caractères généraux. — Dans son ouvrage sur les animaux domestiques de l'Ille-et-Vilaine, Bellamy a donné la description suivante du porc breton : « Les porcs bretons ont la tête forte et longue, les oreilles de moyenne grandeur, le plus souvent minces, parfois épaisses, le cou court et grêle, le poitrail serré, le garrot étroit, les épaules maigres, la côte plate, le dos et les reins peu larges et voûtés; la croupe est étroite, élevée à sa partie antérieure; la queue grosse, pendante et pourvue d'une grande quantité de poils à sa partie inférieure. Tous sont levrettés, ont les flancs creux, les jambes longues, grosses et sèches. Ils sont très voraces. » Ce portrait est celui d'un animal inculte, longiligne, à faible rendement, cependant capable de produire une viande de bonne qualité fort prisée par une importante consommation locale. Depuis cinquante à soixante ans, des influences sont intervenues, sélection, alimentation, croisements, etc., qui ont peu à peu amélioré la production porcine bretonne. Celle-ci, prise dans son ensemble reste encore avec une tête lourde, un corps long mais plat, des membres hauts et forts, des soies longues et épaisses. Les porcs bretons sont blancs ou blanc jaunâtre; quelques-uns portent des taches noires ou brunes qui vont souvent avec des oreilles courtes et pointues, indices de la présence d'un élément ethnique distinct de celui à oreilles longues et épaisses et de couleur claire, auquel la race se rattache. Le porc breton n'est pas précoce, mais sa viande entrelardée est de qualité supérieure. Le croisement craonais a été largement pratiqué ainsi que le croisement normand; tous deux ont transformé le porc breton en un animal de développement plus rapide, mieux conformé et d'un meilleur rendement.

Aire géographique. — La Bretagne possède un nombre important d'existences porcines réparties dans les départements des Côtes-du-Nord, du Finistère, du Morbihan, de l'Ille-et-Vilaine. Toutes n'appartiennent pas à la race bretonne, car celle-ci a été fréquemment croisée avec ses deux voisines, la craonaise et la normande.

Les *Côles-du-Nord* jouissent d'une production très importante, source de revenus pour le petit cultivateur. La viande de porc formant la base de l'alimentation du paysan breton, une partie de la production est consommée sur place; mais malgré l'importance de cette consommation, il reste un excédent notable qui est expédié sur Paris, le Havre et Rouen. Les expéditions ont lieu sur pied, ou bien les porcs sont abattus et envoyés en paniers aux halles de Paris ou au marché du Havre.

L'élevage et l'engraissement se succèdent souvent sur une même exploitation; cependant, le travail a, de plus en plus, tendance à se diviser : les éleveurs vendent leurs porcelets jusque dans l'Ille-et-Vilaine; les engraisseurs délaissent la production; l'arrondissement de Dinan, le canton d'Evran en particulier, ne fait guère que de l'engraissement sans élevage.

L'alimentation du porc breton est très variée; elle comprend, outre les résidus de laiterie, des rutabagas, des betteraves cuites, des pommes de terre, du son, de la farine de sarrasin ou d'avoine, etc.

Dans le *Finistère*, comme dans les Côtes-du-Nord, l'ancien breton est amélioré par le croisement craonais. La production y est générale et disséminée. Toutes les fermes possèdent une ou deux truies, élèvent et engraissent pour leur consommation et vendent, après sevrage, le surplus des porcelets, généralement expédiés vers le Morbihan, l'Ille-et-Vilaine, la Loire-Inférieure. Un certain nombre de jeunes porcs gras sont envoyés à Paris.

Le *Morbihan* élève et achète des porcelets dans le Finistère. L'engraissement y est pratiqué avec des glands, des châtaignes, des pommes de terre, des farineux; il est à citer que dans la partie nord-ouest du département on fait, en outre, consommer au porc les poussières et même les feuilles provenant du battage du sarrasin. Les gros porcs gras, du poids de 130, 150 et 200 kilogrammes qui ne sont pas consommés dans les fermes, sont envoyés à Nantes ou à Paris.

La population porcine de l'*Ille-et-Vilaine* ne comprend plus qu'une minorité de porcs bretons de l'ancien type autrefois minutieusement décrit par Bellamy et par Magne. Les races normande et craonaise les ont à peu près partout remplacés; le normand est plus nombreux que le craonais, parce qu'il répond mieux, par sa rusticité, aux conditions du milieu.

Les porcs sont abondants et donnent lieu à des transactions très actives. Les centres les plus importants pour la production des porcelets sont les régions de Combourg, où la production est intensive, de la Guerche, de Fougères, de Redon. Les porcs gras font l'objet d'un commerce considérable : beaucoup sont abattus par les bouchers et expédiés en quartiers aux Halles centrales de Paris; des usines de salaisons travaillent sur place, enfin des animaux vivants sont expédiés dans diverses directions.

Race lorraine et Porcs de la Région de l'Est.

La Lorraine, renommée pour son commerce et sa production locale de porcs et produits de charcuterie, possède une race appartenant au type à oreilles tombantes. Les porcs lorrains sont à tête forte et longue, à corps long mais étroit et à côte plate; ils ont les membres hauts, les soies grosses et fournies; leur pelage est blanc terne ou un peu jaunâtre; il peut y avoir des taches noires sur la tête et l'encolure. Les oreilles sont pendantes, cependant plus courtes que dans les autres races similaires.

Le croisement Yorkshire Large White fréquemment pratiqué a eu pour résultat de donner une conformation meilleure, davantage de finesse et de précocité.

Les *porcs alsaciens* sont semblables aux lorrains; les appellations d'*alsaciens*, *meusiens*, *vosgiens*, *champenois* ne correspondent qu'à des distinctions purement régionales. Ce qui modifie l'aspect de ces diverses populations c'est l'importance variable des croisements qu'elles ont subis avec la grande race anglaise blanche.

Après s'être étendus dans les *Ardennes* et la *Champagne*, les porcs lorrains sont arrivés dans le *Nord*, l'*Artois*, la *Picardie* où ils prennent les noms de porcs *flamands* et *picards*. Les caractères essentiels sont les mêmes ainsi que la conformation. Blancs, aux soies fortes et rudes, les flamands ont le groin volumineux, l'oreille lourde et attachée bas, la côte plate, le corps étroit. Le croisement avec une race précoce est indiqué pour leur amélioration ou pour augmenter le rendement, en faisant du croisement de première génération entre un verrat perfectionné et des truies de race locale.

Exploitation et Commerce. — L'élevage porcin est largement pratiqué dans toute la région de l'Est; mais la consommation locale étant grande, il ne suffit pas toujours aux besoins, ce qui rend nécessaires des transactions d'un département à l'autre, des achats à la Villette et aussi des introductions venues de l'Ouest.

En *Haute-Marne*, l'élevage est important dans la vallée de la Blaise, aux environs de Montiérender et dans le canton de Nogent-en-Bassigny. On élève et on engraisse pour la consommation locale, sauf les fromageries et beurreries industrielles.

Le département de la *Marne* ne suffisait pas, avant 1914, à sa consommation intérieure; il s'approvisionnait en différentes régions, beaucoup au marché de la Villette; cette nécessité commerciale ne s'est pas encore modifiée. — La *Meuse* engraisse une grande quantité de porcs dont l'excédent s'en va sur Reims, Nancy et Paris, ou sert à la confection de salaisons (lard et jambons). — La *Meurthe-et-Moselle* importe, surtout pour Nancy, des porcs gras en provenance de la Meuse et de Saône-et-Loire. Dans toute la région, les porcs d'élevage vont d'habitude en parcours avec le troupeau communal.

Dans les *Ardennes*, la consommation est grande, aussi ne produit-on pas suffisamment. Les importations consistent dans des porcelets ou dans des porcs gras destinés aux villes et aux centres industriels de la vallée de la Meuse. Les animaux du pays n'ont pas de caractères nettement définis; ce sont des lorrains plus ou moins purs, au milieu desquels se trouvent des descendants de craonais importés jeunes de la Mayenne.

Par contre, les *Vosges* ont un élevage important d'un écoulement facile sur les marchés lorrains et dans les villes voisines où la charcuterie jouit d'une réputation connue et méritée.

Les Porcs de la Belgique.

La population porcine de la Belgique est constituée par plusieurs éléments comprenant la race locale et les dérivés qu'elle a donnés par croisement avec les races anglaises perfectionnées.

La race locale appartient au type concave à grandes oreilles; modifiée par des conditions de milieu différentes, elle a donné trois sous-races que l'on peut distinguer par les appellations de sous-race *flamande*, sous-race du *Brabant-Hainaut*, sous-race *ardennaise*. Les deux premières sont les plus lourdes, les plus améliorées, les plus faciles à engraisser; elles se trouvent dans la partie basse et dans la partie moyenne de la Belgique. Les ardennais sont restés plus près de la forme ancienne; cependant la sélection a permis l'obtention d'animaux plus larges, plus épais, pourvus de jambons plus forts que ceux d'autrefois.

La *sous-race flamande.* est de grande taille; elle a un gros squelette, une musculature puissance, un corps remarquablement long. REUL (1) a mesuré un verrat flamand qui a donné les chiffres suivants :

Taille à l'épaule..............	$0^{m},93$
Contour de poitrine...........	$1^{m},45$
Longeur de la nuque à la base de la queue................	$1^{m},65$

(la longueur de la tête n'est donc pas comprise dans cette dernière mensuration.)

Le même auteur cite une truie de la grande race des Flandres qui a donné :

Taille à l'épaule..............	$0^{m},83$
Longueur, de la nuque à la queue	$1^{m},63$

Depuis longtemps, dans la région du Nord, la production porcine a fait beaucoup de progrès dans le sens du perfectionnement des animaux, soit par introduction de races anglaises, soit par amélioration des éléments locaux. Le développement des centres industriels, l'abondance des sous-produits utilisables dans l'alimentation, la facilité des communications ont permis d'entretenir des porcs en toute saison et de trouver sur place les débouchés nécessaires. Dans le Nord, la consommation du lard gras est très restreinte; on y recherche, de préférence, les porcs qui pèsent 90 à 100 kilogrammes (poids vif) et qui ne portent qu'une couche de lard peu épaisse. Les porcs très engraissés (120 - 150 kil.) vont à la charcuterie des villes.

---

(1) A. REUL, *Amélioration des races porcines indigènes* (*Annales belges de médecine vétérinaire*, 1901).

La *sous-race du Brabant-Hainaut* est intermédiaire par son format entre la flamande et l'ardennaise.

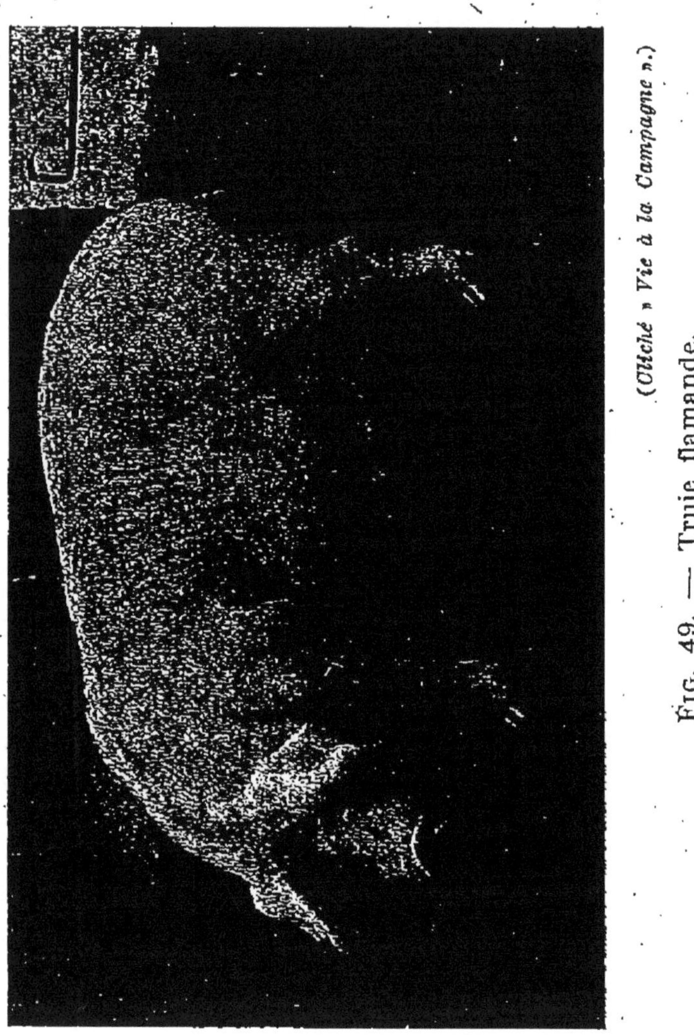

Fig. 49. — Truie flamande.

(*Cliché « Vie à la Campagne ».*)

Reul cite en exemple les mensurations suivantes prises sur une truie :

Longueur	1m,90
Taille	0m,90
Tour de poitrine..............	1m,55

Le *porc belge non amélioré* a la tête longue et forte, les oreilles grandes, lourdes et plaquées, quelquefois portées droites et pointées en avant, l'encolure longue et plate, le dos étroit et curviligne, dessinant une ligne convexe depuis l'épaule jusqu'à l'attache de la queue, les épaules minces, la côte plate, la cuisse et la fesse peu musclées, les membres hauts et forts, les soies abondantes, le pelage blond plus ou moins jaunâtre; animal prolifique et rustique, mais d'un développement lent et d'un engraissement difficile.

L'amélioration fut réalisée par l'introduction de races anglaises (Yorkshire) et celle de porcs allemands eux-mêmes dérivés du croisement par la même race perfectionnée. Ce qui fait que la Belgique possède une population porcine dans laquelle on reconnaît :

Les races indigènes	du Bas-pays (flamande et analogues), du Moyen-pays (Brabant-Hainaut), du Haut-pays (Ardennaise).
Les races étrangères	Grands blancs anglais. — Yorkshire. Quelques Berkshire et Tamworth.

La consommation rurale en Belgique recherche le lard; aussi cherche-t-on à engraisser fortement des porcs capables de fournir l'épaisse couche adipeuse si demandée que les paysans obtiennent eux-mêmes dans leur ferme pour leurs propres usages culinaires. En Flandre, on accorde la préférence aux porcs de forte stature, au corps long et large à la fois, pesant, adultes et gras, de 250 à 350 kilogrammes. Le croisement anglais est, pour cela, moins apprécié que l'animal indigène; il présente néanmoins, une réelle importance dans l'ensemble du territoire.

CHAPITRE V

Type ultra-concave à oreilles dressées et races dérivées.

Caractères généraux. — Le type porcin ultra-concave est caractérisé par une tête large et courte, à profil concave très accusé, à face raccourcie et camuse, rattachée presque à angle droit à la région du front et terminée par un groin large, un peu retroussé ; les oreilles sont courtes, pointues et dressées. On peut remarquer, en outre, que le front a conservé une surface arrondie transversalement et que la protubérance occipitale est volumineuse, nettement basculée, de telle sorte que l'angle dessiné par ses deux crêtes est légèrement infléchi en avant.

Le corps est trapu, de formes arrondies; les membres sont courts. La peau, de pigmentation variable, rouge, noire ou sans pigment, est couverte de soies fines et peu abondantes.

Répartition géographique. — Ce type porcin a été désigné par Sanson du nom de *race asiatique.* Il occupe, en Extrême-Orient, une aire géographique très vaste allant, d'une part, de la Mandchourie et de la Sibérie méridionale aux pays finlandais et scandinaves et, d'autre part, de la Chine à l'Indo-Chine et au Tonkin où elle offre un intérêt économique spécial.

En recherchant son origine probable, Cornevin a été amené à réfuter l'opinion de Sanson relative à son origine asiatique et à son importation relativement récente (un siècle ou deux) en Europe occidentale (Angleterre et France). « Si elle n'est pas autochtone, écrit Cornevin (1), elle existe au moins en Europe depuis le néolithique »; et il ajoute en substance que les recherches des paléontologistes, les figurations par la peinture et la sculpture apportent des preuves convaincantes de cette opinion. La statuette en bronze trouvée à Portici (Italie méridionale) s'applique incontestablement à un porc de ce type, si caractéristique par son front bombé et ses petites oreilles droites. Les Romains connaissaient et exploitaient cette race, car on lit dans Columelle qu'il faut choisir pour la reproduction des pourceaux « bas de jambes », et ayant « le groin court et camus ».

Il est toutefois hors de conteste que la race d'Extrême-Orient fut amenée en Europe à la fin du XVIIIe siècle et dans le début du XIXe pour servir à la transformation des races anglaises et à l'obtention de races perfectionnées. Celles-ci, aujourd'hui très répandues, seront étudiées dans ce même chapitre et indication sera donnée des éléments ethniques qui y ont été associés.

Race indo-chinoise des deltas.

Encore nommée *race tonkinoise* et fournissant les animaux appelés *Cochons de Hamac*, la race indochinoise présente quelques variations suivant qu'on l'étudie au *Siam*, en *Cochinchine*, en *Annam* ou au *Tonkin*; mais les différences que l'on établit entre ces diverses sous-races sont assez peu tranchées;

---

(1) Ch. CORNEVIN, *Les Porcs*, p. 76.

toutes rentrent dans la description générale suivante :

Caractères. — Race de poids inférieur à l'eumétrie donnant un poids moyen de 50 à 60 kilogrammes et une taille de 0m,40 à 0m,45. Tête large, front légèrement bombé formant avec le groin, qui est droit et court, un angle très obtus ouvert en avant; oreilles droites, petites et pointues; tronc ample et épais; dos souvent ensellé; abdomen très développé touchant presque le sol; membres forts, mais courts, le raccourcissement portant surtout sur les rayons inférieurs. Peau pigmentée, pelage noir ou noir mal teint; soies peu abondantes, faisant presque complètement défaut sous le ventre ou à la face interne de la partie supérieure des membres.

La peau forme des plis en plusieurs régions, à la face, entre les yeux, sur le groin et sur les cuisses, plus rarement sur le milieu du dos. Le nom de cochon « éléphant » est quelquefois appliqué au porc cochinchinois, en raison de ce caractère. Les plis cutanés ne sont cependant pas constants : il y en a sur le cochinchinois et le chinois; le tonkinois en est dépourvu.

La brièveté des membres du porc des deltas, la lourdeur de son corps, son abdomen volumineux lui rendent impossible une marche un peu longue et soutenue; il ne circule qu'aux environs de la maison de son propriétaire, se donnant peu d'exercice et se vautrant dans les endroits frais. Son inaptitude à la marche est telle que pour le mener au marché, souvent très peu éloigné, on est obligé de le porter ou de le rouler, dûment ficelé, sur une brouette.

Il a été signalé que les petits naissent avec la livrée des marcassins.

On fait généralement état de cette constatation pour établir que la truie a été saillie par un sanglier; dans maintes circonstances, en effet, il en est ainsi.

Cependant, il y a des cas dans lesquels la livrée des porcelets n'est point due à un croisement par un mâle sauvage; il s'agit alors d'un retour par atavisme. ERHARDT a recueilli un cas de ce genre témoignant d'un atavisme à très longue portée et fournissant un argument de plus à la communauté d'origine du porc et du sanglier. Cet auteur a observé une famille de porcelets domestiques composée de neuf petits dont sept étaient absolument blancs tandis que les deux autres, de pelage foncé, présentaient, au moment de la naissance, des lignes longitudinales brunes s'étendant de l'encolure à la naissance de la queue; la tête était blanche. La mère était une primipare de race croisée yorkshire avec la race à grandes oreilles; elle était tout à fait blanche. Le père, également tout blanc, était presque de pur sang yorkshire. La livrée des deux petits, très semblable à celle des marcassins, a commencé à pâlir à l'âge de deux mois. ERHARDT pense que l'on ne peut logiquement expliquer ces phénomènes qu'en invoquant l'atavisme (1). Ces faits prouvent que même dans un élevage amélioré, on peut encore constater des retours vers des ascendants très reculés. Une enquête serait, d'autre part, à poursuivre chez les races pourvues de la robe noire, fauve ou grisâtre en vue de rechercher à la naissance et dans quelle mesure la « livrée » y apparaît.

Mensurations (d'après BAUCHE).

Long^r de la tête..	16 cent.	Tour de poitrine.	85 cent.
Largeur de la tête.	10 —	Hauteur au garrot	43 —
Long^r de la face..	12 —	Long^r scapulo-ischiale.........	70 —

(1) *Annales de Médecine vétérinaire* de l'École de Cureghem. Bruxelles, 1902.

Aire géographique. — La race indo-chinoise semble exister depuis les temps les plus reculés. Elle occupe actuellement une aire géographique considérable puisqu'elle existe dans les deltas du Tonkin, de la Cochinchine, du Siam; elle se trouve aussi en Annam, en Birmanie et en Malaisie. En remontant vers le nord, elle s'identifie avec la race chinoise, avec la race d'Irkoutsk qui s'en différencient par une dépigmentation de la peau qui du noir franc passe au roux, au pie, puis au blanc.

L'effectif porcin de l'Indo-Chine s'élève à 2 millions 660.000 têtes environ, se décomposant ainsi :

Cochinchine	415.000	têtes
Tonkin.................	1.050.000	—
Annam	328.000	—
Laos	280.000	—
Cambodge	587.000	—

Élevage. — Dans les villages annamites, le porc remplit, concurremment avec les chiens, le rôle d'agent de la voirie; il se nourrit en outre des herbes et des racines aquatiques qui prospèrent dans les mares du voisinage ; on récolte sur ces mares une sorte de lentille d'eau appelée « bèo » qui n'a pas d'autre utilisation et qui est fort recherchée des porcs. Ceux-ci consomment les drêches, résidus de la fabrication de l'alcool de riz. L'engraissement avait surtout, autrefois, pour base ce résidu, et certains villages s'y étaient spécialisés. La législation fiscale sur l'alcool ayant fait supprimer les distilleries privées indigènes, l'élevage des porcs a reçu un coup sensible et a cessé dans ces villages. Les grandes distilleries européennes cèdent à bas prix leurs drêches aux indigènes, mais cette ressource n'existe qu'au voisinage de quelques grandes villes, car une denrée aussi encombrante ne peut pas être transportée bien loin.

Lorsqu'elle fait défaut, ce qui est le cas le plus fréquent, les habitants utilisent toutes sortes de résidus et de détritus; « outre les ordures traînant dans les rues des villages, les porcs reçoivent des herbes variées, du son de riz, des grains plus ou moins avariés, paddy ou maïs, plus rarement des tubercules, patates, ignames ou taros. Les feuilles de patate, de maïs, les débris de canne à sucre, les troncs de bananiers coupés en menus tronçons, tout cela mélangé, parfois cuit, donne un supplément de nourriture des plus appréciable. Le porc indigène assimile avec une si grande facilité qu'il prend rapidement un embonpoint considérable, la graisse se développant d'une façon excessive par rapport à la viande (1). » (Douarche.)

Les femelles sont saillies au hasard des rencontres par des mâles nullement sélectionnés. Elles produisent 8 à 10 porcelets, quelquefois une douzaine à qui la sécrétion lactée de la mère suffit difficilement pour s'entretenir; aussi ces animaux se nourrissent-ils de bonne heure de tous les débris qu'ils rencontrent. Quand ils sont assez forts, vers six semaines à deux mois, on castre les sujets qu'on veut engraisser. Les animaux sont abattus entre six mois et un an, en moyenne vers neuf à dix mois. (Douarche).

La chair laisse à désirer : molle et peu savoureuse, elle est trop grasse. L'animal adulte atteint 50 à 60 kilogrammes et rend de 76 à 81 %. Douarche cite le cas exceptionnel d'un porc pesant vif 113 kilogrammes avec un rendement de 88 kilos, soit 78 %.

---

(1) Douarche, *L'Élevage indo-chinois. Rapport au Congrès d'agriculture coloniale.* Paris, 1918.

(Le poids net se comprend de l'animal vidé des viscères, mais conservant la tête.)

Les éleveurs européens soignent leurs animaux d'une manière convenable et se préoccupent d'employer des reproducteurs de bonne qualité; ils surveillent l'élevage et la préparation à l'engraissement en utilisant au mieux les ressources qui sont à leur portée. Le service des Épizooties organise une lutte efficace contre les maladies contagieuses rendue nécessaire par l'obligation de protéger le cheptel porcin contre des épizooties parfois meurtrières. La capacité d'exportation de l'Indo-Chine est réduite; la moyenne annuelle ressort à 30 ou 35.000 têtes disponibles. Cela tient à l'importance de la consommation locale; la population porcine du Tonkin représente à elle seule les 2/5 de celle de l'Indo-Chine, mais la population humaine y est égale ou peut-être supérieure à celle de tous les autres pays de l'Indo-Chine réunis, et elle comporte une notable proportion de Chinois, gros mangeurs de viande et de porc en particulier. (Douarche).

Races britanniques.

Le Porc d'Extrême-Orient fut introduit dans les Iles-Britanniques au cours du XVIIIe siècle, et y a concouru à la formation de plusieurs races qui comptent parmi les plus perfectionnées. Certaines d'entre elles ont conservé la morphologie céphalique de la race orientale dont elles possèdent le profil ultra-concave et les oreilles dressées ; d'autres, chez lesquelles les croisements d'origine ont sans doute été moins avancés dans cette direction ou bien dont le choix fut pratiqué un peu différemment, s'écartent davantage des caractères de ce type. Nous les étudierons, cependant, côte à côte, en indiquant toutes les fois que cela sera possible, les éléments qui ont servi à leur formation.

(Del. P. Bernard.

FIG. 50. — Ancien porc Middlessex.
Sujet âgé de 12 mois, 1er prix de la 2e classe.
Races étrangères pures ou croisées
Concours de Bordeaux 1857.

Le Yorkshire.

La race porcine anglaise désignée sous ce nom est une des plus connues et de celles qui ont joué le rôle le plus important dans la production porcine de nombreuses contrées. Il faudrait pouvoir consacrer de longs détails à son étude historique afin de passer en revue les diverses phases de sa formation et de son expansion. A l'exemple d'autres races d'origine britannique appartenant aux diverses espèces, elle dérive de croisements et de métissages appropriés à des conditions de production déterminées, mais conduits de manière à constituer un groupe suffisamment homogène. La transformation dans les appellations adoptées par les éleveurs anglais ne supprime pas des divergences morphologiques qui sont liées à des différences d'origines.

Le comté d'York possédait autrefois une race porcine à pelage blanc, sauf quelques taches bleues sur la peau, à tête longue, à oreilles larges, à corps long et étroit porté sur des membres hauts et forts, race qui consommait beaucoup et cependant était d'un développement tardif. Commun dans les comtés du nord de l'Angleterre dès le commencement du XVIIIe siècle, cet animal ne fut soumis à aucune amélioration avant l'influence exercée par le *New-Leicester* de Bakewell introduit dans le Yorkshire vers 1760. Le croisement donna d'excellents résultats en améliorant la conformation et en déterminant, avec la précocité, la grande aptitude à l'engraissement.

On sait peu de choses sur les éleveurs qui s'occupèrent de la race au commencement du XIXe siècle. Une réelle émulation était créée entre les éleveurs par des foires hebdomadaires de districts; mais la classification adoptée à ces exhibitions n'était pas de nature à favoriser la formation d'une race pure, car on y primait parfois des animaux d'une couleur quelconque, alors que le blanc est la couleur normale du Yorkshire. Les bases du classement étaient la dimension des animaux, leur précocité et leur aptitude à l'engraissement. Les progrès dans ces trois directions furent très rapides et très sensibles; c'est seulement vers 1860 que le type du grand Yorkshire fut définitivement fixé et pourvu d'une classe spéciale dans les grandes expositions.

Actuellement, les éleveurs anglais divisent la *race des Yorkshire blancs* en trois sous-races, les grands, les petits et les intermédiaires, ces derniers étant donnés comme le résultat du croisement des deux premiers.

(*Del. P. Bernard.*)

Fig. 49. — Verrat de race New Leicester.

Agé de 10 mois, 1er prix de la 2e catégorie de la 3e classe. Races étrangères pures ou croisées. Concours de Caen, 1854.

Petit Yorkshire. — « Le petit Yorkshire avait une proportion prédominante de sang chinois et était d'une symétrie presque parfaite; mais il portait trop de graisse; en outre, il était trop petit et pas assez prolifique pour le commerce. Quelques individus seulement subsistent aujourd'hui, encore les a-t-on conservés dans un but d'intérêt historique plutôt que par l'utilité qu'ils présentent. » (1)

Cette sous-race est, en somme, une parfaite illustration des conséquences antiéconomiques de la

---

(1) *Les Bestiaux de Race britannique.* — Londres, 1915.

précocité et de l'aptitude à l'engraissement poussées à l'excès. Elle est disparue du fait même de son perfectionnement porté au-delà des limites de l'optimum.

Le Grand Porc blanc (Large White).

Le grand porc blanc est le descendant de l'ancien porc à oreilles pendantes amélioré par les croisements

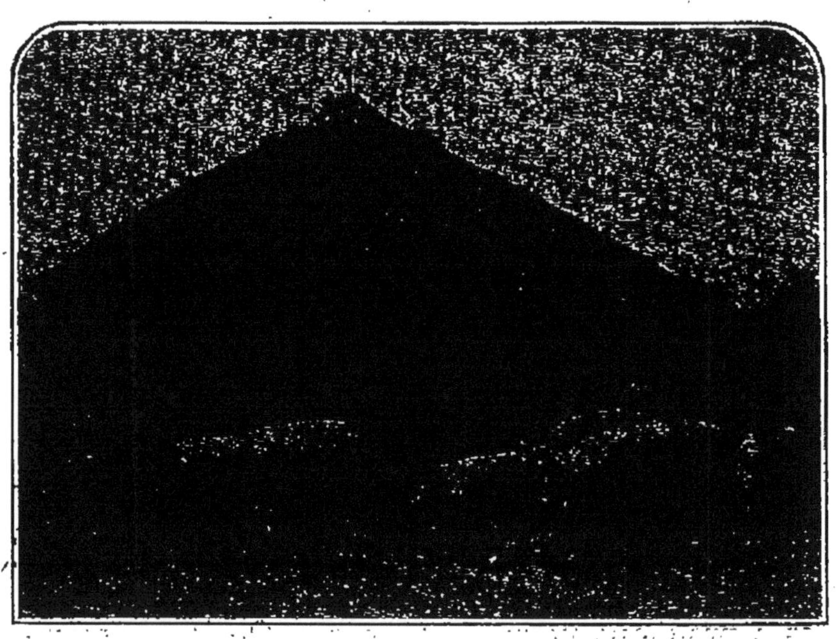

(*Photo Revue de Zootechnie.*

Fig. 52. — Race Large White.

avec la race chinoise et ses dérivés immédiats tels que le New-Leicester et le Coleshill. Le métissage a été conduit de manière à conserver certains caractères du porc primitif (longueur du corps, largeur de la face) en mélange avec ceux des porcs très perfectionnés (largeur du corps, brièveté des membres, etc.). Sans être d'une uniformité absolue, la race possède des caractères généraux bien nets qui laissent, d'ailleurs, une forte empreinte aux produits issus de ses croisements.

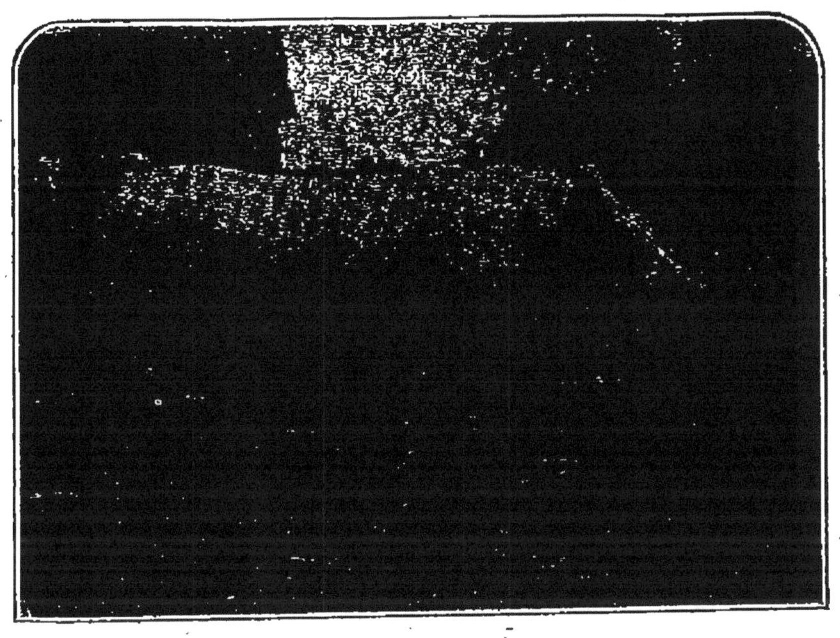

(*Cliché Dechambre.*)

Fig. 53. — Verrat Large White.

Caractères généraux. — Tête de longueur moyenne, face légèrement concave, groin large et non retroussé (au contraire de celui du Blanc intermédiaire), oreilles de longueur moyenne, fortes à la base, puis minces, légèrement inclinées en avant, frangées de soies fines et luisantes. La forme du groin, les dimensions et la direction des oreilles sont des caractères à considérer avec soin, tant pour reconnaître la marque de la race au travers des croisements que pour la distinguer du Blanc intermédiaire qui va être décrit plus loin et à propos duquel nous reviendrons sur ces différences morphologiques.

La conformation est celle d'un animal long, symétrique, ayant l'encolure courte, le garrot large,

(*Photo Touranchet.*)

Fig. 52. — Truie Large White.

le dos épais, les lombes amples et musclées, la croupe, la cuisse et la fesse charnues et rebondies. La peau est blanche, couverte de soies blanches, fines et abondantes. « Des soies noires, des taches noires, une robe grossière, un groin court, des genoux cagneux, une inflexion des épaules, sont autant de défauts sérieux » (1).

(1) *Loc. cit.*

Par son poids, le Grand Blanc se place en tête des races anglaises blanches, concurremment avec le Lincolnshire frisé. Un verrat adulte en bon état pour l'exposition ne doit pas peser moins de 300 à 315 kilogrammes (700 livres), et une truie dans les mêmes conditions moins de 270. Les jeunes bien nourris sont à point pour la vente entre six et sept mois; ils pèsent alors entre 80 et 100 kilogrammes. La race est donc précoce; mais elle est en même temps robuste et capable de se prêter à des conditions d'existence très diverses et même assez rudes. Les jeunes et les adultes sont vifs, mais de tempérament paisible. Ils peuvent vivre au grand air, paître et fourrager au dehors; et cependant il y a peu de porcs capables de mieux supporter l'alimentation intensive et de fournir un meilleur rendement en fonction de la nourriture consommée. Les truies sont prolifiques et excellentes laitières.

Expansion. — Ces qualités expliquent le succès de la grande race blanche dans de nombreuses contrées. Partout où l'on s'est livré et où l'on se livre à la production industrielle du porc, on a recours à elle, soit directement, soit par ses métis, souvent par ceux que donne un croisement de première génération.

La France possède plusieurs porcheries réputées dans lesquelles l'élevage de la race pure est pratiqué avec soin. Les propriétaires échangent entre eux leurs reproducteurs ou font de temps à autre des importations d'Angleterre. Leur production de jeunes est à peu près totalement employée pour la multiplication. On peut avancer que ces porcheries, une fois prélevé le croît nécessaire à leur marche normale, vendent tous leurs produits pour l'élevage, sauf les quelques sujets défectueux qu'une sélection bien entendue les oblige à envoyer à la boucherie.

Les plus nombreux de ces établissements sont situés dans le bassin de Paris, en Normandie, dans l'Ouest; mais nous en connaissons d'excellents situés dans le Centre, dans le Centre-Est, etc.

(*Cliché Dechambre.*)

Fig. 55. — Truie Large White.

L'Allemagne a été, avant 1914, une très forte cliente, la meilleure cliente même, avec la Russie, de l'Angleterre pour la grande race blanche. Le Yorkshire est aussi très répandu aux États-Unis et au Canada.

Un fort poids, une croissance rapide alliée à un tempérament robuste, la production d'une viande non envahie par l'excès de graisse, sont, en résumé, les qualités de cette race qui expliquent la faveur dont elle jouit auprès de nombreux éleveurs.

Le Porc blanc intermédiaire (*Middle White*).

Bien que rangé à côté du Large White dans le groupe des Yorkshire blancs. le *Middle White* s'en

(*Photo Rosegood.*)

Fig. 56. — Truie Middle White.

distingue par des caractères marqués et constitue, de ce fait, une sous-race nettement séparée. Ce n'est pas seulement sur une taille et un poids moindres que cette distinction s'établit; les formes de la tête ne sont pas les mêmes; chez le Middle White, elles témoignent d'un rapprochement plus grand vers celles du porc d'Extrême-Orient.

En effet, la face est courte et fortement concave, le groin large et retroussé, la joue charnue, carac-

Fig. 57. — Truie Middle White. (Cliché Revue de Zootechnic.)

tères très différents de ceux présentés par le Large White. Les oreilles sont courtes, fines, bien dressées,

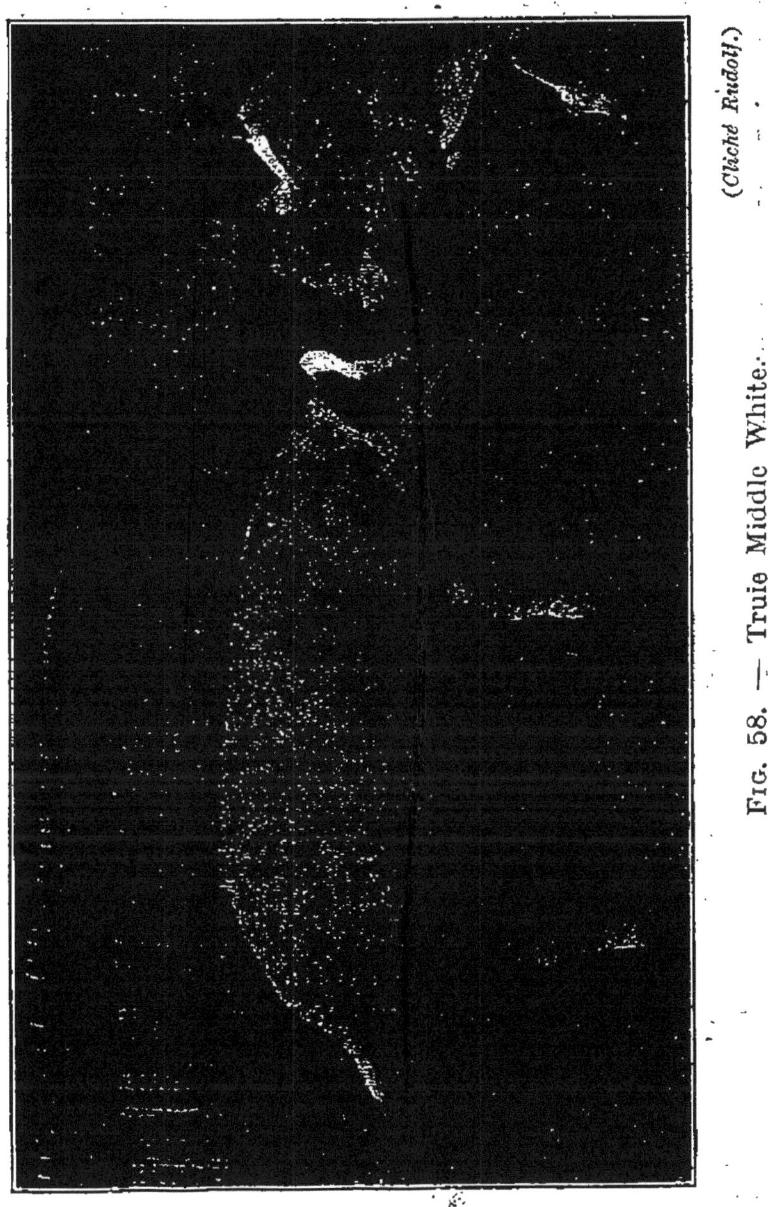

(Cliché Rudolf.)

FIG. 58. — Truie Middle White.

seulement un peu cassées à l'extrémité sur les verrats âgés.

Le corps est plus trapu, plus près de terre que

chez le Grand Blanc. Le pelage est parfaitement blanc avec des soies fines, assez peu serrées. Le poids

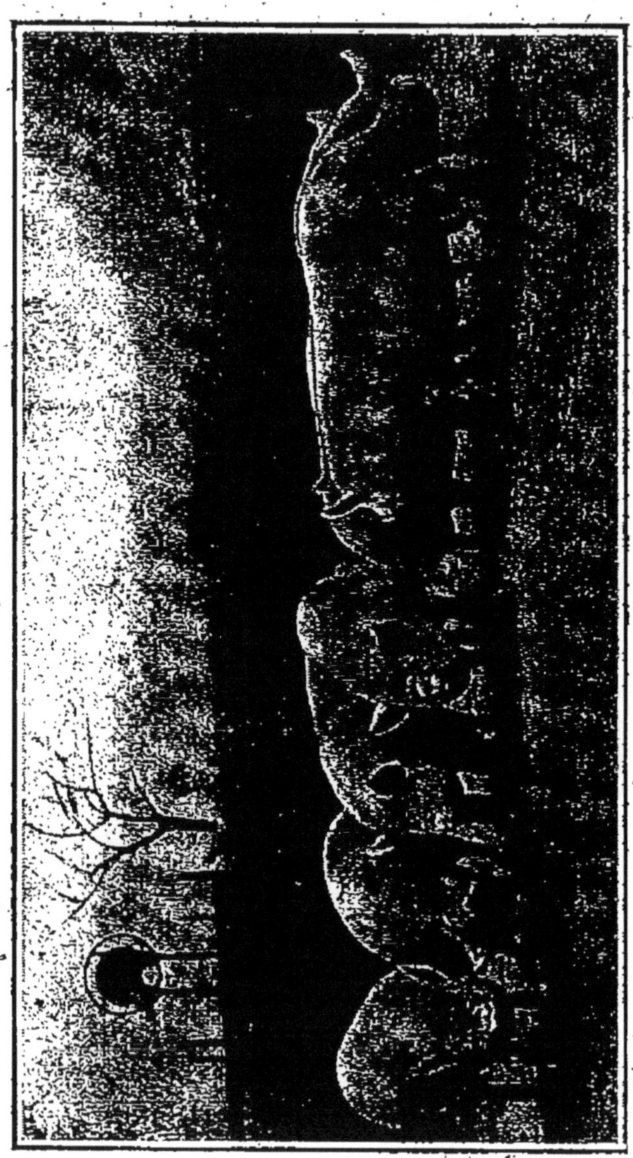

FIG. 59. — Troupeau de porcs Middle White.
(*Cliché Revue de Zootechnie.*)

d'un verrat adulte est de 200 à 250 kilogrammes.
Les grandes qualités du Blanc intermédiaire sont

sa précocité et son aptitude à produire une viande excellente pour la vente à l'état de « porc frais ». Les jeunes sont très appréciés pour cette production à partir de l'âge de cinq mois jusqu'à huit mois, lorsqu'ils pèsent de 70 à 90 kilogrammes.

Le croisement de première génération donne, dans le même sens, des résultats appréciés. Ces croisements se font fréquemment, en Angleterre, avec le Grand Blanc et avec le Berkshire. En France, le Middle White actuel répond au porc anglais depuis longtemps introduit et connu sous le nom de moyen Yorkshire. Il a donné de très nombreux métis parmi nos races indigènes, soit celles à oreilles tombantes, soit celles à oreilles horizontales. Par la méthode du croisement de première génération, son intervention reste indiquée lorsque l'on vise la production intensive ou semi-intensive de porcs précoces, abattus jeunes après engraissement dans des laiteries, beurreries, fromageries, ou autres établissements permettant la mise en consommation de résidus abondants.

Le Berkshire.

L'ancien porc anglais du comté de Berk était très réputé, et passait pour la meilleure race de l'Angleterre. C'était, au XVIIIe siècle, un animal de forte taille, au corps massif et avec de grosses oreilles pendantes. Il était roussâtre avec des taches brunes; sa couleur variait du fauve au rouge brun et montrait parfois des taches noires.

L'amélioration de la race fut entreprise au commencement du XIXe siècle, tant dans le Berkshire que dans les comtés voisins. Elle fut effectuée par des croisements avec les races chinoise et napolitaine et par la multiplication des meilleurs sujets obtenus. A partir de 1825, la race présentait un type déjà assez homogène; la robe noire commençait à se généraliser. Une classe spéciale fut attribuée aux Berkshire en 1862 à l'Exposition de la Société royale d'Agri-

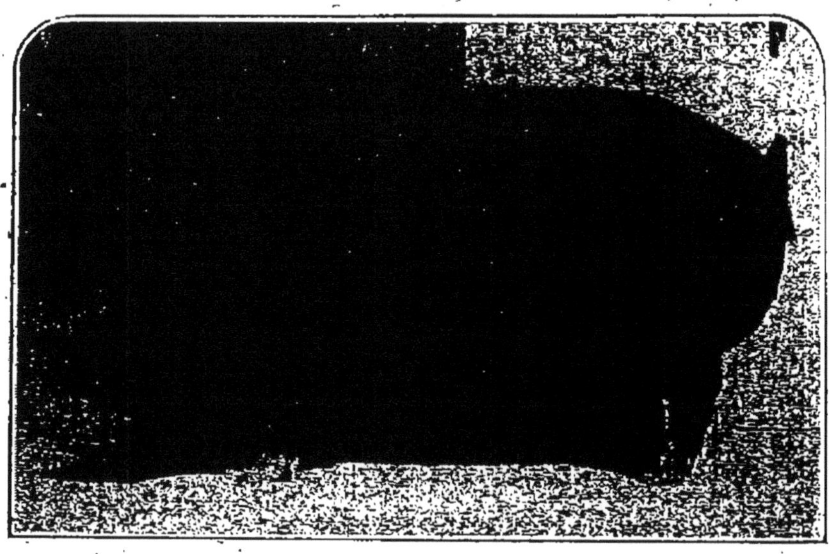

(*Photo Chatelain.*)

FIG. 60. — Truie Berkshire.

culture; la « British Berkshire Society » fut fondée en 1884.

Caractères. — Les Berkshire sont classés en Angleterre parmi les porcs de poids moyen; ils atteignent à peu près le même poids que les Blancs intermédiaires. Ils ont le groin court et un peu relevé, la face concave, la tête de longueur moyenne, les oreilles écartées, assez droites, — jamais tombantes — et frangées de poils. Le corps est de bonne longueur et bien en chair. On recherche un cou épais, des épaules larges, un dos soutenu, arrondi et charnu. Les membres doivent être forts, droits et bien plantés; les soies fermes, très épaisses sur tout le corps et sans frisure.

La robe est noire avec une marque blanche aux quatre membres, au groin et à l'extrémité de la queue. Une tache blanche sur le bras n'est pas consi-

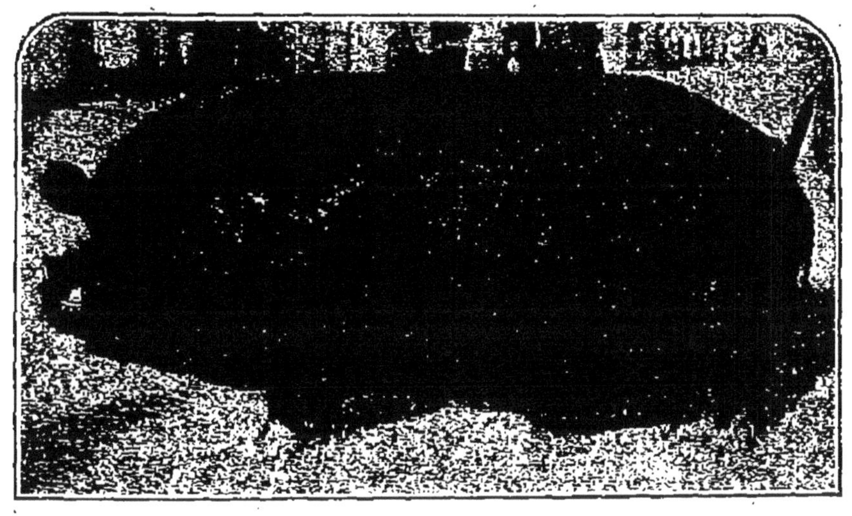

(*Photo Rosegood.*)

Fig. 61. — Le Berkshire.

dérée comme un défaut; mais on disqualifie les sujets porteurs d'une grande tache blanche sur la mâchoire ou de marques blanches sur l'épaule, le dos, les flancs. On disqualifie encore ceux qui ont la face complètement noire, les pieds noirs, la queue noire ou encore les oreilles franchement blanches. La présence de taches rousses, observée quelquefois sur le dos ou les flancs, est également un défaut.

« Les Berkshire se distinguent par leur vigueur, leur activité, la qualité générale de leur conformation et de leurs rendements. Ils sont excellents au pâturage et peuvent chercher leur nourriture au dehors. La qualité du rendement est indiquée par ce fait que, durant neuf années consécutives au concours d'animaux abattus à Smithfield, les Berkshire ont gagné 8 championnats, 8 championnats de réserve et 80 prix sur un total approximatif de 111. Les Berkshire supportent la chaleur et un soleil ardent à cause de la couleur noire de leur peau et de leurs soies, et ceci est un point essentiel en leur faveur eu égard à beaucoup de pays où on les exporte (1) . »

Très nombreux aux *États-Unis* dans le courant du XIXe siècle, les Berkshire ont vu diminuer notablement leur exportation vers ce pays par suite de l'apparition du gros Poland-China. La concurrence de ce dernier provoqua même une nouvelle activité chez les éleveurs anglais, qui cherchèrent à modifier un peu la conformation de leurs porcs pour l'adapter davantage aux besoins américains. C'est ainsi que le Berkshire, de court et trapu qu'il était, devint plus long et plus charnu.

« Bien que cette race jouisse au *Canada* d'une grande popularité, on ne peut dire qu'elle réponde d'une manière parfaite aux exigences des saleurs. Un grand nombre d'éleveurs canadiens conservent encore le type à gros lard, tandis que d'autres s'attachent à perpétuer seulement les types les plus longs et les plus charnus de la race (2) . »

En *France*, le Berkshire est beaucoup moins répandu que les porcs blancs. Il en existe cependant de très bons sujets en provenance de reproducteurs importés d'Angleterre. Soit avec des truies blanches

---

(1) *Les Races anglaises de Bestiaux.*

(2) *L'Élevage des Porcs au Canada*, 1914.

à grandes oreilles, soit avec des femelles de pelage plus ou moins tacheté venant d'autres races, le verrat berkshire donne de bons résultats en croisement de première génération. En Normandie, par son croisement avec la race normande, il a donné le *Porc de Bayeux*, auquel nous consacrons un article spécial.

Il donne également des résultats satisfaisants par son croisement avec le Yorkshire.

Le Tamworth.

Le Tamworth actuel est un dérivé amélioré des anciens porcs à manteau rouge autrefois nombreux dans les Iles-Britanniques. Il a été croisé avec quelques autres, mais cependant on peut vraisemblablement le considérer comme un des plus purs parmi les porcs modernes. On manque d'ailleurs de précisions sur ses origines : un historien assure que la souche de fondation a été introduite d'Irlande en Angleterre par Sir Robert Peel vers 1815; mais, d'après d'autres, cette famille était déjà très répandue avant cette date dans les comtés anglais du Centre. On dit que Sir Robert Peel a gardé jusqu'à sa mort (en 1850) un troupeau de cette race près de la ville de Tamworth, d'où la race a tiré son nom, dans le Staffordshire sud.

Pendant longtemps, la race fut peu connue en dehors des comtés de Stafford, de Leicester et de Northampton. C'était alors un animal d'un rouge noir, grisâtre. Les types primitifs avaient les membres allongés, la tête et le groin longs et minces et les côtes plates. Actifs, vigoureux, prolifiques, friands d'herbes, subsistant en été dans les pâturages, en automne et en hiver avec des glands et des faînes ramassés dans les forêts, ils étaient de développement lent, mais donnaient une forte proportion de chair.

Dans la suite, eurent lieu, en vue de l'obtention d'animaux plus fins et précoces, des croisements avec le Berkshire et avec le Yorkshire, ce dernier d'une manière plus limitée. Le résultat de ces croisements fut l'obtention d'animaux noirs, blancs et roux. La sélection fut poursuivie vers la conservation de la couleur rouge ou roussâtre en même temps qu'on développa l'aptitude à l'engraissement. La remarque suivante, empruntée à l'ouvrage déjà cité sur l'*Élevage des porcs au Canada* nous paraît devoir être reproduite : « Heureusement, le Tamworth ne tomba pas entre les mains de ces hommes qui, dans leur travail d'amélioration sur d'autres races, avaient presque tout sacrifié à l'aptitude à l'engraissement. C'est pourquoi la forme longue de la race fut conservée, ainsi que sa fécondité. Les améliorations portèrent sur la longueur exagérée des membres que l'on diminua, la profondeur du corps et l'aptitude à l'engraissement que l'on réussit à augmenter. »

Les Expositions anglaises, y compris celles de la Société Royale, reconnurent la nouvelle race, en lui ouvrant une classe spéciale, en 1885.

Caractères. — Face allongée et étroite, groin fin, oreilles moyennes, attachées haut, rigides, pointues et frangées de poils. Tronc long et épais; cuisse longue, couverte jusqu'au jarret de chair ferme, sans replis de graisse. Soies abondantes, longues, droites et fines, de couleur châtain foncé ou rouge doré sur une peau couleur chair, quelquefois grises tirant sur le roux.

Les défauts à éviter sont des poils frisés ou encore

des poils noirs ou roux clair, une crinière grossière ou des taches noires.

Les poids atteints par le Tamworth sont presque ceux du Yorkshire. Les verrats adultes, prêts pour les expositions, devraient peser environ 300 kilogrammes (de 650 à 700 livres), et les truies de 225 à 290 kilogrammes (500 à 650 livres). Bien élevés et convenablement nourris, les jeunes sont prêts à l'abatage à l'âge de sept mois; ils pèsent alors de 80 à 90 kilogrammes.

Les Tamworth sont d'un développement et d'un engraissement un peu lents, mais ils peuvent parfaitement se nourrir en liberté; les truies sont très prolifiques et bonnes laitières.

Extension. — D'Angleterre, la race Tamworth est passée sur le continent européen et s'est ensuite répandue en Amérique. Cornevin l'a signalée en Allemagne, en Autriche, en Hongrie, en Suisse. Il fait remarquer que ce dernier pays, « qui avait pourtant une race à manteau rouge l'a délaissée pour la Tamworth, mieux conformée. Les Valaisans reconnaissent aux Tamworth de grandes qualités comme porcs de montagne et animaux de pâturages. » La race existe en Belgique. En France, elle n'est entretenue que dans de rares porcheries, soit à l'état de pureté, soit en croisement avec quelques porcs blancs.

Appréciée aux États-Unis et au Canada, elle constitue dans ces deux pays un effectif assez important.

Le Lincolnshire frisé.

D'existence ancienne, bien que peu connu hors de sa province d'origine (comté de Lincoln), le Lincolnshire frisé (*Curly-Coated*) a la face courte, le groin de longueur moyenne, les oreilles horizontales ou un peu retombantes sur la face, la peau blanche, les soies également blanches, longues, abondantes et frisées. De temps en temps, on rencontre des marques bleuâtres sur la peau.

Ces porcs ont une forte ossature et une robuste constitution; ils sont réputés pour leur précocité et leur développement. Admis pour la première fois seulement au Concours de Smithfield, comme race distincte, en 1908, ils remportèrent à cette occasion le premier prix pour la moyenne journalière d'accroissement en poids dans la classe des porcs de moins d'un an (0 kg. 703 à 0 kg. 708). Ils sont appréciés aussi bien pour la production de la viande que pour celle du lard. Leurs croisements avec les Berkshire, les Grands Blancs et les Grands Noirs donnent de bons résultats.

Le Grand Porc noir (Large black pig.)

Les essais d'élevage méthodique du « Large black » remontent à cinquante ou soixante ans. Vers cette époque, il y avait des troupeaux formés de porcs noirs à oreilles tombantes dans le sud-ouest de l'Angleterre (Cornouailles et Devonshire) et dans l'est de l'île (Suffolk et Essex). Les éleveurs de ces deux centres entretenaient peu de relations et les échanges d'animaux n'avaient lieu qu'exceptionnellement. De ce manque de relations entre les deux centres, naquirent deux modèles un peu différents : les animaux du Devonshire et des Cornouailles étaient plus grands et plus lourds; ceux de l'Est, plus résistants et plus féconds. Une société d'élevage fut fondée en 1899; inscrite sous le nom de « Large black pig Society », elle fixa son siège social à Ipswich. A partir de cette fondation, les éleveurs développèrent peu à peu chez leurs porcs les mêmes formes, les mêmes qualités et aptitudes, et la race du Grand Noir fut officiellement reconnue.

D'après la liste détaillée des points du Pig-book, on peut établir comme suit les principales caractéristiques du *Grand Noir* :

La tête, de longueur moyenne, est large entre les oreilles; un front étroit et un groin concave sont considérés comme des défauts graves. Les oreilles doivent être inclinées en avant et retomber sur la face. Ces longues oreilles fines qui cachent les yeux et qu'on ne voit pas chez les autres races anglaises sont donc très caractéristiques. Les oreilles épaisses, grasses et droites sont un défaut.

Le corps est très long, large, et on porte beaucoup d'attention à la forme du jambon et au développement du quartier de derrière. Les membres sont courts et forts, la queue est fine et attachée haut.

La peau est de couleur gris noir ou ardoise; les soies doivent être noires; toute autre couleur est une cause de disqualification. Les soies ne sont pas trop serrées ni trop épaisses; une crinière grossière frisée ou hérissée est à éviter, ainsi que l'aspect soyeux (silky) du poil.

Les Grands Noirs sont robustes et dociles; ils s'adaptent bien au pâturage et peuvent, sans beaucoup de nourriture supplémentaire, être entretenus en bon état; rustiques, résistants aux intempéries et exigeant relativement peu de soins, ils sont, en somme, convenables pour l'exploitation dans les fermes. A ce point de vue, ils possèdent maints avantages sur les races précoces et très perfectionnées; ils ne deviennent pas trop gras comme celles-ci et fournissent une bonne proportion de chair maigre;

leur lard est traversé de couches de viande formant le « streaked bacon » très apprécié en Angleterre.

La truie est donnée comme prolifique; or, la fécondité varie d'un troupeau à un autre dans la mesure où intervient ici l'action de la consanguinité. Si l'on prend soin, le fait est bien connu pour d'autres races, de faire des échanges de reproducteurs, on obtient des portées de 10 à 12 petits; le nombre peut tomber à 6 dans les porcheries non surveillées; la moyenne est de 8 à 10.

Actuellement, la race noire est fort répandue dans les Iles-Britanniques, surtout dans le Nord et le Centre de l'Angleterre. Même dans les régions principales de l'élevage du porc blanc, entre autres dans le Yorkshire, elle a réussi à gagner du terrain. Les verrats sont recherchés pour les croisements avec les truies Large White ou Midle Whdite en vue de l'obtention d'un porc moyen ou porc à bacon demandé par le commerce londonien. Beaucoup d'animaux destinés à la reproduction sont expédiés en Australie, en Afrique du Sud et dans l'Amérique du Sud (Argentine, Brésil, Chili).

Le Hampshire.

Le Hampshire est voisin du Berkshire auquel il ressemble tout en étant plus lourd et plus grossier. Sa robe est blanche tachetée de noir.

Le Canada et les Etats-Unis possèdent des porcs Hampshire qui ont acquis une physionomie spéciale, assez distincte de celle du Hamphshire anglais.

Ce porc a la face étroite, fine et peu concave, l'oreille inclinée en avant mais non tombante comme celle du Poland-China. La couleur la plus recherchée est celle dite « cerclée » dans laquelle l'animal a les extrémités noires avec une bande blanche de 10 à 30 centimètres de large faisant le tour du corps en englobant les pattes de devant qui doivent aussi être blanches. Le terme « cerclé » se rapporte à la présence de la bande blanche.

Certains éleveurs essaient d'avoir des troupeaux entièrement noirs.

Le Hampshire de l'Amérique du Nord descendait de porcs du même nom importés d'Angleterre au Massachusetts vers 1820 ou 1825, d'où leurs descendants furent peu après importés au Kentucky. Quoi qu'il en soit, la race est connue au Kentucky depuis de nombreuses années, mais il est impossible d'obtenir des renseignements précis et définis sur son origine (1).

Le Hampshire américain a une bonne réputation comme producteur de viande; sa chair porte un pourcentage élevé de maigre et est généralement à grain fin. C'est une race rustique, s'accommodant bien des pâturages et une des plus prolifiques parmi les races américaines.

Race Poland-China (2).

La race Poland-China appartient aux Etats-Unis; elle est originaire des Comtés de Warren et de Butler (Etat de l'Ohio), dans la région de la vallée Miami.

Vers le milieu du XIXe siècle, la ville de Cincinnati était devenue un des plus grands centres de salaisons de porcs du monde. Les conditions se prêtaient fort bien, dans toute la contrée, à l'élevage du porc,

---

(1) *L'Élevage des Porcs au Canada.*

(2) Voir figure 75, page 292. Engraissement du porc.

et celui-ci était devenu la plus répandue et la plus lucrative des industries agricoles. Comme il n'exis-

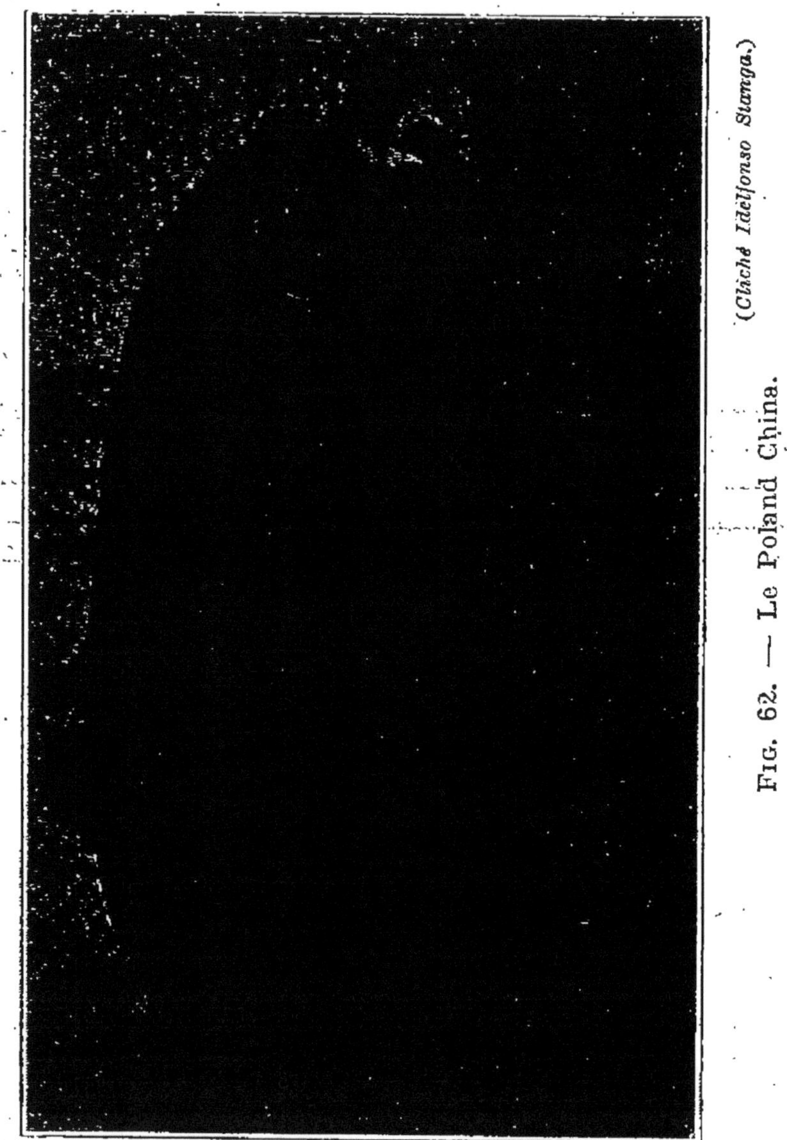

FIG. 62. — Le Poland China. *(Cliché Ildefonso Stanga.)*

tait pas alors de chemins de fer, les porcs engraissés devaient se rendre à pied au marché; aussi, chez ces animaux, la vigueur et l'aptitude à la marche étaient-elles tout autant appréciées que l'aptitude à l'engraissement. Ces porcs n'appartenaient à aucune race déterminée; chaque colon venu d'Europe amenait avec lui les porcs de la race de son pays d'origine. Dans la suite, avec l'amélioration des routes et l'installation des chemins de fer, la vigueur des porcs marcheurs devint secondaire; on s'attacha à développer le tronc, à réduire les membres, à pousser davantage l'engraissement. Et pour activer la transformation, plusieurs races furent introduites dans la vallée Miami (1).

En 1816, John Wallace importa trois truies et un verrat chinois qu'il croisa avec des porcs locaux; il obtint le produit qui fut connu sous le nom de *Warren-County-hog* (Porc du comté de Warren).

En 1835, furent importés deux Berkshire; puis en 1840, 3 porcs irlandais de belles formes et de poids considérable que l'on croisa pendant un peu de temps avec les métis indigènes. En 1845, après tous ces croisements, fut consolidée la race que l'on nomma « *Poland-China* ». L'appellation de « Poland » dérive selon certains du fait qu'un verrat fut vendu par un M. Asser, fermier à Bluter-County; et comme ce fermier était polonais, le verrat fut appelé « Polonais » et tous ses descendants conservèrent ce nom, si bien qu'en 1875, la « National swine Breeders Convention » décida d'appeler la race Poland-China.

L' « American Poland-China Association » soutient que la race dérive du mélange des porcs polonais advenu durant les croisements avec les porcs chinois. Quelle qu'en soit l'origine, depuis 1845 cette race

(1) D'après *l'Élevage des Porcs au Canada*.

se multiplie par elle-même sans qu'il ait été fait de croisement avec des races étrangères.

Au premier coup d'œil, le Poland-China ressemble au Berkshire; il a le manteau foncé ou noir, l'ossature fine, la conformation parfaite; il est précoce et bon utilisateur des aliments. Les porcelets sont d'abord de peu d'apparence, mais après 8-10 semaines, ils prennent des formes gracieuses et arrondies.

Au point de vue de l'apparence générale, le Poland-China est compact, symétrique, replet et bombé, lisse et plutôt massif. Sa couleur caractéristique est noire avec des taches blanches sur la face ou la mâchoire inférieure, les pattes et le bout de la queue; quelques petites taches d'un blanc clair sur le corps ne sont pas regardées comme des défauts. Les verrats de deux ans et plus, en bonne condition, ne devraient pas peser moins de 275 kilogrammes, et les truies du même âge et dans la même condition, pas moins de 225 kilogrammes.

La précocité et l'aptitude à l'engraissement ont été si bien développées chez le Poland-China que cette race constitue aujourd'hui un des porcs à viande les plus économiques de toute la région à maïs des Etats-Unis. Cependant cette race n'est pas prisée par ceux qui s'intéressent, au Canada comme aux Etats-Unis, à la production du « bacon », car ni sa forme ni sa carcasse ne répondent aux exigences de cette spécialité. La chair du Poland-China convient assez pour les salaisons de durée.

Le Duroc-Jersey.

Le porc *Duroc-Jersey* est originaire des Etats-Unis où il a pris naissance vers 1850 par croisement de deux races de porcs à pelage rouge, le *Duroc* et le *Jersey rouge.*

Le *Jersey rouge* était un porc de forte taille et assez long, existant depuis longtemps, aux Etats-Unis, dans l'Etat de Nouveau-Jersey. On pense qu'il descend d'importations de Grande-Bretagne, peut-être des premières importations de Berkshire qui, au début de la formation de la race, étaient de diverses couleurs, chamois, roux et roux brun tachetés de noir.

Le *Duroc* a vraisemblablement la même origine; il a constitué pendant très longtemps la race principale du comté de Saratoga, New-York, avant d'être croisé avec le précédent pour former le Duroc-Jersey.

Dès le début, celui-ci se fit remarquer par sa docilité, sa fécondité et sa vigueur, toutes qualités qui ont été bien conservées. En 1877, les éleveurs des comtés de Saratoga et de Washington, New-York, tombèrent d'accord sur un ensemble de points qui ne fut que très peu retouché par la suite. La race a continué à faire des progrès dans le sens de l'aptitude à l'engraissement et de la précocité, et on la regarde aujourd'hui aux Etats-Unis comme l'égale du Poland-China et du Chester-White. Elle est assez peu répandue au Canada comme répondant mal aux exigences du commerce du bacon.

Les Duroc-Jersey, avec leur tête assez longue, leur face presque rectiligne et leur groin fin, leur corps lisse et arrondi, ont une ressemblance assez marquée, au point de vue de la forme, avec le Poland-China, mais leurs membres sont plus forts que chez ce dernier. La couleur est uniformément rouge cerise, sans mélange.

Les poids des verrats et des truies de deux ans, en bonne condition, sont, comme chez le Poland-China, respectivement de 600 et 500 livres soit 275 et 225 kilogrammes environ.

Le Chester-White.

Le porc *Chester-White* est originaire du comté de Chester en Pensylvanie, où il s'est formé au début du XIXe siècle. La race ancienne était grosse, massive,

(Cliché Ildelfonso Stanga.)

Fig. 63. — Le Chester-White.

blanche, avec une tête volumineuse, des oreilles pendantes, une peau épaisse, des soies grossières. En 1816, l'arrivée de deux porcs anglais blancs provenant du comté de Bedford fut le point de départ de l'amélioration de la race. Aux croisements effectués succéda un système d'élevage soigneux et méthodique poussé dans le sens de l'unification du modèle.

Celle-ci ne fut cependant réalisée qu'à partir de 1875-1880, époque à laquelle les éleveurs se rendirent compte de l'avantage qu'il y aurait à adopter un type modèle vers lequel tendraient leurs efforts. Depuis lors, les progrès ont été continus; la race Chester-White est devenue l'une des plus populaires des Etats-Unis où elle est surtout entretenue dans les régions à maïs. Le Chester-White s'accommode mieux du pâturage que la plupart des autres races. Quelques éleveurs canadiens produisent maintenant un animal qui tient le milieu entre le type à bacon et le type à gros lard.

Le Chester-White a la tête courte et un peu concave, l'oreille horizontale et moins longue que la tête. Sa robe est blanche; les poils noirs sont une cause de disqualification; on voit parfois sur la peau des taches noires ou bleuâtres, mais les éleveurs s'efforcent de les éviter. Le poil est un peu ondulé et même frisé chez quelques sujets. L'animal est modérément long, épais et profond, de formes bien régulières. On le recherche avec le cou bien cintré, l'épaule et le dos larges. Les poids des verrats et des truies de deux ans sont ceux déjà indiqués pour d'autres races américaines (275 et 225 kgs). Les porcs âgés de sept mois, prêts à la vente, pèsent de 80 à 90 kilogammes (180 à 200 livres).

CHAPITRE VI

La Production porcine en Amérique.

En dehors du cadre dans lequel nous avons placé les races et populations porcines, quelques lignes nous paraissent devoir être consacrées à la production des grandes contrées américaines, États-Unis, Canada, Argentine, Brésil, tout au moins autant que nous permet de le faire la documentation dont nous disposons. On voudra bien ne considérer ce court chapitre que comme l'amorce d'études auxquelles nous nous efforcerons de donner ultérieurement un développement plus satisfaisant.

Le Porc aux États-Unis.

L'industrie porcine occupe une place importante dans de nombreuses localités des États-Unis. Dans les régions à culture du maïs, ce grain entre pour une large part dans l'alimentation du porc; des recherches nombreuses effectuées dans les Stations expérimentales en ont d'ailleurs précisé l'emploi et la valeur comparative suivant les diverses races exploitées. Dans les districts laitiers, on abandonne au porc le lait écrémé, le petit-lait et autres résidus. Dans ceux où se pratiquent à la fois la culture, l'industrie laitière et l'élevage, le porc utilise, outre les sous-produits de la laiterie, quantité de denrées non marchandes et cela dans des conditions comparables à ce qui se passe en Europe.

La population porcine est composée d'éléments empruntés aux races européennes, aux races britanniques surtout; plus ou moins mélangés ou métissés dans beaucoup de domaines, ailleurs ces éléments sont conservés purs afin de fournir aux entreprises précédentes, les reproducteurs dont elles ont besoin.

Les races le plus largement représentées aux États-Unis sont : le *Berkshire*, le *Poland-China* que nous savons d'origine américaine, le *Chester White*, le *Duroc-Jersey*, le *Hampshire*, le *Grand Yorkshire* ou *Large White*, le *Tamworth*, le *Victoria*, obtenu par croisements et métissages entre Poland-China, Berkshire, Chester White et Suffolk à peu près vers 1870; c'est un porc blanc, occasionnellement marqué de petites taches noires, dont la tête et les oreilles rappellent beaucoup celles du Berkshire, et que l'on trouve surtout dans les États d'Indiana, d'Ohio et d'Illinois; le *Cheshire*, dérivé direct du Yorkshire, formé dans le comté de New-York vers 1855 et qui ressemble au Large White sauf par son groin un peu plus étroit et effilé ; l'*Essex*, le *Suffolk*, le *petit Yorkshire*, introduit vers 1860 mais qui s'est peu répandu, et enfin, comme races n'offrant qu'une minime importance : le *Large Black* (Grand noir) et le *Middle White*.

Mention doit être faite du porc dit « *à sabot de mulet* » (Mule foot hog), qui est un *porc syndactyle*, à doigts médians soudés, offrant par conséquent le même caractère que les porcs à sabot plein rencontrés en Macédoine et en Roumanie, et qui a été mentionné dans le même chapitre que ces derniers (V. page 45). La race est fixée; elle possède son Association d'élevage propre dont le siège est à Indianopolis.

Les auteurs américains qui ont écrit sur la production porcine aux États-Unis constatent que les profits que l'on tire de la vente des porcs sont soumis à des oscillations tout à fait analogues à celles depuis longtemps signalées en France et dues aux mêmes

(*Phot. Lesbouyriès.*)

Fig. 64. — Chester-White.
Concours de Chicago, décembre 1916.

causes parce que ces causes sont inhérentes à l'espèce même, à son mode de multiplication et d'exploitation (V. *Considérations économiques*). En ce qui concerne les sortes de viandes obtenues, elles se rangent, d'après les conditions locales et les exigences du marché, en *porcs à lard* et en *porcs à bacon* ou *à jambon*.

Aux États-Unis, le maïs est la nourriture presque

exclusive du porc, si bien que c'est dans les régions à maïs que l'on trouve le plus grand nombre de ces animaux. Mais l'Angleterre est une grosse cliente du type à bacon; c'est pourquoi, dans les parties des États-Unis qui produisent peu de maïs, on élève des porcs de ce modèle qui sont nourris avec des produits variés.

Le *porc à lard* a un corps compact, épais, volumineux, plus remarquable par la régularité et l'ampleur de ses formes que par la longueur de son échine. Le dos et les épaules sont les parties vraiment marchandes qui doivent surtout être très développées.

Les principales races répondant le mieux à cette production sont : Poland-China, Berkshire, Chester-White, Duroc-Jersey ; viennent ensuite le Cheshire, le Victoria, le petit Yorkshire, l'Essex et le Suffolk.

Le porc *à bacon* ou « jambonnier » est d'un poids vif maximum de 160 à 200 livres (75 à 90 kilogrammes). Les parties les plus recherchées sont le jambon et la partie supérieure des côtes.

Comparé au précédent, il a le corps plus long, moins large; l'épaule, le cou et la tête sont plus allongés. Au toucher, la chair doit être ferme. Le dos, qui est une portion de vente rémunératrice, doit être large, mais sans excès, de peur de contenir trop de graisse. Somme toute, il faut éviter un engraissement excessif et conserver des dimensions moyennes.

Les races les plus convenables pour le « bacon » sont le Tamworth, le Grand Yorkshire et le Hampshire (1).

L'effectif du troupeau porcin des États-Unis a

---

(1) *Productive Swine Husbandry,* par Georges E. Day, professeur au Collège d'Agriculture à Ontario (Canada). Philadelphie et Londres, 2e édition, 1915 (J. B. Lippincott Company, éditeur).

subi une marche ascendante surtout sensible dans la seconde moitié du XIXe siècle. De 1864, fin de la guerre de Sécession, à 1880, le troupeau passa de 16 millions à 32 millions; on l'évalue actuellement à 60 millions environ. La préparation des lards salés et fumés, des jambons, des conserves, du saindoux, s'est accrue dans des proportions considérables pour satisfaire à une exportation croissante vers le monde entier; elle est assurée par des usines fort bien agencées industriellement dont la production constitue pour l'élevage l'encouragement le plus direct et le plus profitable.

Le Porc au Canada.

L'élevage du porc au Canada, après être resté longtemps limité aux besoins des fermes, a pris un grand développement et acquis une excellente réputation après que les éleveurs eurent adopté comme modèle le type à bacon. Un fort commerce d'exportation put dès lors s'établir; et actuellement, le bacon canadien obtient sur les marchés britanniques, des prix satisfaisants, voisins du maximum. Une autre conséquence profitable fut l'accroissement de la consommation intérieure; aussi, le type à bacon est-il prôné avant tout autre, auprès des producteurs canadiens, par les organismes officiels d'encouragement à l'élevage. Le poids ne doit pas être inférieur à 170 livres (77 kilos) et ne pas dépasser 220 livres (100 kilos); le poids le plus convenable varie de 180 à 200 livres (81,500 à 90 kg.) pour la bête sur pied, à jeun.

Les races élevées au Canada sont les mêmes que celles rencontrées aux États-Unis. Si l'ordre dans lequel elles sont présentées par les auteurs américains pour l'un et l'autre pays est celui de leur importance numérique, on en conclut que celle-ci n'est pas la même, puisque, pour le Canada, elles se succèdent comme suit : *Yorkshire*, *Tamworth*, *Berkshire*, *Chester-White*, *Poland-China*, *Duroc-Jersey*, *Hampshire.*

Le Porc en République Argentine.

L'Estance argentine ne s'est pas encore beaucoup occupée du porc. Cependant un courant s'établit dans tout le pays pour le développement d'un élevage qui rencontre en divers endroits des conditions favorables. L'Argentine produit du maïs et l'élevage facile du porc ne peut qu'inciter les fermiers et les hommes d'initiative à ne pas perdre les bénéfices qu'il peut procurer. L'industrie laitière croissante laisse une quantité importante de résidus pouvant être utilisés avec profit par l'élevage et l'engraissement du cochon. Enfin, les importations de viande de porc venues du Brésil témoignent de l'insuffisance de la production locale. Bien que la consommation de viande porcine soit réduite — en dehors des quelques mois d'hiver — la production locale n'y suffit point et possède, de ce fait, une intéressante marge de possibilités.

Actuellement les fournisseurs de Buenos-Aires considèrent comme acceptable, pour les cochons gras, un poids vif de 125 kilogrammes, comme bon celui de 140 et comme supérieur ce qui est au-delà.

Les races les plus répandues en Argentine sont le Berkshire, le Leicester et le Yorkshire; il existe un grand nombre de métis. L'effectif total oscillait en 1910 entre 1.650.000 et 2 millions de têtes. Les statistiques portant sur 1922 annoncent un chiffre global de 3 millions de têtes.

L'Élevage du Porc au Brésil.

En 1913, il existait au Brésil, 18.399.000 têtes de porcs.

Il y a près de quatre siècles, ont été introduits au Brésil, par les premiers colonisateurs, des porcs provenant du Portugal, qui étaient originaires des races y existant connues sous les noms de : Bizara, Beiroa, Alemtejana, Macáo (chinoise), etc.

Les porcs nationaux (brésiliens), connus sous les noms de Canastrão, Canastra et Tatú, correspondent à trois types : *grand*, *moyen* et *petit;* ce sont des descendants des races portugaises ci-dessus mentionnées, qui ont été modifiées par les conditions du milieu ou par le croisement. Par le manque de sélection, malgré qu'ils possèdent certains caractères et qualités, les porcins brésiliens ne sont pas des races pures. Ils doivent cependant mériter notre attention, non seulement parce qu'ils sont déjà adaptés au milieu, mais aussi, parce qu'ils possèdent des qualités qui peuvent être améliorées dans le sens de la production d'une grande quantité de lard et de « banha » (graisse interne).

Le porc **Canastrao.** — C'est le plus grand des porcins brésiliens disséminé dans quelques zones des Etats de Minas-Geraes et São-Paulo. Sans doute est-il descendant du porc Bizaro du Portugal, qui s'affilie à la race à oreilles pendantes?

Ses caractères sont : grosse tête, oreilles grandes à peu près en ligne droite (un peu tombantes), atteignant les deux tie.s de la longueur de la tête, mufle gros, allongé. Taille grande, corps long, régulier, un peu aplati latéralement. Croupe inclinée et ventre peu développé. Membres longs et forts. Soies peu abondantes. Robe noire, quelquefois avec des taches.

(*Photo Misson.*)

Fig. 65. — Verrat de race nationale (Canastra).

Les truies sont prolifiques et bonnes éleveuses, donnant 7 à 9 porcelets à la fois.

Les porcelets se développent lentement, ce qui est dû à l'alimentation. Ils sont adaptés au régime extensif; les porcs castrés peuvent commencer à être engraissés à l'âge de dix-huit à vingt-quatre mois, et après l'engraissement, ils peuvent atteindre le poids de 150 à 225 kilogrammes. A l'abatage, ils fournissent un très bon lard et peu de viande, et sont très appréciés sur le marché local.

Il y a avantage à essayer la sélection des porcs de ce type, si bien adapté au système d'élevage du pays et dont les produits sont très appréciés sur le marché. Se croisant bien avec les races perfectionnées, il donne des métis plus précoces, de très bonne qualité, très estimés à cause de la facilité de leur engraissement, la rapidité de leur développement et la qualité de leur viande et de leur lard.

Le porc **Canastra.** — Représentant du type moyen des porcs brésiliens, il est le plus répandu dans tout l'Etat de São Paulo; on suppose qu'il descend du porc d'Alemtejo (Portugal) qui s'affilie à la race circumméditerranéenne.

Ses principaux caractères sont : corps d'une longueur moyenne, bonne conformation, ligne dorso-lombaire presque droite, ventre assez développé. Soies fines et peu abondantes. Robe noire, mais parfois avec quelques taches. Membres de longueur moyenne. Squelette fin. Tête petite, courte; angle fronto-nasal peu marqué. Oreilles moyennes, pointues et dirigées en avant. Les truies sont bonnes éleveuses et prolifiques. Les porcelets s'élèvent facilement dans le régime extensif. Les castrés sont engraissés à l'âge de dix-huit mois, pouvant atteindre après l'engraissement, le poids de 100 à 150 kilogrammes. Ils fournissent un très bon lard et assez de viande de bonne qualité. Cette race peut être améliorée par la sélection. Elle se croise bien avec les races perfectionnées en donnant de bons métis.

Le porc **Tatou.** — Ainsi est dénommé au Brésil le

porc du plus petit type, qui, par sa morphologie, ressemble beaucoup au porc de la race Macáo ou Chinois. Ses caractères sont les suivants : animaux de petite taille, tête large, groin court et droit, oreilles petites, poils fins et peu abondants. Robe noire. Membres fins et courts. Ventre développé. C'est le type du porc de 45 à 75 kilogrammes. Ce sont des animaux excessivement doux, s'engraissant facilement, fournissant relativement beaucoup de lard et peu de viande.

Le **Tatou Canastra.** — Type intermédiaire entre le Canastra et le Tatou, il résulte probablement du croisement des deux races.

Il faut enfin mentionner parmi les porcs brésiliens, celui connu sous le nom de « Casco de burro », ou de *race à pied de mulet.* C'est un porc à doigts soudés (porc syndactyle) dont la variation fixée constitue ici une race spéciale, d'assez grande taille (V. page 45, les *Porcs Syndactyles*).

Races étrangères introduites. — Les races porcines perfectionnées introduites au Brésil à une époque récente sont : le *Berkshire*, le Grand Noir anglais (*Large Black*), le *Poland-China*, le *Duroc-Jersey* qui sont les plus répandus; viennent ensuite les porcs blancs anglais, *Large White* et *Middle White*, le *Tamworth.*

DEUXIÈME PARTIE

Élevage et Exploitation du Porc

Le Porc est un merveilleux animal de boucherie qui s'adapte avec facilité aux divers milieux agricoles. Omnivore, très bon assimilateur — sauf pour la cellulose — des produits alimentaires qui lui sont distribués, c'est l'animal qui fournit avec une quantité donnée d'aliments, la plus forte augmentation de poids. Celle-ci peut s'élever à 1 kilogramme par jour pour un porc de 60 kilogrammes, soit 1,66 % de son poids. Sa qualité d'omnivore fait que le porc s'accommode d'aliments de diverses origines; son alimentation, qui peut être des plus variées, échappe donc aux aléas dont souffre celle des autres espèces et qui proviennent des variations de prix des denrées dont l'emploi est beaucoup moins élastique. D'autre part, la plupart des résidus qu'il consomme n'ont qu'une faible valeur commerciale, alors que leur transformation en viande porcine leur confère une très profitable plus-value.

Enfin la reproduction de l'espèce est facile; les truies sont très fécondes et représentent, par leur croît annuel, un capital placé à gros intérêts. Pour toutes ces raisons, l'élevage du porc est avantageux; on constate même que ces facilités se retournent à certains moments contre la production elle-même:

car la surproduction entraîne fatalement une crise de mévente avec abaissement des prix. Par suite de cette baisse, sensible surtout dans le prix des jeunes, les porcheries diminuent de nombre; aussi vite qu'elle est devenue abondante, la marchandise se raréfie, les prix se relèvent, la production reprend, pour repasser, au bout d'un temps plus ou moins long — car d'autres facteurs économiques spéciaux ou généraux peuvent jouer en même temps pour ralentir ou précipiter ces phénomènes — par une même phase critique. D'où des oscillations périodiques, en quelque sorte inévitables et qui sont un des écueils de la production porcine.

CHAPITRE PREMIER

Production des jeunes et Allaitement.

Choix des reproducteurs. — Le choix des reproducteurs dans l'espèce porcine, une fois décidé celui de la race que l'on désire multiplier ou arrêtés les éléments du croisement que l'on va pratiquer, est régi par trois conditions essentielles :

1° Une grande disposition à transformer en viande les aliments consommés;
2° Une conformation indiquant un rendement élevé en viande nette;
3° L'aptitude à produire la viande de la meilleure qualité répondant aux débouchés visés.

Ces conditions sont remplies lorsque l'animal, mâle ou femelle, a une poitrine ample, un garrot épais, un poitrail large, des côtes longues et bien arquées surtout en arrière des coudes, un tronc cylindrique porté par des membres courts et écartés. Chez un sujet de conformation régulière et harmonique où toutes ces beautés doivent être représentées, on peut, par un caractère localisé, déduire la structure d'autres régions : c'est ainsi que, suivant la remarque de Magne, avec des aplombs normaux, l'écartement des jarrets permet de juger de la capacité de la poitrine.

Ainsi qu'on l'a fait sur l'espèce bovine pour reconnaître les sujets gros mangeurs et dotés d'une assimilation facile, (1), on peut examiner chez le porc l'écartement des deux branches du maxillaire inférieur. Cet écartement, très prononcé dans les races perfectionnées, dépose non seulement dans le sens favorable qui vient d'être indiqué, mais, en vertu de la loi d'harmonicité, il est en corrélation avec le développement de la poitrine et l'ampleur générale du corps; on peut d'ailleurs constater, chez les races porcines améliorées, avec l'écartement des branches maxillaires, la briéveté de l'encolure et sa fusion parfaite, chez les animaux bien gras, avec la poitrine et les épaules.

Les qualités de conformation qui viennent d'être indiquées, jointes à l'épaisseur du corps, à la largeur des lombes, au volume de la cuisse et de la fesse, marquent en même temps, l'aptitude à produire des morceaux de première qualité et l'obtention d'un rendement élevé de viande nette.

Comme autres considérations dont il faut tenir compte, nous ajouterons :

L'état de santé : on ne prendra pour la reproduction que des animaux bien portants, gais, doués d'un bon appétit, propres, ayant les soies brillantes.

La conformation normale des organes génitaux : le verrat doit avoir les deux testicules apparents; le monorchide est fécond, mais il transmet fréquemment cette anomalie à sa descendance. Il y a là une malformation héréditaire qu'il est nuisible de propager. Les cryptorchides sont stériles; on ne peut pas en obtenir de saillies et, en outre, leur viande (même celle des monorchides) dégage une odeur forte ou une odeur d'urine, elle est insalubre et tombe sous le coup de la confiscation. Enfin ces porcs, turbulents, grognards,

(1) A. Grau, *L'examen de la mâchoire dans l'appréciation des animaux* (*Revue de Zootechnie* 1922).

nerveux, constamment portés à sauter sur leurs congénères, n'engraissent pas et causent ainsi une perte importante à l'éleveur. Il convient de les sacrifier le plus tôt possible dès que leur état anormal est constaté.

La *truie* doit avoir, outre les qualités générales de conformation ci-dessus reconnues, le bassin ample, les mamelles régulières, volumineuses et nombreuses, douze au minimum.

Choix et entretien du verrat. — La question de la reproduction du porc doit être l'objet de beaucoup d'attention; elle repose sur le choix du verrat et sur les soins d'entretien que l'on doit lui apporter pour en tirer le meilleur parti.

Nous posons d'abord en principe que l'acheteur d'un verrat ne doit pas se laisser arrêter par la question du prix lorsqu'on lui offre un animal répondant par sa conformation, ses caractères, sa pureté de race, sa précocité, au type qu'il doit rechercher pour la reproduction. Nous conseillons ensuite de s'adresser de préférence à des éleveurs spécialisés dans la production des verrats, lorsque l'on cherche des reproducteurs destinés à améliorer nettement et rapidement une production donnée.

Par voie de conséquence, nous déconseillons d'acheter le reproducteur sur un marché ou dans une maison où on n'aura que des animaux d'origine inconnue. Il est toujours préférable de s'adresser à un élevage spécialisé où l'on peut s'assurer de la provenance en examinant le livre généalogique.

Le verrat transmettant ses caractères à une très nombreuse descendance, il convient d'attacher à la perfection de ses formes la plus grande importance. On recherchera un dos fortement développé, droit, large; puis des cuisses rondes et épaisses, des épaules fortes et bien garnies. Ce sont là les parties charnues les plus estimées; c'est pourquoi on doit désirer qu'elles soient bien développées dans le mâle d'où vont descendre les produits que l'on désire vendre à la consommation. Les trois régions sus-indiquées, dos, croupe et cuisses, épaules, doivent se lier harmonieusement pour constituer un ensemble régulier et symétrique.

Un bon squelette et des aplombs sans défauts sont encore des qualités importantes : le verrat doit avoir les membres droits, les pieds bien dirigés; on évitera les membres plus ou moins divergents, les pieds tournés, les jarrets arqués. Ces défauts sont souvent le résultat de maladies des os dues à une alimentation irrationnelle et au manque d'exercice durant l'élevage.

On ne doit pas employer des verrats trop jeunes à la reproduction. La limite inférieure est de neuf mois; à un an, un verrat bien développé peut être affecté définitivement au service des truies. Il peut être employé longtemps. C'est une erreur économique et zootechnique de changer souvent les mâles. La réforme prématurée d'un bon verrat est tout aussi fâcheuse pour l'élevage que la réforme prématurée d'un bon taureau. Un reproducteur de qualité représente un capital fixe que l'on doit conserver le plus longtemps possible. C'est une vraie prodigalité que de remplacer fréquemment des verrats qui sont toujours d'un prix élevé.

L'alimentation sera l'objet de quelque attention : on évitera de distribuer des rations trop fortes et poussant à l'engraissement, ainsi qu'un abreuvement trop abondant. Les grains — avoine, orge — sont le meilleur aliment concentré. Le séjour au pâturage est enfin à recommander; le trèfle rouge et la luzerne sont tout à fait bons comme nourriture verte.

Les soins de la peau, lavages, brossages, bains, sont indispensables; si l'animal n'est pas envoyé à la pâture, il doit être laissé le plus possible en plein air dans un espace clos suffisant pour qu'il puisse prendre de l'exercice.

Un verrat bien nourri et bien soigné peut couvrir chaque année 40 à 50 truies. La fécondité des animaux de l'espèce porcine est fortement influencée par la consanguinité. Lorsque la truie et le verrat appartiennent à la même famille en parenté rapprochée, les truies deviennent moins fécondes; au lieu de s'élever à 9-10-11 par portée, le nombre des petits tombe à 3 ou 4. L'emploi d'un verrat d'une autre souche — en application de ce que l'on nomme le rafraîchissement du sang — a tout de suite pour effet de relever le chiffre des naissances.

Rut. — Le *rut* se manifeste nettement chez la truie. Les chaleurs apparaissent du troisième au cinquième mois; quand il n'y a pas fécondation, elles reparaissent tous les vingt à vingt-cinq jours.

« La truie en chaleur va, vient, lève le nez, grogne, mange peu, monte sur les autres porcs; les parties externes de la génération sont tuméfiées; si elle est dans la même cour que le mâle, elle ne le quitte pas; elle se dirige de son côté s'il est introduit là où elle se trouve .» (MAGNE). On dit que chez les truies de races très précoces les chaleurs se reconnaissent difficilement et, qu'à cause de cela, il faut les laisser un peu de temps avec le verrat; mais ce n'est pas un fait constant, car nous avons observé à Grignon, des truies Large White qui ont présenté au plus haut degré les signes et les attitudes décrits ci-dessus.

Remarques diverses concernant la reproduction chez la truie. — Chez la truie, les chaleurs durent, en moyenne, de vingt-quatre à quarante-huit heures; elles peuvent parfois subsister beaucoup plus longtemps, jusqu'à quatre jours, comme cela a été observé sur 4 jeunes truies Large White de Grignon âgées de huit mois. Les jeunes ressentent très tôt, quelquefois à trois mois, les premiers désirs de l'accouplement; mais l'âge moyen d'apparition des chaleurs chez la truie est compris entre le quatrième et le cinquième mois. Dans la pratique courante, on a la coutume de faire saillir les jeunes truies vers neuf à dix mois. Le verrat est apte à se reproduire entre six et sept mois. La truie est ordinairement réformée entre quatre et cinq ans. A la porcherie de l'Ecole de Grignon, les truies sont livrées à la reproduction entre huit et douze mois, en moyenne à l'âge de onze mois. Les verrats n'y effectuent pas la saillie avant un an.

Fréquence des Chaleurs. — Si la truie n'a pas été fécondée, les chaleurs réapparaissent de 19 à 25 jours après leur disparition. Les écarts observés sont certainement de nature individuelle; c'est ainsi que chez certaines truies, les chaleurs reviennent tous les 22-23 jours tandis qu'elles reparaissent chez d'autres tous les 18-19 jours. On peut considérer que la période moyenne est de 20 jours. Cependant, il peut s'écouler parfois un temps assez long entre deux manifestations : par exemple, une truie de l'exploitation de Grignon n'a donné aucun signe pendant un mois et demi, et une autre est restée un an sans que l'on constate ses chaleurs, malgré la surveillance dont elle fut l'objet; au bout de ce temps, elle est entrée très visiblement en rut et a pu être fécondée.

Les chaleurs ne réapparaissent en général chez les truies qu'après le sevrage des porcelets; c'est-à-dire de six semaines à trois mois après la mise-bas.

Comme le montre le tableau page 216 les truies de la porcherie de Grignon qui sont présentées au mâle dès le retour du rut sont saillies environ deux mois et demi après la parturition.

CONTRÔLE DE LA PÉRIODICITÉ DES CHALEURS SUR 4 TRUIES PRISES AU HASARD A L'EXPLOITATION DE GRIGNON

Nos	RACES	DATE DES CHALEURS	INTERVALLE ENTRE LES CHALEURS	PÉRIODICITÉ MOYENNE
57	Craonaise	28 septembre	20 jours	
		18 octobre	21 —	
		8 novembre	20 —	
		28 novembre		20,3
47	Berkshire	4 mai	23 jours	
		27 mai	22 —	
		18 juin	20 —	
		8 juillet	20 —	
		28 juillet		21,2
44	Large White	23 juillet	19 jours	
		11 août	20 —	
		31 août	19 —	
		19 novembre		19,3
36	Limousine	15 juillet	24 jours	
		8 août	22 —	
		30 août	22 —	
		21 septembre	22 —	
		12 octobre		22,7

Périodicité moyenne pour ces 4 truies : 20,87.

Des exceptions peuvent se présenter. Par exemple, nous n'avons vu revenir les chaleurs sur une truie qu'au bout de quatre mois et huit jours, alors qu'une autre a pu être saillie en cours d'allaitement, un mois et 21 jours (51 jours) après son part, et être fécondée. On assure même, et cette pratique est suivie par certains éleveurs, que l'on peut mettre avec succès la truie au verrat à partir du troisième jour après la mise-bas, bien qu'elle ne présente pas à cette époque les signes réguliers des chaleurs.

INTERVALLE DE RÉAPPARITION DES CHALEURS, APRÈS LE PART, CHEZ QUELQUES TRUIES DE L'EXPLOITATION DE GRIGNON

Nos	RACES	DATE DE MISE BAS	DATE DE RÉAPPARITION DES CHALEURS	INTERVALLE
58	Yorkshire	2 déc. 22	23 janv. 23	52 jours
45	—	17 nov. 21	31 janv. 22	76 —
»	—	29 janv. 23	24 avril 23	85 —
44	—	15 mars 22	27 mai 22	73 —
»	—	9 oct. 22	28 déc. 22	80 —
38	—	30 janv. 21	21 avril 21	81 —
56	Berkshire	10 sept. 22	4 déc. 22	85 —
43	—	9 oct. 21	1 janv. 22	93 —
»	—	6 mai 22	22 juill. 22	77 —
»	—	17 nov .22	5 févr. 23	80 —

Les extrêmes sont de { 93 JOURS. / 52 —

La moyenne :-78,2, soit 2 MOIS ET 17 JOURS.

On reconnait que le verrat est disposé à la saillie

lorsqu'il est excité, hargneux, qu'il secoue la mâchoire et laisse écouler entre les lèvres de la salive écumeuse.

Monte. — Dans l'espèce porcine, l'acte de la copulation dure assez longtemps. L'éjaculation du verrat est très lente, car il émet un sperme épais; elle demande plusieurs minutes; aussi faut-il, si l'on veut que l'accouplement soit efficace, laisser le couple tranquille pendant quelque temps, au minimum un quart d'heure. Parfois, on a recours à un second accouplement, dix ou douze heures après le premier, pour mieux assurer la fécondation.

On conseille quelquefois, au lieu de pratiquer une monte surveillée, de laisser le verrat en liberté au milieu de la bande de truies. Mais cela ne va pas sans risque d'accidents et offre le désavantage de ne pas permettre de savoir l'époque de la fécondation et de pratiquer une sélection convenable.

Dispositif pour permettre la monte aux verrats pesants.

Dans l'Amérique du Nord, on fait usage d'une cage spéciale permettant à des verrats pesants de faire la monte sans difficulté. Cette cage est à recommander aux éleveurs qui réforment trop tôt des verrats qu'ils considèrent comme inutilisables par excès de poids.

Elle est constituée par des liteaux qui forment les parois latérales et la paroi antérieure, disposés horizontalement à peu de distance l'un de l'autre. Il n'y a pas de paroi postérieure, de manière à laisser une porte d'entrée pour la truie. Une fois celle-ci dans la boîte, on met une barre horizontale en travers de l'entrée, au niveau de ses jarrets, ce qui l'immobilise. Des deux côtés de la truie, dans l'espace compris entre l'animal et les parois latérales, on pose deux planches larges de 10 à 15 centimètres placées obliquement d'avant en arrière; elles empêchent la truie de se mouvoir latéralement et servent de support aux pieds de devant du verrat. L'acte du coït, qui est long, chez cet animal, en est facilité sans que la femelle soit écrasée par le poids du mâle.

Un éleveur français, Digeon, a imaginé, pour faciliter la monte des verrats, un dispositif qu'il a utilisé avec succès pendant de longues années. C'est un petit travail dont les dimensions — hauteur, longueur, largeur — sont celles d'un porc et qui est posé devant un mur. On y introduit la truie attachée par une patte de devant et on fixe la corde à une boucle fixée dans le mur. Une barre transversale est glissée contre les membres postérieurs de la truie dès qu'elle est entrée pour l'empêcher de reculer. Deux sangles qui vont d'une barre horizontale à l'autre soutiennent la truie si elle est trop faible pour supporter le verrat. On compense la différence de stature des reproducteurs en abaissant le sol en arrière du travail si le verrat est trop grand ou bien en ajoutant de la terre ou de la litière s'il est trop petit.

Gestation. — La domestication raccourcit la durée de la gestation : la laie porte 127 à 128 jours, alors que la truie ne porte que 115 jours, en moyenne trois mois, trois semaines, trois jours. Les durées les plus longues publiées jusqu'ici ont été de 130 et 143 jours; les plus courtes, de 110 et 104 jours.

Les observations faites en 1921-1922-1923 à la porcherie de l'Ecole de Grignon nous permettent les indications suivantes :

RACES	DURÉE MINIMA	DURÉE MAXIMA	MOYENNE
—	—	—	—
Large White....	116	122	117,6 jours
Berkshire......	96	119	115 —
Limousine	111	122	114 —
Craonaise	103	132	116 —

Moyenne générale : 115,6 jours.

Dans ces observations, on voit que la moyenne (115 jours) peut osciller entre des limites extrêmes très éloignées : 96 à 132 jours. En ce qui concerne la durée particulièrement brève de 96 jours, il s'agit d'une truie saillie le 4 décembre 1922 et qui a mis bas le 10 mars 1923.

En général, la durée ordinaire oscille entre 111 et 115 jours, moins souvent entre 116 et 120 jours.

BALDASSARE (1) a recherché les influences principales qui agissent sur la longueur ou la brièveté de la gestation chez les femelles domestiques; il y a reconnu :

1° Le manque probable de synchronisme entre l'époque de la déhiscence des follicules de de Graaf, la manifestation des chaleurs et, conséquemment, le coït;

2° La rencontre plus ou moins rapide du spermatozoïde et de l'ovule;

3° Le temps plus ou moins long que l'ovule fécondé peut mettre pour se transporter de la trompe dans l'utérus;

4° La possibilité d'un arrêt momentané dans l'évolution de l'œuf fécondé.

La truie pourrait faire cinq portées tous les deux ans, mais il est préférable de ne lui demander que deux portées par an. Comme elle revient souvent en chaleur, on peut choisir facilement le moment le plus favorable pour l'accouplement, suivant celui où il est opportun de faire naître les petits. Les mois de mars et de septembre sont les plus convenables à la réussite des porcelets. Lorsque la truie est fécon-

---

(1) BALDASSARRE : *Contribution à l'étude de quelques faits relatifs à la reproduction des juments, vaches, brebis et truies*, Naples, 1896.

dée en décembre-janvier, les petits naissent en mars-avril, époque favorable en raison de l'abondance des résidus de laiterie et de la verdure. Si la mère ne doit plus être présentée au verrat, on a le temps après le sevrage de l'engraisser pour l'hiver suivant. Si on la conserve, on peut lui demander une deuxième portée qui naîtra en septembre, avant la mauvaise saison.

Nombre de petits à la naissance. — La truie est prolifique et donne à chaque portée plusieurs petits; mais le nombre en est fort variable. Viborg a cité une truie qui donna 24 porcelets; à la ferme de la Tête-d'Or, Cornevin cite deux portées de chacune 17 petits. Il a été relevé à Grignon une portée de 18 petits avec une truie Berkshire. Par contre, d'autres femelles ont fourni des chiffres très faibles : 4 ou même 3 et 2 petits. On a quelques cas d'un seul goret par mise-bas. Il est donc difficile de donner une moyenne ayant quelque signification. Voici cependant des chiffres relevés à Grignon en 1922-1923 :

RACES	MAXIMUM	MINIMUM	MOYENNE
Large White	14 petits	7	10,5
Berkshire	11 —	3	7,2
Limousine	14 —	4	11
Craonaise	12 —	2	7,3

Moyenne générale : 9 petits.

Baldassare a relevé les chiffres suivants concernant les races Yorkshire et Berkshire.

RACES	DURÉE DE LA GESTATION			NOMBRE DE PORCELETS		
	Max.	Min.	Moy.	Max.	Min.	Moy.
Yorkshire...	136	112	116,3	18	2	9,3
Berkshire...	119	113	115,1	14	1	8,2

Avortement. — La truie pleine a besoin de soins particuliers destinés à éviter *l'avortement accidentel* que tant de causes banales peuvent provoquer :

Une nourriture insuffisante ou, au contraire, trop substantielle; des aliments avariés, surtout ceux envahis par les moisissures; puis les chocs, les chutes, les courses intempestives, les coups, sont les causes les plus fréquentes. L'attention doit être attirée en particulier sur les dangers qu'offre la consommation des aliments moisis, altérés plus ou moins profondément ou qui ont subi une trop longue fermentation. On constate, alors, dans une porcherie un peu nombreuse, des avortements en série dus à une véritable intoxication et qui pourraient faire croire à de l'avortement contagieux alors qu'il n'en est rien, et que seule l'alimentation doit être incriminée.

Toute truie ayant avorté devra être isolée et nettoyée; sa loge sera désinfectée, car il faut également savoir que *l'avortement épizootique* sévit dans l'espèce porcine et que par conséquent il faut, dès la constatation d'un cas d'avortement, prendre toutes les précautions requises dans l'hypothèse où il s'agirait d'un premier accident d'avortement épizootique. Lorsque l'existence de ce dernier sera confirmée, on prendra toutes les mesures d'isolement, de prophylaxie, de désinfection qui s'imposent, et on instituera, suivant l'avis du vétérinaire, une défense énergique vis-à-vis de la dissémination de la maladie.

Parturition. — Dans les derniers temps de la gestation, les signes en sont très apparents : le ventre est volumineux et tombant, la ligne dorso-lombaire infléchie, les mamelles distendues.

Lorsque la parturition est proche, la truie est inquiète et agitée; elle ramasse de la paille, la porte dans un coin de sa loge et la brise comme pour en faire un lit élastique. A ce moment, si ce n'est pas déjà fait, car la surveillance doit ordinairement s'exercer à partir de 112 jours après la saillie, la femelle sera placée dans une loge spéciale, spacieuse (2 m., 50 à 3 mètres carrés), munie à la partie inférieure d'une barre de fer destinée à ménager un espace sous lequel les petits seront à l'abri de l'écrasement. On lui préparera une litière abondante avec une paille assez courte et assez fine. La personne chargée de la surveillance aura à sa disposition une caisse ou un panier où elle mettra les petits au fur et à mesure de leur naissance après leur avoir ligaturé le cordon ombilical et badigeonné la région avec de la teinture d'iode. Le part terminé, les petits seront placés à côté de la mère pour les faire téter.

La mise-bas est parfois longue et pénible; dans ces cas, on fait prendre à la bête une infusion chaude. Lorsque tout est terminé, on donne un barbotage chaud et on préserve soigneusement l'animal du froid et des courants d'air. Il est parfois utile, quand la truie reste longtemps affaissée et indifférente à ce qui l'entoure, de lui administrer une infusion aromatique dans laquelle on ajoute quelques petites cuillerées d'eau-de-vie.

Poids des Porcelets à la naissance et Accroissement. — Suivant la race, le poids et le développement de la truie, les porcelets pèsent à la naissance de 0 kg. 700 à 1 kg. 300. L'accroissement est ordinairement de 0 kg. 200 à 0 kg. 500 par jour, avec des variations dues à la précocité de la race, la qualité laitière de la truie et l'alimentation qui suit le sevrage, en même temps qu'avec la période de développement du jeune. Magne cite d'après Parant le tableau suivant établi avec des porcelets anglo-angevins nourris presque exclusivement après le sevrage avec de la viande crue :

De	1	à	30	jours :	200	grammes par jour.
—	30	»	60	—	190	—
—	60	»	75	—	50	—
—	75	»	90	—	150	—
—	90	»	120	—	290	—
—	120	»	150	—	380	—
—	150	»	210	—	400	—
—	210	»	240	—	410	—

L'abaissement de la moyenne du 60 au 75e jour est dû au ralentissement provoqué par le sevrage : il y a toujours indication de procéder à celui-ci avec le plus grand soin, afin de réduire cet abaissement au minimum.

En ce qui concerne l'accroissement des jeunes, le mémoire déjà cité fournit une documentation détaillée dont voici le résumé :

Cinq des truies donnèrent des portées pesant au-dessus de 9 kg. 070 à la naissance, avec une moyenne de 10 kg. 660. Chaque petit, dans ces portées, fit un gain moyen de 1 kg. 818 par semaine pour les douze semaines avant le sevrage.

Dans un autre lot, trois truies eurent des portées au-dessus de 6 kg. 800 à la naissance avec une moyenne de 7 kg. 257. Chaque petit, dans ces portées, donna un gain moyen de 1 kg. 632 par semaine pour les douze premières semaines. Trois truies donnèrent des portées d'un poids moyen de 5 kg. 900, dans lesquelles chaque petit fit un gain moyen de 1 kg. 315 par semaine.

D'après ces chiffres et les remarques de plusieurs éleveurs qualifiés, il semblerait qu'un sujet petit ou de moyenne taille fasse un gain total plus élevé que les plus forts. Il est apparu aussi que les petits des plus fortes mises-bas étaient plus vigoureux et meilleurs mangeurs que ceux des portées moins nombreuses.

Les observations faites aux Etats-Unis sur le même sujet nous fournissent des données utiles à rapporter ici (1) :

Influence du poids et de l'âge de la truie sur le poids de ses porcelets. — Le tableau ci-dessous montre qu'il y a une relation entre le poids des truies et le poids des petits dans les différentes portées.

TRUIES	FORTES	MOYENNES	PETITES
Poids moyen des truies lors de la mise-bas....	217 kil.	138 kil.	107 kil.
Poids des petits à la naissance	12 k. 150	7 k. 200	6 k. 300
Nombre moyen de petits à chaque portée........	9,2	6,7	5,5

Le poids des petits est également influencé par

(1) *The Food Requirements of Pigs.* Bulletin n° 104 de l'Agricultural Experiment Station of Wisconsin, 1903.

l'âge de la mère. Il semble que les truies âgées et fortes soient meilleures mères que les truies plus jeunes et plus petites. D'où on pourrait conclure que la pratique habituelle de beaucoup d'éleveurs, consistant à réformer prématurément les femelles pour réserver surtout des jeunes à la reproduction, n'est pas à recommander.

TRUIES	NOMBRE DE PETITS	POIDS DES PETITS
Agées de 4 et 5 ans	9	11 k. 700
— de 2 et 3 ans	7,5	8 k. 860
— d'un an.............	7,8	6 k. 400

Les truies âgées de trois à cinq ans, et même jusqu'à six ans semblent plus profitables et satisfaisantes pour l'élevage que celles âgées d'un an ou de deux ans.

Ellinger a fait des recherches au Danemark sur 134 truies de race danoise pour lesquelles on possédait, quant aux dix dernières portées, des données exactes extraites du livre généalogique danois. Toutes les truies étaient élevées et entretenues dans des centres d'élevage contrôlés par l'État, en conditions homogènes. Elles mirent bas pour la première fois à l'âge d'un an environ et produisirent ensuite, sans égard à la saison, une moyenne de 2 1/4 portées par an. Ellinger a relevé le nombre d'individus de chaque portée, dont la moyenne pour les dix portées successives chez les 134 truies a été de 11,5 petits. Il s'agit donc d'une race très prolifique. Les données concernant le nombre moyen de sujets des 10 portées figurent dans le tableau suivant :

Portée	Nombre moyen de porcelets dans une portée.
—	—
N° 1	9,45
— 2	10,01
— 3	11,50
— 4	12,01
— 5	11,99
— 6	12,16
— 7	12,13
— 8	12,34
— 9	11,90
— 10	11,66

Les portées les plus nombreuses ont été obtenues de la 4e à la 8e. Si on fait la moyenne des nombres correspondant à chacune de ces portées, on trouve 12,12 qui est conforme à la production de la 7e et également très proche de la 6e. Il semblerait d'après ces calculs que le maximum se placerait vers les sixième, septième et huitième portées (1).

Gain en poids aux divers degrés de croissance. — Il est très important pour l'étude économique de l'alimentation du porc, de suivre la marche de l'accroissement en poids aux diverses périodes afin de rechercher la relation qui doit exister entre le poids vif et la nourriture consommée et, surtout, de déterminer si possible, le moment où cette relation cesse d'être favorable aux intérêts des nourrisseurs.

Les expériences faites autrefois par Parant tendent déjà à montrer qu'à un certain moment, à partir du septième mois, bien que la quantité absolue de nourriture absorbée soit plus forte, la quantité rappor-

(1) Ellinger, *Influence de l'âge sur la fécondité des truies* (*Bulletin des Renseignements agricoles de l'Institut de Rome*, mai-juin 1922).

tée au poids du corps est plus faible que dans la période précédente et que l'accroissement est moins rapide.

Une sorte de loi se dégage d'expériences précises faites au Canada que l'on peut formuler ainsi :

« A mesure qu'un porc augmente de poids, la quantité de nourriture consommée chaque jour s'accroît rapidement; le gain quotidien augmente aussi mais non dans la même proportion, si bien que la quantité de nourriture consommée pour correspondre à 100 kilogrammes d'augmentation s'accroît en proportion avec le poids de l'animal. »

Ce fait a été démontré au cours d'une expérience conduite par le professeur Day dont celui-ci rend compte dans les termes suivants :

« Au cours de nos expériences avec des porcs de race pure, une question fort intéressante a été soulevée incidemment. Il a été prouvé par d'autres stations expérimentales que le prix de revient de la production du gain en poids pour les porcs s'accroît à mesure que l'animal devient plus pesant. Comme nos porcs étaient pesés à intervalles réguliers et que chaque livre de nourriture qu'ils consommaient était pesée avec soin, nous avons eu l'occasion de soumettre à une nouvelle épreuve la vérité de cette affirmation et nous donnons ci-dessous le tableau des résultats obtenus. — Ce qui suit est un compte-rendu de la quantité de nourriture consommée pour obtenir une livre de gain (450 grammes) par des porcs de différents poids :

POIDS	NOURRITURE CONSOMMÉE POUR UNE LIVRE DE GAIN (450 gr.)
De 54 à 82 livres	3 l. 750 = 1 k. 700
— 82 à 115 —	4 l. 380 = 1 k. 985
— 115 à 148 —	4 l. 380 = 1 k. 985
— 148 à 170 —	4 l. 550 = 2 k. 060

Ces chiffres montrent qu'il y a augmentation régulière dans la quantité nécessaire à la production d'une livre d'accroissement à mesure que les porcs augmentent de poids; et cela prouve qu'il est de beaucoup préférable de conduire les porcs au marché lorsqu'ils ont atteint un poids vif de 80 à 90 kilogrammes.

Le professeur Henry, dans son livre « *Feeds and Feedinns* », fournit les données suivantes qui ont une valeur particulière en raison du grand nombre d'animaux sur lesquels il a expérimenté. La dernière colonne est particulièrement intéressante au point de vue pratique et économique. Les aliments ont été évalués au taux de une livre sterling par 100 livres. (Voir tableau ci-contre).

Allaitement. — Des analyses assez nombreuses de laits de truies, puisées à des sources diverses, montrent que, comme chez les autres femelles, la composition présente des variations étendues; mais il se dégage des chiffres rassemblés dans les tableaux ci-contre, que, comparé au lait de la vache, celui de la truie est particulièrement riche en matière azotée (6 % en moyenne); il contient également une forte proportion de matière grasse et de lactose, l'extrait sec étant à un taux sensiblement plus fort que chez la vache.

POIDS DES PORCS		Moyenne en poids au début		Nombre de Stations qui ont établi un rapport	Nombre total des essais	Nombre total des animaux nourris	Quantité moyenne de nourriture consommée par jour	Consommation journalière par 100 livres de poids	Gain moyen par jour	Aliments pour 100 livres de gain	Prix de revient pour 100 livres de gain
EN LIVRES	EN KILOGRAMMES	£.	K.				£	£	£	£	$
15 à 50	6,750 à 22,500	38	15	9	41	174	2,23	5,95	76	293	2,93
50 à 100	22,500 à 45	78	35	13	100	417	3,35	4,32	83	400	4,00
100 à 150	45 à 67,500	128	57,6	13	119	495	4,79	3,75	1,10	437	4,37
150 à 200	67,500 à 90	174	78,3	11	107	489	5,91	3,43	1,24	482	4,82
200 à 250	90 à 112,500	226	101,7	12	72	300	6,57	2,91	1,33	498	4,98
250 à 300	112,500 à 135	271	122	8	46	223	7,40	2,74	1,46	511	5,11
300 à 350	135 à 157,500	320	146	3	19	105	7,50	2,35	1,40	535	5,35

COMPOSITION DU LAIT DE TRUIE

	Race Berkshire	Race Poland	Razovback	Moy.
	kilos	kilos	kilos	kilos
Poids du lait par jour.	2,858	2,200	2,342	2,464
Matières solides.....	19,59	19,19	19,70	19,69
Graisses	7,25	6,79	6,64	6,89
Caséine	5,74	5,94	6,50	6,06
Sucres	5,63	7,54	5,56	5,64
Cendres.............	0,97	0,98	1,01	0,98

COMPARAISON DU LAIT DE TRUIE AVEC CELUI DE VACHE

	Matières solides	Graisse	Caséine et Albumine	Sucre	Cendres	Densité
Lait de truie.	19,49	6,89	6,06	5,64	0,98	1,0412
Lait de vache	13,47	4,14	3,20	5,43	0,70	1,0316
Différence.	6,02	2,75	2,86	0,21	0,28	0,0096

COMPOSITION DU LAIT DE TRUIE (d'après GOHREN)

POUR 100	JOUR DE LA MISE-BAS	6 JOURS PLUS TARD	19 JOURS APRÈS LA MISE-BAS
Densité	»	1,035	1,030
Matières azotées ...	15,56	12,89	5,68
Matière grasse	9,53	3,14	2,81
Lactose............	3,84	2,79	1,59
Cendres	0,85	0,71	0,86

Autres analyses (CARLYLE, HENRY, WOLL).

Densité	1,040	1,039
Extrait	19,590	19,04
Graisse............	7,25	7,06
Matières azotées ...	5,74	6,20
Lactose............	5,63	4,75
Cendres	0,97	1,07

Si nous mettons en face de la composition moyenne du lait, *le temps* (en jours) *nécessaire au jeune pour doubler son poids de naissance* (1), nous constatons que ce temps est de 47 jours pour le veau et seulement de 14 jours pour le porcelet. La croissance du jeune est d'autant plus rapide que les laits sont plus riches en matières organiques (notamment en matières azotées) et en sels. On remarquera encore la teneur particulièrement très élevée en matière azotée (15,56 %) du colostrum de la truie et que cette teneur se maintient pendant quelques jours (12,89 % après 6 jours); il y a là une raison physiologique expliquant la croissance rapide des porcelets.

Cette étude du lait de truie permet également d'attirer l'attention sur les besoins alimentaires de la truie nourrice. Produisant un lait fortement azoté, elle a besoin d'une nourriture riche en protéine. Les aliments hydrocarbonés, tels que les pommes de terre, ne sauraient donc lui convenir exclusivement; une adjonction de matériaux protéiques et minéraux est indispensable sous la forme de grains, farineux, tourteaux, déchets de viande, etc.

Fréquemment les jeunes porcs adoptent pour toujours le mamelon qu'ils ont saisi le premier; mais cette adoption est loin d'être générale; il arrive même que, lorsqu'il y a plusieurs truies nourrices

(1) A. MONVOISIN, *Le Lait*, 2e édition, p. 90.

TABLE OBSTÉTRICALE

La première série de dates correspond au jour de la saillie de la truie ; la série suivante indique la date du part.

Janvier	1	2	3	4	5	6	7	8	9	10	11	12	13	14	15	16	17	18	19	20	21	22	23	24	25	26	27	28	29	30	31	Mai
Avril	25	26	27	28	29	30	1	2	3	4	5	6	7	8	9	10	11	12	13	14	15	16	17	18	19	20	21	22	23	24	25	
Février	1	2	3	4	5	6	7	8	9	10	11	12	13	14	15	16	17	18	19	20	21	22	23	24	25	26	27	28				Juin
Mai	26	27	28	29	30	31	1	2	3	4	5	6	7	8	9	10	11	12	13	14	15	16	17	18	19	20	21	22				
Mars	1	2	3	4	5	6	7	8	9	10	11	12	13	14	15	16	17	18	19	20	21	22	23	24	25	26	27	28	29	30	31	Juillet
Juin	23	24	25	26	27	28	29	30	1	2	3	4	5	6	7	8	9	10	11	12	13	14	15	16	17	18	19	20	21	22	23	
Avril	1	2	3	4	5	6	7	8	9	10	11	12	13	14	15	16	17	18	19	20	21	22	23	24	25	26	27	28	29	30		Août
Juillet	24	25	26	27	28	29	30	31	1	2	3	4	5	6	7	8	9	10	11	12	13	14	15	16	17	18	19	20	21	22		
Mai	1	2	3	4	5	6	7	8	9	10	11	12	13	14	15	16	17	18	19	20	21	22	23	24	25	26	27	28	29	30	31	Septembre
Août	23	24	25	26	27	28	29	30	31	1	2	3	4	5	6	7	8	9	10	11	12	13	14	15	16	17	18	19	20	21	22	
Juin	1	2	3	4	5	6	7	8	9	10	11	12	13	14	15	16	17	18	19	20	21	22	23	24	25	26	27	28	29	30	31	Octobre
Septembre	23	24	25	26	27	28	29	30	1	2	3	4	5	6	7	8	9	10	11	12	13	14	15	16	17	18	19	20	21	22		
Juillet	1	2	3	4	5	6	7	8	9	10	11	12	13	14	15	16	17	18	19	20	21	22	23	24	25	26	27	28	29	30	31	Novembre
Octobre	23	24	25	26	27	28	29	30	31	1	2	3	4	5	6	7	8	9	10	11	12	13	14	15	16	17	18	19	20	21	22	
Août	1	2	3	4	5	6	7	8	9	10	11	12	13	14	15	16	17	18	19	20	21	22	23	24	25	26	27	28	29	30	31	Décembre
Novembre	23	24	25	26	27	28	29	30	1	2	3	4	5	6	7	8	9	10	11	12	13	14	15	16	17	18	19	20	21	22	23	
Septembre	1	2	3	4	5	6	7	8	9	10	11	12	13	14	15	16	17	18	19	20	21	22	23	24	25	26	27	28	29	30		Janvier
Décembre	24	25	26	27	28	29	30	31	1	2	3	4	5	6	7	8	9	10	11	12	13	14	15	16	17	18	19	20	21	22		
Octobre	1	2	3	4	5	6	7	8	9	10	11	12	13	14	15	16	17	18	19	20	21	22	23	24	25	26	27	28	29	30	31	Février
Janvier	23	24	25	26	27	28	29	30	31	1	2	3	4	5	6	7	8	9	10	11	12	13	14	15	16	17	18	19	20	21	22	
Novembre	1	2	3	4	5	6	7	8	9	10	11	12	13	14	15	16	17	18	19	20	21	22	23	24	25	26	27	28	29	30		Mars
Février	23	24	25	26	27	28	1	2	3	4	5	6	7	8	9	10	11	12	13	14	15	16	17	18	19	20	21	22	23	24		
Décembre	1	2	3	4	5	6	7	8	9	10	11	12	13	14	15	16	17	18	19	20	21	22	23	24	25	26	27	28	29	30	31	Avril
Mars	25	26	27	28	29	30	31	1	2	3	4	5	6	7	8	9	10	11	12	13	14	15	16	17	18	19	20	21	22	23	24	

ensemble, des porcelets tettent une autre femelle que leur mère. On peut, d'ailleurs, mettre cette circonstance à profit lorsqu'une truie ne fait qu'un petit nombre de porcelets et qu'une autre en a donné plus qu'elle n'en peut nourrir : on réunit les deux portées dans la même loge; les petits tettent alternativement les deux nourrices qui, de leur côté, ne font aucune différence entre ceux qui leur appartiennent et les autres.

Les mamelles de la truie ne secrètent pas également; les mamelles pectorales, les plus en avant par conséquent, donnent une plus grande quantité de lait et la fournissent, pendant la succion, plus généreusement que celles placées en arrière; les derniers mamelons sont, de tous, ceux qui secrètent le moins abondamment. L'éleveur aura donc soin que les porcelets les moins forts saisissent les mamelles antérieures : la prédilection du petit pour tel trayon aidant, le développement des sujets les moins gros sera plus rapide et la portée deviendra bientôt plus régulière.

S'il arrive qu'une truie mette bas plus de petits qu'elle n'a de mamelles — il peut d'ailleurs arriver que des mamelons soient taris — et qu'on n'ait pas d'autre nourrice disponible, on aura recours à *l'allaitement artificiel* pour quelques-uns des jeunes enlevés à leur mère. On les alimente au biberon avec du lait de vache très proprement recueilli. Cet élevage artificiel ne présente jamais de grandes difficultés; les jeunes se développent bien et la peine consentie est encore compensée par l'accroissement plus rapide de ceux laissés à la mère. Au Centre national d'expérimentation zootechnique des Vaulx-de-Cernay, nous avons suivi l'allaitement artificiel d'une truie Middle White qui, à sept mois, était devenue un très bel animal.

On remarque que l'intervalle normal entre les tétées est approximativement de deux heures pendant le jour et environ de quatre heures pendant la nuit. Lorsque plusieurs truies sont ensemble, il n'est pas rare qu'elles se disposent simultanément à la tétée à quelques minutes près; ceci est à remarquer particulièrement pendant la nuit; sans doute, le bruit fait par un petit qui tette éveille-t-il les autres qui s'empressent de suivre son exemple? Si, pour quelque raison que ce soit, l'intervalle entre les tétées se prolonge d'une façon appréciable au-delà du temps normal, la truie ainsi que les petits s'agitent, grognent et témoignent leur mécontentement de la manière la plus expressive.

Rations pour truies en gestation. — Les jeunes truies destinées à la reproduction doivent être soumises à un régime propre à assurer leur développement et leur facile fécondation dès qu'elles seront présentées au verrat. Ce régime comporte une alimentation mixte associée à la vie au grand air : consommation à la porcherie de petit-lait, légumes cuits, déchets de cuisine, etc., et séjour à la pâture durant plusieurs heures par jour, au moins pendant la saison qui va de mai à octobre. Les tréflières conviennent plus particulièrement dans ce but.

Les femelles en gestation peuvent également être soumises au même régime mixte; mais au lieu de les laisser vaguer librement dans les pâtures, et cela pour éviter les accidents, on les maintiendra séparées dans des enclos.

Entretenues à la porcherie, les truies portantes recevront une ration abondante de laquelle on exclura tous produits industriels et tous aliments plus ou moins avariés, capables d'engendrer des toxines déterminant l'avortement (V. ce paragraphe). Voici des modèles de rations, en régime d'hiver :

I

Pommes de terre	2 kg. 500
Carottes	0 kg. 500
Farine d'orge	0 kg. 500
Viande cuite	0 kg. 250
Eaux grasses	8 litres.

II

Pommes de terre	3 kilos.
Citrouille	1 —
Farine d'orge	1 kg. 500
Petit-lait	2 litres.
Eaux grasses	3 —

Des expériences furent faites en 1912 à la Station expérimentale de l'Iowa (Etats-Unis) pour rechercher *l'influence de l'alimentation de la truie sur le nombre et le poids des petits*. Trente-cinq jeunes truies de race Duroc-Jersey saillies par des mâles de même race furent réparties en sept groupes de cinq animaux chacun. Durant la gestation, le premier groupe reçut exclusivement du maïs; les groupes 2 et 3, du maïs et de la farine de viande dans des proportions différentes; le groupe 4, un mélange de maïs, d'avoine, de tourteau et de son; le groupe 5, du maïs, du trèfle haché et de la mélasse; le groupe 6, du trèfle non haché et du maïs; enfin le groupe 7, du maïs et de la luzerne. Le groupe 1 donna les petits les moins lourds et l'ensemble des résultats numériques fournis par toute l'expérience aboutit à cette conclusion que la quantité de matières azotées et de cendres contenues dans le maïs n'est pas suffisante pour la formation du corps des porcelets, et qu'il est nécessaire autant qu'avantageux économiquement de donner des aliments supplémentaires riches en matière minérale et en protéine. Les farineux et les tourteaux oléagineux de bonne qualité et de parfaite conservation entreront donc avec profit dans la ration des truies en gestation.

Quantité de lait produite par la truie. — Lorsqu'un éleveur se trouve dans la nécessité d'élever des porcelets avec du lait de vache, il ne sait généralement pas la quantité de celui-ci qu'il faut donner; cette ignorance oblige à des tâtonnements qui occasionnent le plus souvent un gaspillage du lait. Des recherches ont été effectuées dans le but de connaître la quantité de lait produite par la truie, et en vue de régler du mieux possible les conditions d'un allaitement artificiel. Cette quantité de lait varie considérablement et sous de multiples influences; il n'est cependant pas sans intérêt d'en déterminer, au moins approximativement, l'ordre de grandeur. En général cette détermination est établie sur les pesées des porcelets faites immédiatement avant et après chaque tétée.

On opère en pesant avec soin les petits avant et après chaque tétée, opération qui semble de prime abord des plus simples, mais qui, en réalité, exige la plus grande attention et la plus grande patience pour éviter les causes d'erreur. Assez facile au début, elle l'est beaucoup moins dans les dernières semaines, les porcelets étant plus vigoureux et moins maniables.

W. L. Carlyle, de la station expérimentale du Wisconsin, a publié (1) les résultats qu'il a obtenus, desquels nous extrayons les chiffres suivants :

« De la quatrième à la huitième semaine, la moyenne journalière donnée par chaque truie fut de 2 kg. 825

(1) Bulletin n° 104, déjà cité.

pour la première pesée et de 1 kg. 746 pour la seconde, soit une différence de 1 kg. 079 journellement ou une diminution de 38 % en quatre semaines.

« La quantité moyenne par jour et la quantité totale de lait donnée par des truies en 84 jours ont été de :

	MOYENNE	TOTALE
	—	—
Truie Berkshire......	2 k. 862	240 k. 270
— Poland-China ..	2 k. 204	194 k. 600
— Razorback	2 k. 345	196 k. 200
Moyenne	2 k. 467	210 k. 880

Gohren a constaté sur une truie Yorkshire pesant 126 kilogrammes, âgée de 5 ans, ayant mis bas 9 porcelets du poids total de 22 livres, une moyenne, par 24 heures, de 2 litres 3/4 de lait.

A la Station agricole expérimentale du Wisconsin, Henry et Woll ont relevé sur quatre truies une moyenne de 2 kg. 625 à 1 kg. 860 pendant une période de deux mois. Le maximum fut de 3 kg. 940 et le minimum de 0 kg. 545.

Ostertag et Zuntz ont déterminé qu'une truie du poids de 150 kilogrammes, ayant une portée de 10 petits, produit en 24 heures de 4 à 8 litres de lait, quantité plus élevée que celle résultant des recherches précédentes.

Dans un travail récent, le professeur Antonio Cugnini a publié les résultats suivants :

« La quantité de lait produite par une truie en 24 heures a oscillé entre un minimum de 2 kg. 950 avec une truie allaitant 8 petits et un maximum de 9 kg. 800 relevé sur une autre, mère de 10 porcelets.

D'autres femelles ont fourni :

7 kg. 300	avec	11	porcelets.
7 kg. 125	—	10	—
6 kg. 940	—	9	—

« La quantité moyenne de lait absorbée par un porcelet durant 24 heures a varié de 0,369 pour deux jours d'âge à 0,663; 0,683; 0,719; 0,771; 0,796 et 0,980 pour environ un mois d'âge et un poids individuel oscillant entre 6 et 8 kilogrammes (1). »

En tenant compte de la composition du lait de truie (plus riche en matière sèche que celui de vache) et de la quantité secrétée par une bonne truie élevant convenablement sa portée, on conclut facilement à la nécessité de fournir à cette femellle une alimentation abondante et riche, dont des exemples vont être fournis un peu plus loin.

Allaitement artificiel. — L'allaitement artificiel du porcelet avec du lait de vache détermine fréquemment de la diarrhée due à ce que ce lait se coagule en une masse compacte difficilement peptonisable. A. Cugnini conseille de le traiter par addition de « caséase » extraite du pancréas de veaux exclusivement soumis au régime lacté; on évite ainsi la diarrhée caractéristique consécutive à l'emploi du lait de vache. A défaut de caséase, ce dernier doit être employé avec addition d'un tiers de son poids d'eau et donné tiède; on diminue progressivement la quantité d'eau à mesure que les porcelets avancent en âge. La distribution de la quantité journalière aura lieu par petites fractions données fréquemment; cette règle est de toute importance dans la première période de l'allaitement artificiel.

L'emploi du biberon est à conseiller et les ustensiles doivent constamment être tenus dans le plus grand état de propreté.

---

(1) Prof. Antonio Cugnini : *Ricerche sulla secretione lattea della scrofa in rapporto all' allattamento artificiale dei maialini. Industria lattiera e zootechnica.* Perugia. 1923.)

Alimentation des truies nourrices. — Le régime alimentaire des truies nourrices a beaucoup d'influence sur leur production laitière et, par conséquent, sur le développement de leurs petits. Il faut leur donner des aliments de facile digestion suffisamment aqueux pour favoriser la lactation et, au total, suffisamment riches en éléments nutritifs; parmi ces derniers, on tiendra grandement compte de la teneur en protéine; le lait de truie est très riche en caséine (6,9 %); il faut donc que la ration contienne un taux assez élevé de matière azotée digestible. On donnera des choux, des betteraves, des carottes, des pommes de terre cuites, du petit-lait, des grains cuits, de la farine d'orge ou de seigle, ou tous autres aliments capables de fournir la protéine : viande cuite, déchets de boucherie, etc; les tourteaux oléagineux rendront des services dans ce sens, mais on veillera à ne distribuer que des tourteaux de bonne fabrication, de conservation récente et ne présentant aucune trace d'altération. L'emploi de bouillies tièdes favorisera la lactation, au cas où celle-ci tarderait à s'établir.

EXEMPLES DE RATIONS POUR TRUIES NOURRICES

Boussingault a conseillé la ration suivante pour une truie avec 5 petits, pendant les cinq premières semaines après la mise-bas :

Pommes de terre cuites............	11 kg. 250
Farine de seigle..................	1 kg. 225
Lait écrémé.......................	6 kilos.

Après la cinquième semaine, la truie recevait :

Pommes de terre cuites............	5 kg. 500
Farine de seigle..................	0 kg. 490
Lait écrémé.......................	3 kg. 050

Voici d'autres rations constituées de manière à y faire entrer une quantité variable d'herbe :

	I	II
Pommes de terre	4 kilos	1 kg. 500
Farine d'orge	1 —	1 kg. 500
Herbe	0 kg. 500	5 kilos
Eaux grasses	5 kilos	—
Viande cuite	—	0 kg. 500

III

Pommes de terre cuites	1 kg. 500
Son	1 kilo
Tourteau	0 kg. 500
Herbe (trèfle)	6 kilos
Petit-lait	2 —
Eaux grasses	3 —

IV

Herbe (ortie)	4 kilos
Farine d'orge	1 kg. 500
Pommes de terre	1 kg. 500
Eaux grasses	6 kilos

Sanson indique trois rations pour truies nourrices qui, bien que maintes fois reproduites, méritent toujours d'être citées :

I

Eaux grasses	6 litres
Farine d'orge	2 kilos
Pommes de terre cuites	4 —

II

Eaux grasses	6 litres
Maïs concassé	1 kilo
Carottes	3 —
Topinamb. cuits	4 —

III

Petit-lait	2 kilos
Eaux grasses	6 litres
Viande cuite	0 kg. 500
Pommes de terre cuites	4 kilos

16

On saura faire entrer, dans la préparation de la nourriture, une quantité d'eau plus forte qu'avec les porcs à l'engrais afin de favoriser, du même coup, la production laitière quantitative. Les produits industriels déterminent souvent, chez la truie, de la constipation et de l'auto-infection avec élimination, par la mamelle, de produits toxiques. Les jeunes en sont intoxiqués à leur tour. La diarrhée présente des conséquences tout à fait comparables : quand les mères sont atteintes de diarrhée, les petits sont rapidement troublés à leur tour; ils maigrissent, perdent l'appétit et meurent au bout de quelques jours.

Lors donc que l'on constate de la constipation chez les porcelets au cours de l'allaitement, il faut administrer des laxatifs à la mère en opérant avec ménagement : par exemple, on fera usage du sulfate de soude à la dose de 10 à 20 grammes par jour. En cas de diarrhée, on administrera à la truie 5 à 10 grammes de sous-nitrate de bismuth ou 10 à 30 grammes de phosphate de chaux.

Si la mère a beaucoup de petits et qu'elle ne puisse pas les nourrir suffisamment, on peut leur distribuer un peu de lait de vache, de préférence bouilli, en le coupant d'eau, comme il a été dit ci-dessus et en le donnant progressivement pour éviter la diarrhée : on commence par 1/8 de litre pour arriver à un litre. On emploiera dans le même but du lait écrémé en l'additionnant d'amidon saccharifié (malt).

En résumé, aux *truies nourrices*, on distribuera surtout des aliments de facile digestion et qui favorisent la lactation : betteraves, choux, carottes, pommes de terre cuites, auxquels on ajoute pour fournir la protéine nécessaire, de la farine d'orge, un tourteau de bonne qualité, du maïs, etc., le tout délayé dans du petit-lait ou du lait écrémé.

Le régime de la truie nourrice doit être organisé

avec beaucoup de régularité : distribution de la nourriture en deux repas principaux, le matin et le soir, à des heures toujours les mêmes ; addition, au cours de la journée, de quelques aliments complémentaires, tels que du vert, des betteraves, des carottes suivant la saison; sortie d'une heure environ, à titre d'exercice, sauf par temps mauvais ou très froid.

La litière de la loge où se tient la truie avec ses petits sera fréquemment renouvelée afin qu'elle ne soit jamais humide; il y a là une condition hygiénique des plus importantes.

La pratique du pansement ombilical au moment de la naissance (ligature du cordon, badigeonnage à la teinture d'iode ou à l'eau iodée) est à recommander pour prémunir les jeunes contre la mortalité engendrée par les maladies infectieuses d'origine ombilicale.

Sevrage. — Quinze jours après la mise-bas, la période la plus critique de l'élevage des porcelets est terminée; après la quatrième semaine, le lait de la mère commençant à diminuer sensiblement comme il vient d'être dit, ils cherchent à manger, et il convient de leur préparer une alimentation spéciale si l'on veut éviter les accidents (diarrhée, troubles digestifs) dus à un sevrage brusque et prématuré. On donne donc à la mère des aliments liquides tièdes, pommes de terre cuites écrasées, grains cuits écrasés, bouillies de farines additionnées d'une forte proportion de lait écrémé. Les petits s'accoutument à partager le repas de leur mère. On peut également préparer spécialement pour eux une bouillie analogue à la suivante :

Farine de manioc	200 grammes
Tourteau d'arachides	50 —

Le tout est délayé dans trois litres d'eau et mis à cuire pendant dix minutes. La distribution a lieu en trois repas, soit un litre environ par repas et par animal, dix minutes à un quart d'heure avant la tétée.

Au bout de quelques jours, on sépare les petits de la mère pendant plusieurs heures dans la journée.

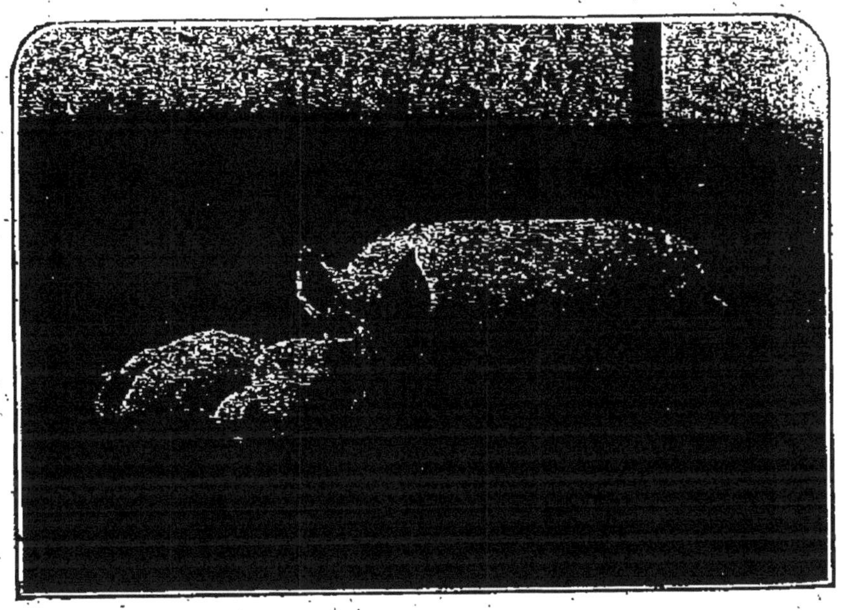

(*Photo Touranchet.*)

Fig. 66. — Truie Middle White.

Vers un mois et demi à deux mois, la ration est doublée (double des doses précédentes dans six litres d'eau). Cette préparation peut s'effectuer avec du lait écrémé ou du petit-lait. Quand on fait usage d'eau, il est utile d'ajouter une petite quantité de poudre d'os (15 - 20 grammes); cette addition n'est pas nécessaire avec les résidus de laiterie.

Les petits sont séparés de leur mère afin de ne plus

téter que deux fois par jour, puis une fois. A deux mois, en moyenne, le sevrage est terminé. S'il a été bien conduit, les jeunes n'ont pas de diarrhée; ils sont vigoureux et bien préparés pour la vente qui a généralement lieu à cette période de leur développement.

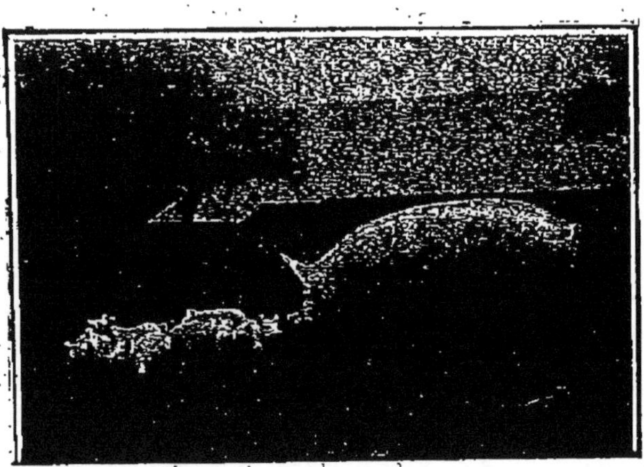

FIG. 67.

Truie Large White.

CHAPITRE II

Élevage des Porcs.

La période qui suit le sevrage et précède l'engraissement correspond à l'élevage proprement dit; elle peut se partager en deux phases, l'une durant laquelle les jeunes sont alimentés à la porcherie où ils ne prennent qu'un exercice limité; l'autre qui consiste dans un élevage à la pâture aboutissant à la production des *porcs coureurs* qui s'en iront ensuite à l'engraissement. Le résultat économique de cet élevage est entièrement subordonné à la croissance plus ou moins rapide des jeunes laquelle est à son tour régie par l'alimentation que ceux-ci reçoivent.

Croissance du porc. — Les expériences faites sur les races françaises, anglaises et métisses, rapportées par G. Colin (*Traité de Physiologie*), montrent que l'accroissement quotidien va en augmentant de la naissance à cinq mois, où, devenu maximum, il varie de 0 kg. 492 à 0 kg. 654. Puis il diminue progressivement pour tomber à 0 kg. 150, 0 kg. 180 du treizième mois à la fin de la troisième année. C'est entre le cinquième et le sixième mois que la croissance est le plus active. Des tableaux dressés par Colin, il résulte que le porc acquiert le tiers de son poids adulte entre 5 et 6 mois et la moitié de celui-ci entre 8 et 10 mois.

Dans le tableau publié par Monvoisin (*Le Lait,*

2e édition, 1922) indiquant en fonction de la composition du lait de la mère, le temps que met le petit à doubler son poids à la naissance, on trouve pour le porcelet 14 jours (contre 47 jours pour le veau, 60 jours pour le poulain, 15 pour l'agneau, 9 pour le chien).

Voici, d'après HENRY, l'accroissement quotidien observé pendant les dix premières semaines sur des porcelets d'un poids moyen de 1 kg. 132 à la naissance :

Semaines	Accroissement quotidien
1	123 grammes
2	168 —
3	181 —
4	174 —
5	200 —
6	194 —
7	258 —
8	336 —
9	343 —
10	349 —

Les chiffres indiqués par CREVAT pour l'accroissement type du porc d'élevage concordent avec les précédents. :

Age	Poids	Accroissement quotidien
2 mois	18 kilos	0 kg. 350
4 —	39 —	
6 —	63 —	0 kg. 400
8 —	90 —	0 kg. 430

Ensuite l'accroissement irait en diminuant; c'est, pourquoi, fait remarquer Crevat, il convient à cet âge, soit de commencer l'engraissement, soit de livrer les sujets à la reproduction.

L'accroissement quotidien du poids vif est dû à la formation de chair et de graisse; OSTERTAG et ZUNTZ ont montré que c'est seulement pendant le tout premier âge que la fixation de chair l'emporte. Lorsque le porcelet pèse un peu plus de 2 kilogrammes la fixation de graisse est les deux tiers de celle de la chair; au poids de 5 kilogrammes, soit vers l'âge de 4 semaines, les deux éléments entrent dans l'accroissement en proportions analogues et, au poids de 6 kilogrammes, la fixation de chair n'est plus guère que le tiers de celle de la graisse.

On ne peut enfermer dans une formule unique la loi de l'accroissement de l'espèce porcine; celle-ci est extrêmement malléable; nous avons fait remarquer, avec l'étude des variations du poids, à quelle amplitude ces dernières sont soumises; la précocité plus ou moins avancée est un facteur important dont l'action est bien connue. Cependant on peut dire que c'est environ vers 5 à 6 mois que, d'une manière générale, l'accroissement du porc atteint son maximum et diminue ensuite. Il serait utile de déterminer pour chaque race quel est l'âge optimum correspondant à cet accroissement maximum et suivant quel processus se déroule la croissance; on en déduirait ainsi, avec exactitude, le moment convenable auquel doit commencer l'engraissement.

Élevage des Porcs destinés à la reproduction. — Une première sélection de nos porcelets vient de nous mettre en possession de sujets — mâles ou femelles — destinés à la reproduction. Ont été choisis ceux qui ont la meilleure conformation, le corps long, le dos bien droit, le garrot épais, l'arrière-main large, l'encolure courte, ceux qui sont en outre de belle venue avec toutes les apparences d'une santé excellente. Si nous désirons un verrat, nous choisirons deux jeunes mâles dont nous suivrons le développement de manière à arrêter définitivement notre choix sur le meilleur et à pallier à l'inconvénient toujours possible d'un accident ou d'une mort prématurée. Tous seront ensuite fortement nourris afin de hâter leur croissance, de leur assurer une bonne constitution et de pouvoir les employer au plus tôt. La vie au grand air, dans la période qui suit le sevrage, ne leur sera que favorable, car l'exercice aide à la croissance et au bon fonctionnement des organes; on s'assurera que des aliments complémentaires leur sont donnés en quantité suffisante pour qu'ils ne consomment pas trop de fourrages grossiers et volumineux.

Élevage des porcs destinés à l'engraissement. — Lorsque le sevrage est terminé ou si l'on achète à ce moment des jeunes nés au dehors en portant son choix sur des sujets bien conformés et exempts de diarrhée, leur élevage se poursuivra,en général, sans de grandes difficultés.

Dans le moment où les petits viennent de quitter leur mère, on ne cessera que graduellement le régime qu'ils ont suivi lors du sevrage et qui comporte du lait écrémé, du thé de foin, des farineux délayés dans l'eau, etc.; on arrivera à leur fournir une nourriture nécessairement abondante mais moins choisie, donc plus économique.

La meilleure pratique consiste dans la préparation des *porcs coureurs*, encore appelés *nourrains*, chez lesquels la base de l'élevage est le régime à l'extérieur. Cette opération est lucrative et est pratiquée avec succès dans maintes régions ou elle constitue, entre les mains de praticiens spécialisés, une étape indispensable entre l'élevage proprement dit et l'engraissement. Elle consiste à acheter le porcelet au sevrage, à l'âge de deux mois environ lorsqu'il pèse 15-20 kilogrammes et à l'amener à l'âge de cinq mois à un poids moyen de 45 kilogrammes. Le porc est simplement

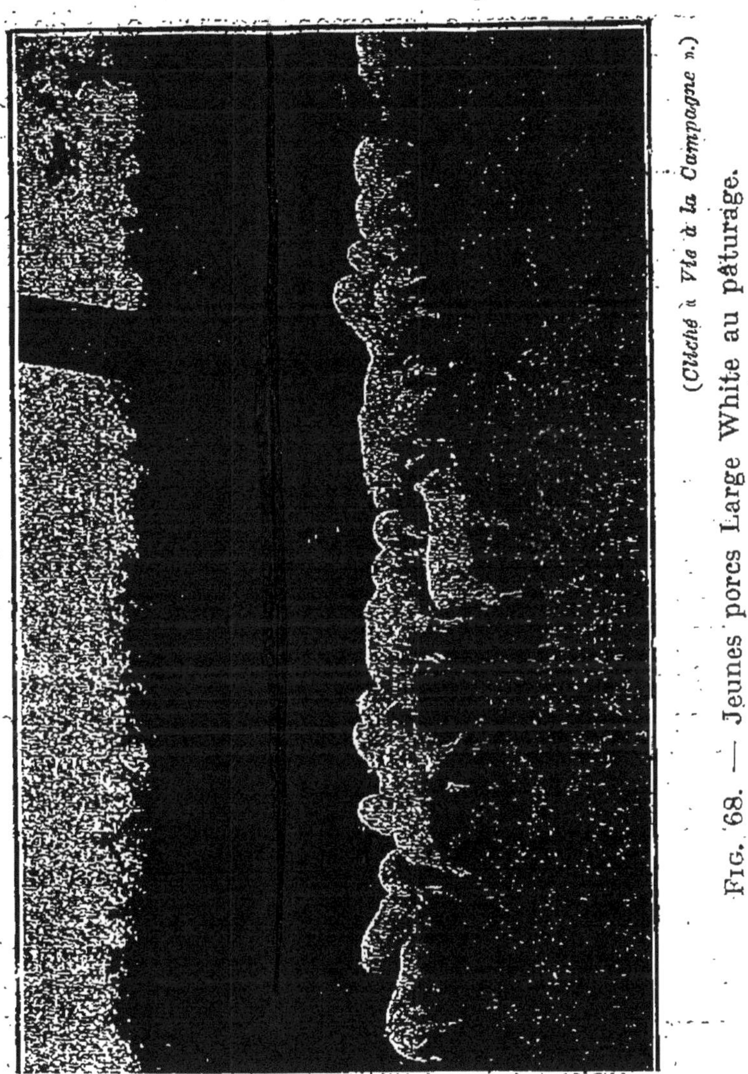

(Cliché « Vie à la Campagne ».)

Fig. 68. — Jeunes porcs Large White au pâturage.

« en chair »; mais il a acquis durant cette période une santé, une vigueur et un appetit qui assureront son engraissement facile du cinquième au huitième

mois jusqu'au poids vif de 90 à 100 kilogrammes.
La méthode suivante est adoptée par M. A. La-

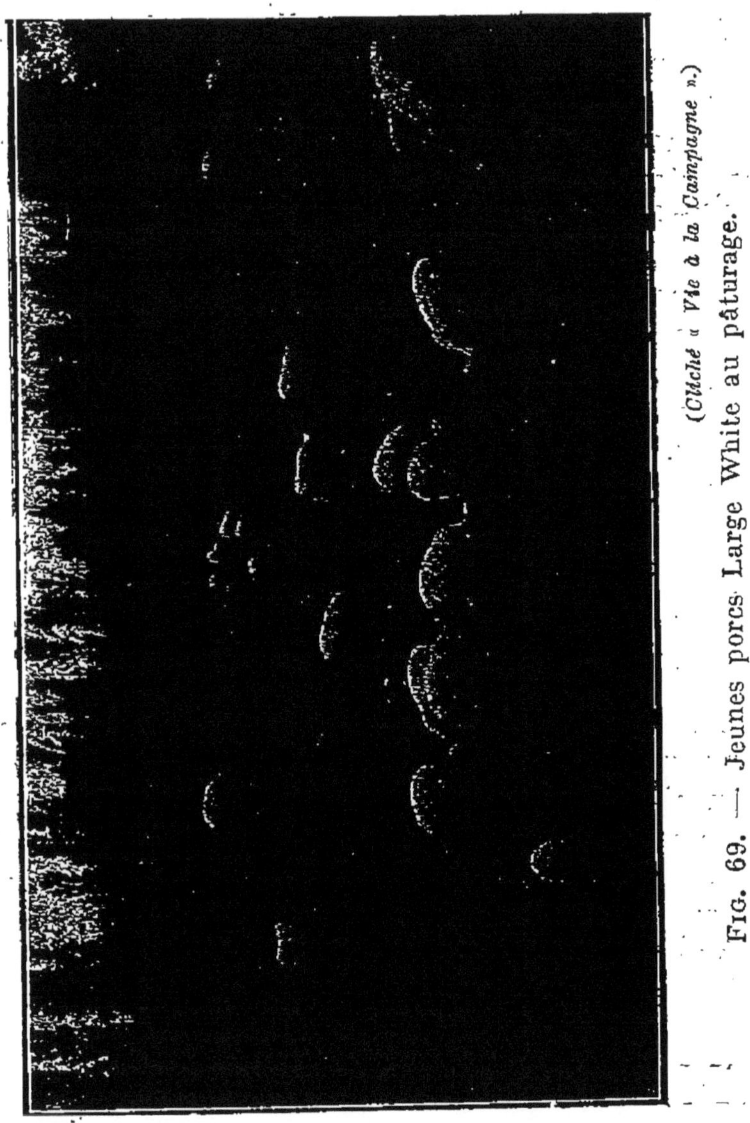

FIG. 69. — Jeunes porcs Large White au pâturage.
(Cliché « Vie à la Campagne ».)

voinne dans son important élevage de la grande race blanche anglaise au Bosc aux Moines (Seine-Inférieure).

Au bout d'un court délai de 8 à 10 jours dans lequel les porcelets sevrés restent à la porcherie, on sort le lot entier (50 coureurs) dans une petite cour pavée où sont disposés des râteliers garnis de verdure. Après un séjour de quelques heures dans cette petite cour, les animaux rentrent au hasard dans les loges où la nourriture a été préparée; au bout de 5 à 6 jours, les bêtes qui proviennent de portées différentes sont habituées à vivre ensemble et ne se battent pas. Après 20 à 25 jours, un mois au plus, le lot est mis au pâturage après un repas substantiel et rentré le so r dans un compartiment unique où un second repas est préparé.

La nature des aliments varie suivant les situations : glands, faînes, châtaignes, sous-produits de distillerie ou de féculerie, viande d'équarrissage, déchets d'abattoirs, son, tourteaux d'arachides, petit-lait, farineux, racines cuites ou broyées, etc. La quantité, calculée en farine d'orge, varie de 1 à 2 kilos par jour suivant la nourriture que le coureur aura trouvée au pâturage.

On obtient ainsi des porcs rustiques, accoutumés à rester dehors par tous les temps et à se contenter pour abri d'une simple cabane en planches ou même seulement d'un bosquet ou d'un rideau d'arbres; ils sont bien portants et voraces, qualité qui va, dans les semaines suivantes, assurer la bonne marche et le succès de leur engraissement.

L'élevage économiquement avantageux est celui qui fait consommer des produits dont on ne saurait tirer parti autrement. Si l'on ne peut envoyer les jeunes au pâturage, on leur donnera, en été, de la luzerne, du trèfle, en hiver des betteraves ou des topinambours. Les résidus industriels rendront aussi des services; les tourteaux (arachide, palmiste) peuvent être mis en consommation lorsque les gorets atteignent le poids moyen de 20 kilos et jusqu'au moment où leur engraissement est terminé. Cet emploi comporte l'addition de poudre d'os lorsque les jeunes ne consomment ni lait écrémé ni résidu analogue; avec l'usage d'une petite quantité de lait écrémé (6 litres en moyenne par jour) l'addition de poudre d'os n'est pas nécessaire et la dose de tourteaux peut être un peu diminuée. (Des exemples seront donnés au chapitre de l'engraissement.)

Élevage du porc sans produits laitiers. — Dans la très grande majorité des exploitations qui se livrent à la production du porc jeune vendu ensuite aux engraisseurs ou conservé sur place jusqu'au moment de l'abatage, les dérivés de l'industrie laitière, le lait écrémé en première ligne, jouent un rôle important; beaucoup de personnes, enfin, ne conçoivent pas cette production en dehors de l'utilisation de produits laitiers. On peut cependant élever des porcs dans des fermes ou des établissements spéciaux, où il n'y a que peu ou point d'industrie laitière. Cette question a été spécialement étudiée au Canada où des pratiques rationnelles ont été mises au point dans ce but (1). Nous en avons également de nombreux exemples en France.

L'élevage sans produits laitiers est avantageux lorsque l'on se sert de racines en hiver et de plantes fourragères en été et pour les fermes où l'on récolte des grains. Il faut, toutefois, des soins spéciaux pour tenir les porcelets en bon état pendant les quelques semaines qui suivent le sevrage. Aussi convient-il que le sevrage soit retardé autant que possible et n'ait pas lieu avant l'âge de huit semaines. Au Canada,

---

(1) *L'Élevage des Porcs au Canada* (*Ministère fédéral de l'Agriculture*, 1914).

les éleveurs qui pratiquent la spéculation que nous étudions, particulièrement dans les provinces de l'Ouest, ont pour habitude d'élever trois portées tous les deux ans, c'est-à-dire une portée tous les huit mois. Il s'écoule ainsi un espace de temps suffisant entre les portées pour permettre aux porcelets de suivre leur mère jusqu'à l'âge de dix semaines ou de trois mois. Ils sont alors moins exposés à subir un retard dans leur croissance lorsqu'ils sont sevrés et les truies ont le temps de reprendre leur vigueur avant une nouvelle gestation. Voici quelques exemples concrets, empruntés à la publication ci-dessus mentionnée :

. . . .

« Le cultivateur nº 1 a des portées qui viennent au monde en septembre ou en mars et qu'il sèvre à l'âge de six ou sept semaines. Les porcelets qui viennent d'être sevrés reçoivent, pendant deux ou trois semaines, une petite ration de lait; mais comme le lait de la ferme se vend en ville, il n'en reste plus pour les porcs après que ceux-ci ont commencé à se développer. Leur ration comprend — outre le peu de lait donné à part — de l'avoine finement moulue et du petit son. Au sevrage, on garde les truies dans l'étable et on laisse les porcelets dehors. Ceux nés au printemps courent continuellement sur un pâturage de luzerne jusqu'à ce qu'ils pèsent environ 175 livres par tête (environ 80 kilos). La ration de finissage se compose de maïs en grain et de petit son donné sec. — Les portées d'automne restent sur le pâturage jusqu'à l'hiver et l'on remplace alors le pâturage par des betteraves fourragères que l'on cultive en assez grande quantité pour en nourrir les porcs jusqu'à ce que la saison de l'herbe recommence. Les truies qui n'allaitent pas ne reçoivent guère pendant l'hiver que du foin de luzerne et des racines.

« Chez le cultivateur nº 2, les mises-bas ont lieu en mars et en septembre et les porcelets sont sevrés à l'âge d'environ huit semaines. Les porcelets du printemps sortent avec leurs mères dès que les pâturages sont prêts. Pendant le premier mois qui suit le sevrage, ils reçoivent du son mélangé avec de l'eau, puis un peu d'avoine concassée et, de temps en temps, un épi de maïs. On augmente la ration de grain d'une semaine à l'autre, et on finit les porcs à l'âge d'environ huit mois.

« L'élevage et l'engraissement des portées d'automne sont très économiques au point de vue de la main-d'œuvre : on laisse les porcs courir dans un parc contigu à leur loge et on leur donne du maïs en tiges et du foin de luzerne, plus un repas de betteraves fourragères par jour. On continue ce régime jusqu'à la saison du pâturage, puis on met les porcs dehors et on finit de les engraisser avec du maïs en épis et un mélange finement moulu de blé et d'orge en parties égales. L'opération est terminée vers l'âge de neuf à dix mois. Les animaux sont garantis, dans les parcs et les pâturages, en été et en hiver, par des cabanes mobiles.

« Dans d'autres fermes, les porcelets sevrés sont mis sur un pâturage d'herbe où ils reçoivent une pâtée faite de grains concassés et de fèves bouillies. On leur donne ensuite en supplément du maïs jusqu'à ce qu'ils soient à point. La luzerne est considérée, au Canada, comme une excellente nourriture pour le porc auquel elle semble mieux convenir encore que le trèfle rouge. »

L'élevage sans produits laitiers peut être pratiqué, en régime intensif, par la consommation de tourteaux oléagineux. MM. A. Gouin et Andouard ont recommandé spécialement cette méthode dont ils ont fait connaître les résultats dans plusieurs communications à l'Académie d'Agriculture en 1919. Ils ont fait ressortir les avantages économiques liés à l'emploi des tourteaux d'arachides et de palmiste; leur argumentation sera présentée avec chiffres à l'appui, au chapitre de l'engraissement.

Besoins minéraux de l'élevage intensif du Porc. — Nous reproduirons seulement ici ce qui concerne, d'après ces mêmes auteurs, les besoins minéraux de l'élevage intensif du porc alimenté avec des tourteaux (1).

Par kilogramme, le tourteau d'arachides renferme 13 grammes d'acide phosphorique et 1,6 de chaux; celui de palmiste, 11 grammes du premier contre 3 grammes de chaux. Le porc qui, aux environs de 25 kilogrammes consomme une ration composée de 500 grammes de tourteau d'arachides et de la même quantité de palmiste n'absorbe que 12 grammes d'acide phosphorique et moins de 2 gr. 5 de chaux. Il est loin d'en digérer la totalité; au cas où la quantité d'acide phosphorique serait suffisante, il manquerait toujours la chaux nécessaire pour s'y combiner et former le phosphate de chaux réclamé par l'ossature. Essayer de faire de l'élevage intensif et négliger de tenir compte des besoins minéraux de la croissance, c'est aller au devant d'un échec. Gouin et Andouard conseillent la poudre d'os ou la farine d'os dégélatinés. Ces deux produits sont peu coûteux et donnent tous résultats satisfaisants à la dose de 10-15 grammes par jour.

Avec ce correctif, l'élevage intensif du porc est possible et facile en l'absence de lait. La différence de développement est peu sensible, puisque chez M. Gouin, en moyenne, la période de 20 à 50 kilogrammes a été franchie en 46 jours par les animaux qui recevaient du lait, en 50 jours par les autres.

Des conclusions analogues ont été obtenues aux

---

(1) André Gouin et P. Andouard, *Élevage intensif, Veaux et Porcs* (*Librairie agricole,* Paris, 1920).

États-Unis au sujet de la recherche d'*aliments minéraux pour les porcs* (1).

L'alimentation forcée d'animaux précoces exige un pourcentage plus élevé d'aliments minéraux que l'alimentation destinée à une production moins intensive. MORGAN a constaté que le meilleur moyen d'administrer les aliments minéraux est de les placer dans des auges automatiques en tenant séparés les divers éléments (charbon de bois, calcaire finement moulu, sel gemme); il assure qu'en les mélangeant les résultats ne sont pas aussi satisfaisants qu'en laissant aux animaux le soin de les consommer suivant leurs exigences.

Le calcaire finement moulu est le meilleur moyen d'administrer la chaux aux porcs; à son défaut, on peut employer la chaux effleurie à l'air : dans ce cas, on recommande de la mélanger avec du charbon de bois blanc en parties égales et de la distribuer à part sans la mêler à la pâtée. On emploiera avec avantage le phosphate minéral moulu ou la poudre d'os. Ces deux derniers sont supérieurs à la chaux ou au calcaire pulvérisé en cas de déficit minéral. Toutefois, lorsque les animaux reçoivent des résidus de boucherie ou de la farine de viande, ou un régime mixte dans lequel entre le pâturage, ils n'ont pas besoin d'aliments minéraux complémentaires. Ceux-ci sont spécialement nécessaires pour les porcs nourris avec le maïs en grains.

Lorsque l'on n'a pas la possibilité de distribuer les aliments minéraux dans des auges automatiques, on prépare un mélange, par exemple :

(1) *Aliments minéraux pour porcs,* par H. T. MORGAN, dans *The Country Gentleman,* juillet 1915, analysé dans le *Bulletin mensuel de l'Institut international de Rome,* octobre 1915.

Cendres de bois....................	5 kilos
Sel..........................	1 kg. 500
Charbon	1 kilo
Os moulus......................	1 —
Sulfate de fer	0 k. 500
Chaux effleurie à l'air.............	2 kilos

ou bien (au lieu de chaux) :

Calcaire en poudre................	4 —

dont on administre une poignée par tête deux fois par semaine en l'ajoutant à un barbotage épais.

La chaux exerce une influence très nette sur l'accroissement des os et la croissance générale; la comparaison des résultats obtenus avec une alimentation pauvre en chaux et une autre riche en cet élément ne laisse aucun doute à cet égard. WEISER STEPHAN (1) a constaté expérimentalement sur deux groupes de 3 jeunes porcs suivis pendant 8 mois et demi, qu'une alimentation pauvre en chaux diminuait le développement, les animaux ainsi nourris ayant eu, dès les premiers temps, une augmentation de poids inférieure de 20 % à celle des animaux recevant une nourriture riche en chaux. Le manque de chaux prolongé diminua toujours l'appétit et, par suite, l'augmentation de poids vif. Les animaux pauvres en chaux avaient des os plus minces, déformés, plus faciles à couper que ceux des animaux témoins. Ces os contenaient beaucoup moins de matières minérales que les os riches. Il n'y eut cependant pas de différence marquée entre les deux

(1) WEISER STEPHAN, *Contribution à la connaissance de l'influence d'une alimentation pauvre en chaux sur la composition des os en voie d'accroissement* (*Biochemische Zeitschrift*, juillet 1914) (Analysé dans le *Bulletin mensuel des Renseignements de l'Institut de Rome*, octobre 1914).

groupes quant au développement et au poids du squelette. Les os pauvres en chaux avaient une teneur en eau beaucoup plus haute que les autres; leur teneur en matière grasse était presque égale; celle en chaux était plus faible; une différence de même sens, mais moindre, fut constatée sur la teneur en acide phosphorique. La différence la plus marquée consistait dans la grande quantité d'alcalis (soude et potasse) constatée chez les animaux nourris avec une ration pauvre en chaux.

La conclusion pratique qui découle des multiples observations et expériences dont nous avons rapporté les éléments essentiels, se résume dans la nécessité de l'alimentation minérale du porc et de l'addition de matières minérales, spécialement de poudre d'os, à toute ration déficitaire en ces éléments. Non seulement la croissance des porcs en est régularisée, mais leur santé est sauvegardée contre l'apparition de maladies causées par la déficience minérale, maladies dont celle connue sous le nom de « maladie de la crasse » fait le mieux ressortir l'importance de cette minéralisation complémentaire.

En année de sécheresse, ou plutôt dans la période suivante au cours de laquelle les porcs (pour ne parler que de cette espèce) ont consommé des aliments végétaux qui, du fait même de cette sécheresse, sont appauvris en matières minérales, les animaux sont atteints de lésions du système osseux et de troubles généraux — maigreur, peau sale, garnie de croûtes noirâtres, etc. — qui cèdent devant l'adjonction de poudre d'os ou d'aliments fortement minéralisés.

Il y a évidemment lieu, même en période normale, d'éviter les conséquences de cette forme spéciale de carence alimentaire à laquelle le porc se montre très sensible.

Étapes de l'Élevage porcin. — La division de l'élevage, conforme, dans ses grandes lignes, aux principes généraux de la division du travail, est un fait bien connu chez les diverses espèces domestiques. Elle semble plus marquée chez le porc que chez d'autres (ovins, bovins) et permet de relever parmi les plus généralement adoptées, les étapes suivantes :

1° La production des jeunes et leur conservation à la porcherie jusqu'au sevrage;

2° La vente après sevrage, entre 7 et 9 semaines, des porcelets « de cage »;

3° L'élevage proprement dit, allant de 2 à 5 mois environ; cette période est celle des « porcs coureurs », élevés en liberté, à la pâture avec un supplément de laitage, de grains, de racines;

4° La vente au marché vers l'âge de 5 mois en vue de l'achat par les engraisseurs;

5° L'engraissement sous ses diverses formes, aboutissant à la vente vers 8 à 12 mois pour l'abatage, avec un poids de 90 à 120 kilogrammes ou, plus tard, dans d'autres conditions, vers 18 mois.

CHAPITRE III

Age du Porc.

L'âge du porc est étudié avec détails dans les ouvrages spéciaux (1); il nous a toutefois semblé utile de consacrer un court chapitre à l'indication des caractères principaux à l'aide desquels on peut le déterminer.

Dentition du porc. — Le porc possède, comme nos autres animaux domestiques, deux dentitions successives, dentition de lait et dentition d'adulte, la première composée de dents caduques, la seconde de dents permanentes.

On sait que la formule dentaire fait mention du nombre de dents de chaque catégorie (incisives, canines, molaires) qui existent d'un seul côté de la mâchoire, inscrivant en haut celles de la mâchoire supérieure et en bas celle de la mâchoire inférieure. Cette convention, appliquée aux deux dentitions du porc donne :

Dentition de lait : $i\frac{3}{3}\ c\frac{1}{1}\ m\frac{4}{4} = 32$ dents.

Dentition d'adulte : $i\frac{3}{3}\ c\frac{1}{1}\ m\frac{7}{7} = 44$ dents.

---

(1) Cornevin et Lesbre, *Traité de l'Age des animaux domestiques*.

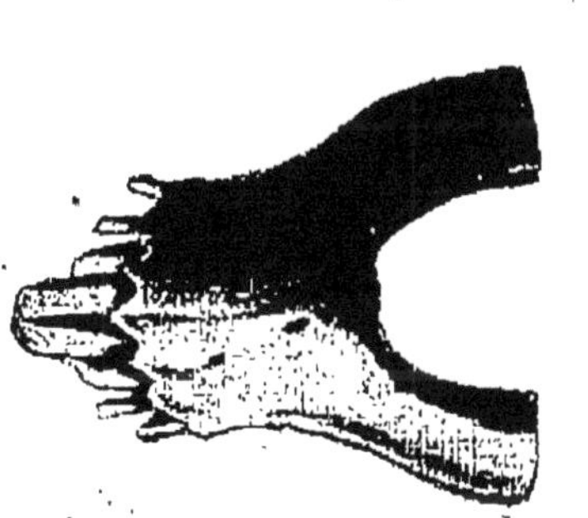

Fig. 70.
Mâchoire inférieure
du porc à 3 mois.

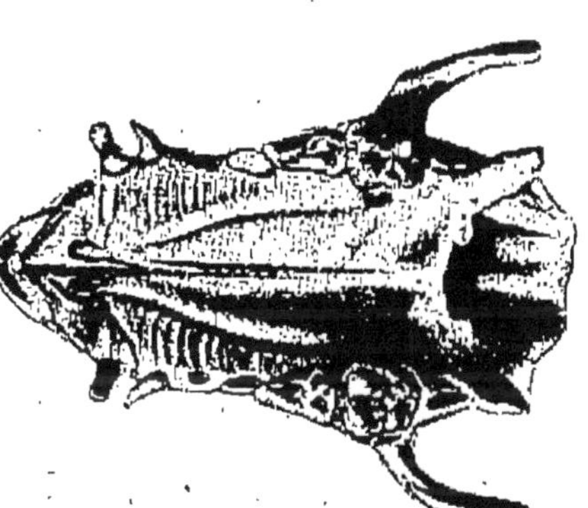

Fig. 71.
Mâchoire supérieure
à 7 mois.

(*Clichés de l'Album « Guide Aureggio ».*)

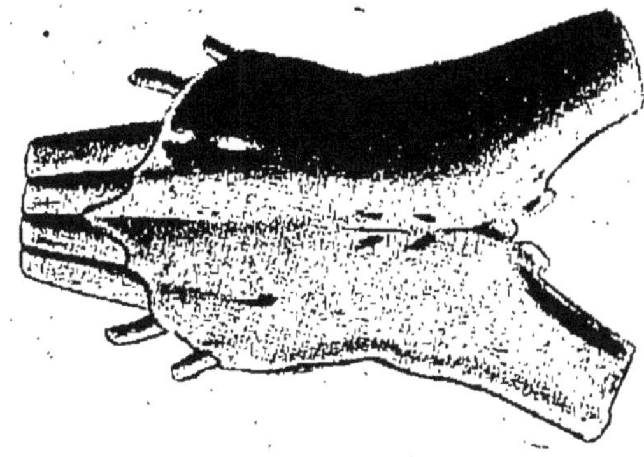

Fig. 72.
Mâchoire inférieure
à 3 mois.

Les molaires comprennent, en haut et en bas, 4 prémolaires et 3 arrière-molaires.

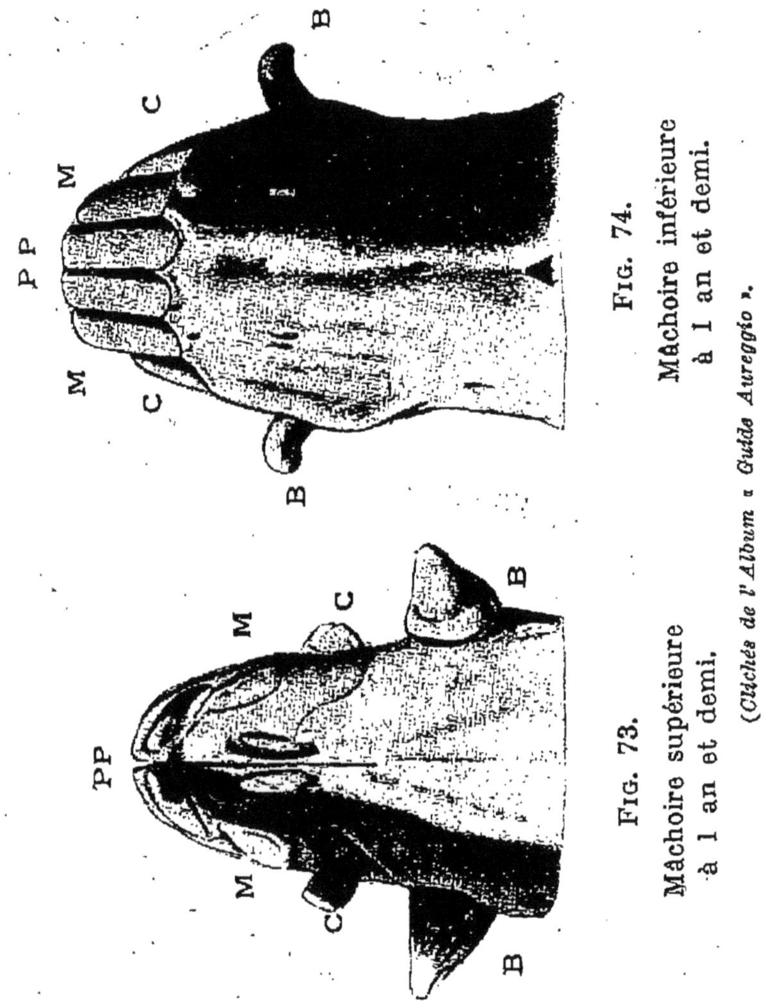

Fig. 73. Mâchoire supérieure à 1 an et demi.

Fig. 74. Mâchoire inférieure à 1 an et demi.

(Clichés de l'Album « Guide Aureggio ».)

Caractères de la dentition. — Il y a trois sortes de dents à chaque mâchoire chez tous les suidés. *Les canines* (B. B. fig. 71 et 72), connues sous le nom de crocs ou boutoirs, sont des dents volumineuses, recourbées, moins développées chez les femelles que chez les mâles, sortant de la bouche de ces derniers comme les défenses du sanglier. Lorsque les verrats ont été châtrés jeunes, leurs crocs se réduisent et s'identifient (fig. 71) à ceux de la truie. Les crocs supérieurs (fig. 73) ne s'allongent pas autant que les inférieurs qui peuvent atteindre 20 et 25 centimètres en se recourbant en arrière, les supérieurs sont triangulaires. *Les incisives supérieures* (fig. 73) sont d'un type spécial; *les pinces* PP, et *les mitoyennes*MM (fig. 73) sont courtes, larges, aplaties d'avant en arrière et creusées d'un très petit cornet dentaire, elles sont convergentes par leur extrémité libre qui est coupée obliquement; il existe un espace triangulaire entre les incisives; les *coins* sont petits, aplatis latéralement et échancrés à leur extrémité C (fig. 73) Les coins de lait sont très grêles, styloïdes, noirs à leur extrémité; on dirait des canines. *Les incisives inférieures* sont comme des chevilles implantées horizontalement à l'extrémité du maxillaire inférieur (fig. 74). Les pinces PP, et les mitoyennes MM, sont étroitement serrées et de même forme; les coins CC (fig. 74) sont beaucoup plus petits. Le porc adulte a 44 dents divisées en 12 incisives, 4 canines et 28 molaires.

Signes de l'âge. — Les signes de l'âge sont fournis par l'éruption puis l'usure des dents de lait, leur chute et leur remplacement par les dents permanentes enfin par l'usure de celles-ci. Les incisives sont à peu près les seules consultées; cependant les canines fournissent des renseignements complémentaires utiles, ainsi que le moment d'apparition de quelques molaires.

L'examen de la dentition du porc est toujours malaisé; l'animal doit être solidement maintenu par un aide; il est nécessaire de lui ouvrir la bouche avec un bâton lisse introduit entre les mâchoires. L'opérateur procédera aussi rapidement que possible sans se laisser impressionner par les cris que le patient ne manque pas de pousser.

Les renseignements que nous donnons ci-dessous, d'après Cornevin et Lesbre, s'arrêtent à la troisième année. Après cet âge, en effet, ils n'ont plus guère d'intérêt pratique et manquent de certitude.

I. — Éruption des dents de lait.

Naissance. — Canines et Coins.

8 *jours.* — Apparition de la 3e molaire supérieure et de la 4e molaire inférieure.

20 *jours* (environ). — Apparition des pinces et de la 2e molaire inférieure.

25-30 *jours.* — Sortie des pinces et de la 4e molaire supérieure.

35-40 *jours.* — Éruption de la 2e molaire supérieure.

50 *jours.* — Apparition des mitoyennes inférieures.

65 *jours.* — Apparition des mitoyennes supérieures.

3 *mois.* — Éruption complète des incisives; mais ces dents sont encores intactes.

4-5 *mois.* — Mitoyennes presque intactes; pinces, coins et canines nettement usés. Coins et canines noirâtres.

5 *mois.* — Éruption de la 1re arrière-molaire.

5-6 *mois.* — Éruption de la 1re prémolaire ou surdent.

II. — Remplacement des dents.

6-7 *mois.* — Coins et Canines déchaussés et vacillants.

7 *mois* (en moyenne). — *Chute des coins inférieurs*, (quelquefois révolue à 7 mois).

8-9 *mois.* — *Chute des coins supérieurs* et des canines.

10-11 *mois.* — Éruption de la seconde arrière-molaire. Les crochets apparaissent chez le mâle.

12 *mois.* — *Chute des pinces.* Les crocs sont longs, en moyenne, d'un centimètre.

13-14 *mois.* — Les pinces d'adulte sont arrivées au niveau des autres dents. Éruption des 3e et 4e prémolaires. Crochets supérieurs longs d'un centimètre et commençant à diverger des lèvres; les inférieurs un peu plus longs.

15 *mois.* — Mitoyennes de lait très usées, jaunâtres, contrastant avec les pinces encore fraîches et intactes. Eruption de la 2e prémolaire. Crochets longs de 1 cm. 1/2 à 2 centimètres.

18 *mois.* — *Chute des mitoyennes.* Apparition de la dernière molaire; pinces inférieures un peu usées.

20 *mois.* — Les mitoyennes de remplacement arrivent à l'alignement des autres dents.

22 *mois.* — Chute des surdents (non constante). Crochets supérieurs : 1 cm. 1/2 à 2 centimètres; inférieurs, 2 cm. 1/2.

2 *ans.* — Egalisation des mitoyennes inférieures; nivellement des pinces par perte de leur biseau cannelé. Crochets usés.

3 *ans.* — Usure marquée des pinces. Crochets : 3 cm. 1/2 environ.

Après 3 ans. — *Signes peu certains.*

TABLEAU COMPARATIF ET RÉCAPITULATIF

(d'après CORNEVIN et LESBRE).

RACES	APPARITION DES							
	Coins		Pinces		Mitoyennes		Canines	
	de lait	d'adulte	de lait	d'adulte	de lait	d'adulte	de lait	d'adulte
		mois	semaines	mois	semaines	mois		mois
Cochons très rustiques..	Existent à la naissance chez tous les porcelets.	10-11	5	14, ½	11	20-21	Existent à la naissance chez tous les porcelets.	10-11
Ordinaires.		9 mois	4 sem.	12 m.	9 sem.	18 m.		9 mois
Précoces ..		7 ½-8	2 sem.	11 m.	6 à 7 s.	16 m.		8 mois

CHAPITRE IV

Engraissement du Porc.

I. — Choix des Porcs à engraisser.

L'engraissement du porc porte sur des individus appartenant à plusieurs catégories : des porcs castrés jeunes et soumis de bonne heure à la préparation, d'autres mis à cette dernière un peu plus tard parce qu'ils seront livrés à l'abatage à un âge un peu plus avancé, enfin d'anciens reproducteurs, truies et verrats, réformés après des services de durée variable. La viande fournie par cette dernière catégorie ne vaut jamais celle des deux premières, encore que la castration doive être pratiquée sur les mâles avant leur engraissement.

Le choix des porcelets est fait au moment du sevrage. Dans une même portée ou dans un groupe de porcelets du même âge, il convient d'établir deux lots : 1° ceux qui sont capables de servir à la reproduction; 2° ceux destinés à un engraissement ultérieur.

Ces derniers seront, à leur tour, répartis, s'il y a lieu, en deux catégories : *a*) ceux qui iront à la production du porc vendu à l'état frais, qui demande des sujets fins, précoces, de conformation bien régulière et qui sont abattus entre 6 et 8 mois.

b) Ceux convenant à l'obtention du gros porc qui

fournit du lard et des salaisons; leur engraissement ne commencera que vers 8 mois, à l'âge où les premiers sont déjà sacrifiés, et leur abatage aura lieu lorsqu'ils auront atteint 150 à 200 kilogrammes.

Quelle que soit la destination ultérieure du jeune, il y a indication absolue de ne choisir que des sujets en bonne santé. Celle-ci se dénote par la vivacité, la gaîté, l'appétit, la teinte rosée des muqueuses, le port de la queue en tire-bouchon, une démarche aisée, des urines pâles, des excréments ni durs ni mous.

La tristesse, l'abattement, la perte d'appétit, l'œil terne, la queue pendante, l'émission de grognements plaintifs sont les signes primaires d'un état maladif qui conduiront à écarter l'animal, sans préjuger des symptômes définis de telle ou telle maladie qui pourraient être reconnus. On n'achètera jamais sur un marché un porcelet atteint de diarrhée; il peut s'agir d'une diarrhée banale ou sans gravité consécutive à un sevrage hâtif ou mal pratiqué; mais on peut aussi se trouver en face d'un animal pris de diarrhée infectieuse qui contaminera la porcherie saine où on va l'installer ; dans le doute sur la nature exacte de la maladie, le mieux est de s'abstenir.

On donnera la préférence aux porcelets qui ont la peau propre, les soies brillantes et qui sont en bon état. Ceux qui ont la peau sale (maladie de la crasse) qui perdent leurs soies, ceux qui ont les articulations tuméfiées ainsi que ceux qui sont très maigres devront être laissés de côté.

L'examen de la conformation sera fait avec soin, en recherchant les beautés essentielles de la bête à viande, dénoncées par l'ampleur et la longueur du corps, la finesse du squelette, la précocité :

Brièveté de l'encolure, largeur du poitrail et des épaules, longueur et largeur du dos, ampleur de la croupe, épaisseur de la cuisse et de la fesse, membres courts, abdomen modérément développé, tels sont les points essentiels à rechercher. On éliminera les sujets à dos tranchant, à côtes plates, à croupe tombante, à cuisses et fesses minces, chez lesquels manquent de développement et de musculature les régions qui fournissent les morceaux les plus estimés. L'écartement des épaules au niveau du garrot est un caractère de conformation à rechercher non seulement en raison de sa qualité propre, mais parce qu'il entraîne, harmoniquement, une disposition analogue dans toute la ligne du dessus.

II. — Technique de l'engraissement.

La technique de l'engraissement du porc comporte un certain nombre de règles générales :

I. — L'approvisionnement des grands marchés de consommation et la nécessité d'utiliser au fur et à mesure de leur obtention les sous-produits de l'industrie laitière, obligent à pratiquer en maintes circonstances, l'engraissement des porcs toute l'année. Cependant, l'époque la plus convenable à cette opération est l'automne et le commencement de l'hiver. En cette période de l'année, en effet, les aliments sont abondants, les pommes de terre viennent d'être récoltées et la vente des animaux peut avoir lieu à un moment favorable aux salaisons ou à la forte consommation.

II. — La régularité des repas est une des conditions essentielles de la réussite. On peut remarquer que les porcs attendent avec une impatience manifeste l'heure où leur auge est de nouveau garnie. On évitera l'agitation inutile et les dépenses organiques qui en sont la conséquence en apportant les aliments à des heures déterminées, toujours les mêmes.

Le nombre des repas varie avec la nature du régime; il ne sera jamais très élevé, puisqu'il faut, le moins possible, déranger les animaux de la quiétude où ils se complaisent et qui favorise leur engraissement : trois ou quatre repas par jour avec un régime comprenant surtout des substances végétales; deux à trois seulement lorsque des matières animales entrent dans la ration.

La quantité à donner à chaque repas sera déterminée de manière que l'animal consomme tout ce qu'il reçoit. Les auges seront nettoyées tous les jours et débarrassées, s'il y a lieu, de ce qui aura été laissé par les bêtes, car ces reliefs fermentent vite et communiquent à tout ce que l'on verse dans l'auge une odeur qui déplaît aux animaux.

III. — La qualité des aliments employés et la préparation qu'on leur fait subir influent sur la qualité de la viande et de la graisse.

L'aliment fait la qualité de l'engraissement.

IV. — L'aménagement des porcheries a une influence notable sur les porcs qui y sont entretenus, comme le démontrent des expériences effectuées au Danemark :

Dans de vieux bâtiments, il a fallu distribuer journellement de 3,68 à 3,78 unités fourragères par animal pour obtenir une augmentation de poids de un kilogramme;

Dans des bâtiments plus modernes, plus chauds et plus propres, la consommation n'a été que de 3,46 à 3,50 unités fourragères pour un gain de même poids.

C'est donc une économie, pendant les périodes d'élevage et d'engraissement, qui peut s'élever à trois dixièmes d'unité fourragère (0,300) par tête et par jour, soit l'équivalent de 300 grammes d'orge.

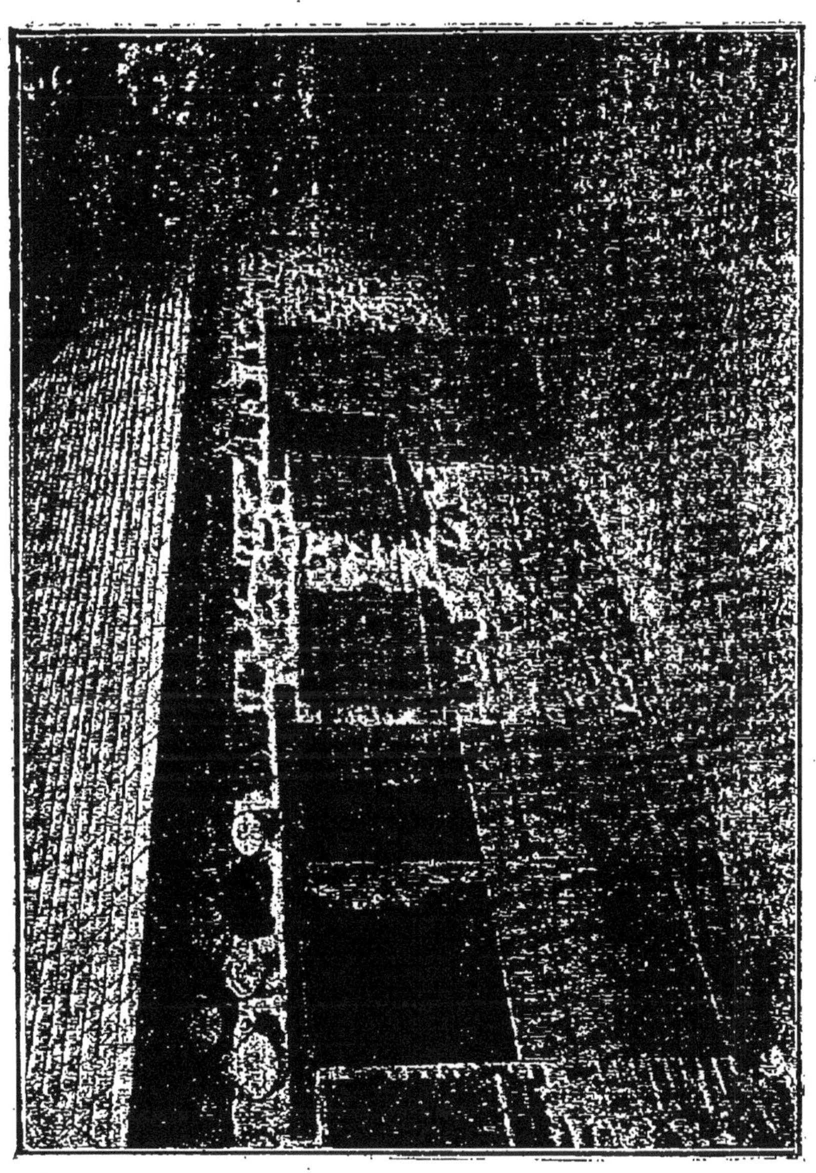

FIG. 75. — Porcherie. (Cliché Revue de Zootechnie.)

Même en se servant d'aliments de substitutions appropriés, on voit que l'économie alimentaire réalisée par la bonne hygiène du logement n'est pas négligeable.

V. — La nourriture sera variée afin de maintenir l'appétit, d'éviter la satiété et de fournir à l'organisme tous principes nécessaires. On aura soin de faire consommer au début les aliments les moins bons et de terminer le repas par les plus nutritifs et ceux qui sont le mieux appétés par les animaux.

Marche de l'augmentation de poids pendant l'engraissement. — L'accroissement du poids vif chez le porc jeune et soumis à l'engraissement est dû, comme chez tous les jeunes placés dans les mêmes conditions, à une augmentation du poids de la chair, des viscères, etc. liée à la croissance normale et à la formation de graisse. Il n'y a pas incompatibilité entre l'accroissement et l'engraissement; ce dernier est seulement fonction de la ration alimentaire. Et dans une espèce aussi spécialisée que l'espèce porcine pour la production de la viande et de la graisse, il est à peu près impossible de séparer les deux phénomènes, accroissement et engraissement; ce qui fait que, si l'on envisage, dans la pratique, simultanément l'un et l'autre, ce n'est plus, comme cela a été présenté précédemment (V. Croissance) à l'âge de cinq mois que l'accroissement du poids est maximum; sa limite supérieure se trouve reportée beaucoup plus loin, en même temps que les chiffres d'augmentation quotidienne globale se trouvent plus élevés.

L'augmentation absolue se poursuit régulièrement chaque jour jusqu'au moment où les animaux atteignent le poids de 90 kilogrammes environ; elle diminue ensuite et d'autant plus rapidement que l'on a affaire à des animaux plus petits ou à des races plus précoces et plus améliorées. L'augmentation relative exprimée par le pourcentage par rapport au poids vif diminue d'une façon continue durant la période de l'engraissement.

C'est ce qui résulte d'observations de Jacobs, rapportées par Zwaenepoel, relatives à l'engraissement de six porcs :

Périodes	Poids	Augmentation quotidienne pendant la période	Pourcentage de l'augmentation par rapport au poids vif
Début de l'engraissement..........	37 kg. 500		
Après 1 mois	54 kilos	0 kg. 503	44 %
— 2 —	74 kg. 100	0 kg. 670	37 —
— 3 —	95 kilos	0 kg. 903	29 —
— 4 —	118 kg. 500	0 kg. 779	23 —
— 4 — 1/2 ...	122 kilos	0 kg. 300	2,9 %

« Toutefois, un exemple cité par le même auteur, prouverait que l'accroissement absolu quotidien serait susceptible d'augmenter jusqu'à ce que le porc atteigne 110 kilogrammes. Dans d'autres cas, ce poids pourrait être porté à 140 kilogrammes. Les divergences tiennent sans doute aux modalités d'engraissement. Mais, économiquement, ce qu'il est le plus intéressant de déterminer, c'est l'âge auquel la faculté d'assimilation relative est le plus développée; autrement dit, l'âge pour lequel il faut fournir le moins d'aliments pour obtenir un kilogramme d'augmentation de poids.

« A cet égard, les auteurs sont d'accord : la dépense alimentaire par kilogramme de poids acquis augmente de façon constante à partir du sevrage, et, si le prix de revient du kilogramme de viande ne subit pas la

FIG. 76. — Nourrisseur automatique. (*Cliché « Vie à la Campagne ».*)

même progression, c'est en raison des dépenses faites pendant la gestation et l'allaitement qui grèvent considérablement le prix du kilogramme de viande à l'époque du sevrage. La spéculation la plus lucrative envisagée du point de vue de l'âge optimum pour l'abatage, sera donc variable selon le prix du kilogramme de viande à la vente et le prix de revient de la nourriture. Celui-ci étant très divers suivant les situations particulières, on ne peut donner une règle fixe. Dans les conditions économiques actuelles, c'est pour le poids de 80-90 kilogrammes à l'abatage que le bénéfice laissé au producteur semble le plus grand (1). »

Augmentation quotidienne de poids pendant l'engraissement. — L'augmentation quotidienne pendant l'engraissement est très variable. Elle est, comparativement aux porcs communs, beaucoup plus élevée chez les porcs précoces, comme le démontre l'expérience suivante rapportée par Rasymaecker : des porcs Suffolk et des porcs allemands tardifs recevant la même alimentation ont augmenté chaque jour, durant le premier mois, les premiers de 0 kg. 597, les seconds de 0 kg. 391.

Selon Marcel Vacher, le porc de 75 kilogrammes augmente facilement de 0 kg. 500 à 0 kg. 750 par jour.

Magne a rapporté l'observation suivante faite à la porcherie de l'Ecole vétérinaire d'Alfort :

« Chaque porc, âgé de 7, 8 ou 9 mois et pesant de 55 à 70 kilogrammes quand il était mis à l'engrais, recevait la ration suivante :

(1) E. Letard, *Études sur la croissance chez les animaux domestiques. — La croissance du Porc.* (*Revue de Zootechnie*, 1924.)

(Cliché « Vie à la Campagne ».)

FIG. 77. — Nourrisseur automatique. (Les porcs sont de race Poland China.)

Viande cuite	2 kilos
Farine d'orge	0 kg. 750
Pommes de terre.............	1 kilo
Eau, ou bouillon, ou eau grasse.	6 litres

Quand il n'y avait pas de viande, la ration était de :

Pommes de terre cuites.......	4 kilos
Farine d'orge	1 kg. 500
Eau ou eaux grasses..........	6 litres

Vers la fin de l'engraissement, quinze jours ou trois semaines avant d'égorger les animaux, la quantité de viande et celle de farine étaient augmentées.

Avec ce régime, des porcs de 55 à 70 kilogrammes augmentaient par jour de 500 à 550 grammes au début de l'engraissement et de 700 à 750 grammes vers la fin de l'opération. Ils pesaient de 80 à 100 kilogrammes après un engraissement de 45 jours. Arthur Young a obtenu un accroissement quotidien de 760 grammes en nourrissant avec de la farine de pois. Dans le Rouergue, des porcs à l'engrais ont augmenté de plus d'un kilogramme par jour (1) .»

Jacobs cite le cas de 7 porcs belges indigènes qui pendant les dix-huit premiers jours de l'engraissement ont augmenté quotidiennement de 0 kg. 960. Dans les mêmes conditions, 7 porcs belges-Yorkshire ont augmenté de 1 kg. 277. (Le poids moyen au début de l'opération était de 55 kilos.)

En manière de conclusion, on peut avancer qu'un porc de 70 kilogrammes peut réaliser chaque jour pendant l'engraissement un accroissement égal à celui d'un bœuf de 500 kilogrammes. Cela montre combien le porc est une excellente machine à trans-

(1) J.-H. Magne, *Les races porcines et leur amélioration*, 3e édition. Paris, 1870.

former les aliments. Et c'est, en outre, en accord avec les résultats obtenus au Canada où il a été démontré « qu'avec 100 kilogrammes de principes digestibles, le porc fabrique 18 kg. 800 de principes digestibles pour l'homme, et le bœuf, 2 kg. 800 », Le rapport entre les deux espèces est ainsi de 1 : 6,71. Ce qui pour un porc de 70 kilogrammes, met l'équivalence de productivité à celle d'un bœuf de 470 kilogrammes, c'est-à-dire assez près de ce que j'ai indiqué un peu plus haut (70 kg. et 500 kilos).

Vers 1855, Parant a déterminé expérimentalement la valeur nutritive comparée de divers aliments donnés au porc. Il a opéré sur des animaux des races poitevine et hampshire nourris depuis leur sevrage, à cinquante jours, jusqu'à l'âge de deux ans dix mois. Ses constatations ont appris que *pour produire 100 kilogrammes de poids vif*, un porc doit consommer:

En seigle cuit	416 kilos
— farine d'orge	480 —
— sarrasin cuit	568 —
— son	820 —
— pommes de terre cuites	2.000 —
— carottes cuites	2.840 —

Des expériences faites en 1919, ont donné des résultats tout à fait comparables aux précédents, puisqu'on a calculé que pour produire chez le porc 100 kilogrammes de poids vif, il faut faire consommer en moyenne :

Tourteau d'arachides	425 kilos
— de coprah	450 —
Farine d'orge	470 —
Tourteau de palmiste	500 —
Son	800 —
Pommes de terre cuites	2.000 —

De leurs expériences, Lawes et Gilbert ont conclu

qu'un porc largement nourri avec une pâtée composée principalement de grains, consomme 26 à 30 kilogrammes de matière sèche par 100 kilogrammes de poids vif et par jour. Il produit un kilogramme de poids vif d'accroissement par 4 à 5 kilogrammes de matière sèche consommée.

Des mêmes expériences, il résulte qu'un porc bien nourri assimile de 6 à 10% de l'azote consommé; l'assimilation est maxima avec les fourrages pauvres en azote, minima avec les fourrages riches.

Méthode d'alimentation au Danemark. — Les porcs entretenus dans les stations expérimentales du Danemark sont sevrés à l'âge de 6 à 8 semaines et livrés de suite à la Station où ils sont répartis d'après leur poids en quatre catégories :

Catégorie 1........	Porcs de moins de 18 kilos
— 2........	— de 18 à 27 kilos
— 3........	— de 27 à 54 —
— 4........	— de 54 à 90 —

Arrivés à ce poids, les porcs sont dits « à point ».

Toutes les rations sont calculées en « *unités fourragères* » ou *unités de nourriture* conformément à la méthode adoptée pour le gros bétail. On sait qu'une unité fourragère correspond à une livre de grain (orge ou maïs) et que, dans les racines et fourrages verts, la teneur en unités est évaluée d'après la matière sèche que ces aliments contiennent. C'est ainsi qu'une unité est représentée par :

8 livres de betteraves fourragères;
4 — de pommes de terre cuites;
5 — de luzerne;
5 — de betteraves à sucre.

On a calculé, de même, que 6 livres de lait

et 12 livres de petit-lait représentent une unité fourragère. En résumé, une *unité de nourriture* est représentée par :

Une livre de grains;
6 livres de lait;
8 — de betteraves;
4 — de pommes de terre cuites;
5 — de betteraves à sucre;
5 — de luzerne verte ou de vesce, etc.

Les rations distribuées varient avec chaque catégorie de porcs; elles sont calculées en unités fourragères.

1re *catégorie* (moins de 18 kilos). — Les proportions sont de 30 % de lait et de 70 % de grain calculées en unités. Le mélange comprendra donc 30 × 6 = 180 parties de lait et 70 parties de grain, en poids.

2e *catégorie* (de 18 à 27 kilos). — Les proportions sont, en unités, de 25 % de lait, 70 % de grain et 5 % de racines ou fourrages verts. Le mélange comprend donc en poids :

25 × 6 = 150 de lait,
70 de grain.
et 5 × 8 = 40 de betteraves.

Si, au lieu de betteraves fourragères, on donne de la luzerne ou des vesces, la quantité est : 5 × 5 = 25.

3e *catégorie* (de 27 à 54 kilos). — Cette catégorie reçoit 15 % de lait, 75 % de grain et 10 % de racines ou fourrages. La ration comprend donc un mélange, en poids, de :

15 × 6 = 90 pour le lait;
75 .... — le grain;
10 × 8 = 80 — les betteraves;
ou 10 × 5 = 50 — les fourrages verts.

4e *catégorie* (de 54 à 90 kilos). — Les quantités à distribuer sont de : 3/4 d'une unité en lait, soit 4 livres 500; 1/4 d'une unité en racines, soit 2 livres de betteraves fourragères.

Ou bien, à leur place, 1 livre 1/4 si ce sont des betteraves à sucre ou du fourrage vert.

Le reste sous forme de grains.

La ration est donnée sous la forme d'une bouillie assez claire tant que les porcs sont jeunes, mais plus épaisse vers la fin. On la prépare un jour d'avance. La distribution est faite en trois repas par jour après que les auges ont été parfaitement nettoyées.

Dans quelques cas, les jeunes porcs — jusqu'au poids de 27 kilogrammes (1re et 2e catégories) — reçoivent du charbon de bois pulvérisé et parfois un peu d'huile de foie de morue.

CHAPITRE V

Principaux aliments destinés au Porc.

Il ne sera pas fait dans ce chapitre, une étude complète des aliments; on y indiquera seulement le rôle qu'ils peuvent jouer dans la ration du porc et, le cas échéant, les particularités de leur utilisation.

Fourrages verts. — Les fourrages verts peuvent entrer dans une ration d'engraissement au cours de la première période; on les donnera de préférence aux animaux qui, n'ayant été jusqu'alors que médiocrement nourris, ont besoin de manger beaucoup. Ils ne sont pas suffisants pour un engraissement complet; cependant, en les associant à des déchets de laiterie ou à des grains, ils rendent de bons services au début. Le trèfle, la luzerne, les céréales en herbe peuvent ainsi être employés. Au Danemark, les fourrages verts sont hachés assez finement et mélangés à des pâtées de grains, et l'on s'y accorde à dire que le fourrage donné avec du grain acquiert une valeur alimentaire qui dépasse de beaucoup sa valeur nutritive habituelle.

Le *trèfle rouge ordinaire* est consommé soit comme pâturage soit à la porcherie. Dans ce dernier cas, on l'emploie haché et mélangé à du grain, le tout humecté d'eau chaude et préparé environ dix heures avant la distribution. L'expérience suivante montre les bons effets de cette préparation (1) :

Deux lots de porcs, pesant chacun en moyenne 35 kilogrammes, furent mis l'un à une ration ne comprenant que du maïs, l'autre à une ration de trèfle et de maïs préparée comme il est dit ci-dessus. Les animaux nourris au trèfle firent preuve d'un meilleur appétit, présentèrent plus de vigueur et profitèrent plus régulièrement. Les porcs qui ne recevaient que du grain gagnèrent chacun 49 kg. 500 en l'espace de 120 jours, tandis que ceux qui reçurent le mélange trèfle-grain, gagnèrent chacun 64 kilogrammes, soit 30 % en plus.

On a constaté que le trèfle traité par l'eau bouillante constitue un excellent succédané du lait comme complément d'une ration de grains pour les porcs d'élevage.

La *Luzerne* semble mieux convenir encore au porc que le trèfle rouge. Elles constitue un supplément profitable à une ration d'engraissement, même à l'état de foin; cependant avec ce dernier, les porcs ne prennent que les feuilles et les parties les plus fines; ils laissent les tiges dures que l'on utilise comme litière. Les résultats les meilleurs sont obtenus en associant la luzerne à une ration de grains, la luzerne sèche étant donnée hachée et séparément.

Le *pas d'âne*, abondant dans certains régions de l'Italie, est recueilli spécialement pour les porcs. Les rhizomes de la *fougère* contiennent de la fécule et du sucre, ils sont recherchés spontanément par le porc.

L'*ortie*, hachée, demi-desséchée ou cuite entre

---

(1) *L'Élevage des Porcs au Canada*, par J. B. Spencer, 1914.

avec avantage dans la ration du porc, associée en pâtée à d'autres aliments divisés et cuits. On peut la donner entière à la condition de la faucher avant de l'utiliser, afin qu'elle perde ses propriétés vésicantes.

Racines et Tubercules. — Les *betteraves* fourragères, demi-sucrières et sucrières sont bien acceptées par le porc. Elles semblent même mieux lui convenir que les *navets*, car les porcs les préfèrent et les mangent plus avidement. Ces racines sont susceptibles de rendre des services au printemps, en avril-mai, quand il n'y a pas d'autres aliments frais.

Les betteraves seront toujours données cuites, ainsi que les navets et autres aliments analogues. On n'en distribuera qu'une quantité réduite aux sujets d'engraissement : dans une expérience faite au Canada, où des porcs recevaient une ration composée de grains et de betteraves par parties égales en poids, on fut obligé, dans les derniers temps de l'expérience, de diminuer la proportion de racines pour permettre aux porcs d'engraisser suffisamment.

Les porcs sont très friands du *topinambour*, mais celui-ci est surtout employé à l'état cru pour la nourriture des jeunes; la pomme de terre lui est préférée dans l'engraissement des adultes.

La *pomme de terre* est un des aliments les plus utiles à l'engraissement du porc. Lorsque la récolte de ce tubercule est abondante, la production porcine s'en ressent immédiatement, pour réagir en sens inverse et non moins vite lorsqu'elle est déficitaire.

Sa valeur nutritive est presque entièrement due à sa teneur en hydrates de carbone; aussi convient-elle à l'engraissement mieux qu'à l'élevage, où il faut l'associer à des produits contenant de la matière azotée. En association avec le lait écrémé, elle donne d'excellents résultats, parfaitement enregistrés par la pratique courante et que des essais faits au Danemark ont précisés dans le sens suivant :

400 livres de pommes de terre cuites données avec du lait écrémé valent 100 livres de grains données avec une égale quantité de lait écrémé; de plus, la qualité des porcs obtenus avec pommes de terre et lait écrémé est excellente.

En raison du prix élevé du combustible et des frais de main-d'œuvre, la question se pose de savoir si on peut remplacer, dans la nourriture du porc, la pomme de terre cuite par la pomme de terre crue. Des expériences effectuées récemment en Allemagne (1) ont donné les résultats suivants :

1° Les animaux qui reçurent des pommes de terre crues ne présentèrent aucun trouble de la digestion. La solanine des pommes de terre crues n'exerce donc aucune action nuisible.

2° Les pommes de terre cuites sont beaucoup mieux assimilées, au point qu'avec ces dernières, les animaux ont *une augmentation journalière de poids de plus du double.*

3° Le prix du combustible employé (environ 1 kilogramme de charbon en briquettes pour la quantité de pommes de terre consommée journellement par un animal), est de beaucoup inférieur à celui des aliments épargnés par unité d'augmentation de poids.

La cuisson de la pomme de terre est donc, en résumé, une opération nécessaire et avantageuse.

Comme on le verra par les exemples de rations qui seront présentés plus loin, la pomme de terre cuite peut être associée à dose variable aux aliments

---

(1) MULLER et RICHTER, Travail résumé dans la *Revue internationale des Renseignements agricoles*, octobre-décembre 1923.

les plus divers en formant avec des eaux grasses ou des résidus de laiterie la base d'une pâtée à laquelle les autres denrées sont facilement incorporées.

Fruits divers. — Les *Cucurbitacées* (potiron, citrouille, courge, etc.) fournissent des fruits charnus dont la composition est voisine de la suivante :

Eau	90,4
Matières azotées	0,8
— grasses	0,1
Extractifs non azotés	6,7
Cellulose	1,3
Cendres	0,7

Leur valeur alimentaire n'est donc pas très élevée; cependant, comme ils sont doux, rafraîchissants et digestibles, ces fruits conviennent au porc. On les divise et on les fait cuire après en avoir préalablement enlevé les pépins. Heuzé recommande de faire consommer ces denrées avant la fin de janvier, époque à laquelle elles commencent à perdre de jour en jour une partie de leur valeur nutritive.

Dans la région du Midi (Gard et environs), les porcs sont nourris pendant l'été avec des *courges*, des *potirons*, des *aubergines*, des *pastèques*, des *melons* auxquels on ajoute, après leur cuisson, un peu de repasse. Lorsque la saison de ces fruits est passée, les animaux ont un peu d'herbe pour atteindre après la moisson le régime à l'orge cuite qui est suivi pendant l'hiver pour l'engraissement.

La *châtaigne* convient très bien à l'engraissement du porc. L'opération peut être commencée en faisant passer les porcs dans les châtaigneraies après la récolte. Elle est avantageusement poursuivie à la porcherie par la mise en consommation de châtaignes sèches. On les donne d'abord sèches et pourvues de leur écorce puis décortiquées et crues, enfin décortiquées et distribuées après macération ou mieux après cuisson. Les porcs les consomment très volontiers et prennent une chair et une graisse d'excellente qualité.

Le porc n'accepte pas le *marron d'Inde*; tout au plus et avec les plus grandes difficultés, en procédant progressivement et en mélange avec ses aliments habituels, arrive-t-on à lui en faire consommer deux ou trois cents grammes. Pour obtenir que l'animal en prenne une quantité un peu importante, il faut broyer le marron d'Inde, le traiter par un courant d'eau froide (lévigation) pendant deux heures, ou bien le mettre à tremper pendant quatre heures en renouvelant à plusieurs reprises l'eau de trempage qui sera, d'ailleurs, rejetée à chaque fois. En somme, la consommation du marron d'Inde par le porc ne présente pas d'intérêt pratique.

Les *glands* sont principalement utilisés pour l'engraissement des porcs qui en sont très friands. Autrefois, dans les contrées où abonde le chêne, les porcs étaient envoyés à pâturer sous ces arbres, et la « glandée » était la période d'engraissement par excellence. Dans le nord de l'Afrique, en Tunisie particulièrement, les porcs élevés « à l'antique », c'est-à dire à l'état de semi-liberté, se repaissent de glands dans leurs parcours sous les forêts de chênes-lièges.

A l'état vert, de fin août à fin septembre, les glands sont pris volontiers par les animaux; quand ils sont plus mûrs, l'appétence est moins prononcée. Lorsque les glands sont distribués à la porcherie, les doses ordinaires sont les suivantes :

1 kg. 300 à 1 kg. 500 de glands frais.
0 kg. 800 à 1 kg. de glands secs.

Avec les glands doux des espèces méridionales,

notamment ceux du chêne-liège, on peut majorer les doses ci-dessus d'un dixième environ.

Le gland peut être donné cru, entier ou concassé; quand on veut le donner cuit, on le soumet à la cuisson en mélange avec d'autres aliments, les pommes de terre par exemple.

La *faîne* est également consommée par les porcs, le plus souvent à l'extérieur, au cours de la « glandée ». Elle est moins nutritive que le gland et moins appétée.

Les porcs sont friands de *cerises*; ils mangent également bien les *marcs* restant après distillation de ces fruits quand on les mélange à des pommes de terre cuites. Il faut enlever le plus possible de noyaux, ce qui est facile parce que ceux-ci tombent au fond de l'alambic. Quand on donne au porc des cerises entières, on ne dépasse pas un kilo par jour à cause des noyaux qui pourraient produire de l'obstruction intestinale.

La *prune* que le porc accepte volontiers doit lui être donnée crue.

Le *raisin* fut essayé, pour l'engraissement des porcs, dans la circonstance suivante par un fermier de Californie (1) : il fit grappiller par ces animaux un vignoble de vingt hectares. Les porcs grappillèrent si soigneusement et engraissèrent si bien que les raisins consommés ressortirent à un prix qu'ils n'auraient atteint ni par la vente directe, ni par la transformation en vin.

Grains et graines. — Les grains et les graines sont des aliments nutritifs et appétissants qui conviennent à tous les animaux. Leur emploi dans la nourriture du

(1) *Revue horticole*, 1893.

porc est subordonné à leur prix de vente directe sur le marché ou à la commodité que l'on peut avoir de se les procurer; on a, en effet, la préocupation de réaliser des rations à la fois nutritives, digestibles et économiques; ce qui oblige, pour satisfaire à cette dernière condition, de pratiquer souvent des substitutions. Mais ceci étant dit, les grains et graines, donnés entiers, concassés ou réduits en farine, sont d'excellents aliments pour les porcs d'élevage ou d'engraissement. Ce sont les meilleurs pour obtenir à la fois la parfaite qualité de la viande et le degré maximum d'embonpoint. L'orge, le maïs, le seigle, l'avoine, le sarrasin sont parmi les plus employés. Les féveroles, les pois, les lentilles sont utilisés également; les farines de lentilles, qu'une altération légère a rendues impropres à l'alimentation humaine, pourront aussi être données aux porcs d'élevage ou d'engraissement.

Les grains et graines s'emploient cuits, écrasés ou moulus; quelquefois on les donne après macération dans l'eau froide ou ramollis par l'eau très chaude, on peut encore les faire germer avant de les écraser. On évitera de les donner entiers et crus, car sous cette forme le porc les utilise mal; une trop forte proportion échappe à la digestion. La mise en farine est la préparation la plus convenable. Délayée dans le lait écrémé ou le petit-lait, la *farine d'orge*, en particulier, est très apte à assurer la croissance ou à produire un engraissement rapide et de la bonne viande.

L'*avoine* convient bien aux porcs, mais c'est la différence de prix entre ce grain et les autres aliments qui doit servir de guide pour savoir s'il convient de le faire entrer dans la ration.

L'alimentation des porcs avec l'avoine seule ne peut pas être conseillée, sinon, peut-être, pour l'engraissement des vieilles truies. Pour les jeunes animaux, il convient de la mélanger à un aliment riche en protéine ou de l'associer au pâturage de légumineuses (trèfle).

Perkins conseille les rations suivantes pour des porcs d'âges et de poids différents :

Porcs pesant 18 *kilos.*

I

Avoine aplatie	0 kg. 900
Lait écrémé..................	1 kg. 150

II

Avoine aplatie	0 kg. 900
Poudre de viande.............	0 kg. 110

Porcs pesant 36 *kilos.*

Le double de la première comme de la seconde ration.

Porcs à l'engrais de 54 *kilos.*

Avoine.......................	2 kg. 250
Lait écrémé..................	3 kg. 600

en association à la pâture 3 à 4 kilogrammes par jour.

L'avoine doit être donnée aplatie ou mieux après trempage, en la recouvrant d'une quantité d'eau bouillante égale à celle qu'elle peut absorber et en laissant macérer une nuit. La distribution aura lieu en trois repas.

Le *seigle* ne sera consommé que cuit, son emploi est recommandable en fin d'engraissement pour donner de la fermeté à la chair et au lard. 4 à 6 kilogrammes procurent environ 1 kilogramme d'augmentation de poids vif.

L'*orge* est meilleure que le seigle; on l'emploie en farine ou concassée. Le Danemark, justement réputé pour sa production porcine, cultive à cet effet, une grande quantité d'orge.

Le *maïs* est très employé dans l'alimentation des porcs. En France, les contrées où on cultive cette graminée sont réputées pour la qualité de leurs porcs gras. Il en est de même aux Etats-Unis où le maïs tient une grande place dans le régime, soit sous forme de grain, soit sous celle de farine, soit, enfin, par les divers résidus industriels que laissent les glucoseries et amidonneries.

Au cours d'expériences faites aux Etats-Unis, il fut montré que la *farine de maïs* donne des résultats supérieurs de 11 % à ceux des sons de froment avec de jeunes porcs, et de 23 % à ceux donnés par la farine de riz avec des porcs pesant environ 65 kilogrammes. Dans deux expériences, les gains ont été plus rapides avec du *maïs moulu* qu'avec du maïs entier, soit un écart d'environ 10 %; il est probable que ce gain est contrebalancé par les frais de mouture. La farine de maïs mouillée donne de meilleurs résultats que lorsqu'elle est sèche. Elle peut être préparée en mélange avec du lait écrémé. Ces pâtées amènent des accroissements de poids qui sont en fonction de la quantité de farine incorporée. On n'a d'ailleurs aucun avantage à préparer au porc d'engraissement des rations trop volumineuses ou trop aqueuses, car un pareil régime détermine un développement de l'estomac et des intestins qui abaisse finalement le rendement en viande nette. On ne descendra pas au-dessous de 50 grammes de farine de maïs pour 1 litre de lait écrémé.

Le maïs est préférablement indiqué dans l'engraissement des gros cochons à saindoux.

Les *brisures de riz* sont des déchets de la préparation du riz destiné à l'alimentation humaine. Les porcs les acceptent plus volontiers que les ruminants et en tirent un meilleur parti à la condition qu'elles soient convenablement cuites et très gonflées; la macération est tout à fait insuffisante.

Le *son de blé* et les *recoupes* permettent la préparation facile de pâtées à base de pommes de terre cuites. Ces divers résidus de meunerie s'associent fort bien aux sous-produits liquides ou semi-liquides destinés au porc. Ces raisons, ainsi que la commodité de se le procurer, expliquent le large emploi qui est fait du son dans l'alimentation du porc, surtout dans les fermes. Mais quoique le porc puisse absorber sans inconvénient une grande quantité de son, il l'utilise assez mal, par suite de la teneur élevée du produit en cellulose.

Rations pour porcs à l'engrais.

	I	II
Tourteau d'arachides.....	0 kg. 250	0 kg. 400
Son de blé...............	0 kg. 500	0 kg. 500
Pommes de terre cuites....	4 kilos	1 kg. 500
Petit-lait	5 litres	5 litres
Feuilles de choux ou trèfle vert	—	5 kilos

(Donner le tourteau et le son en pâtée avec le petit-lait ou en mélange avec les pommes de terre et les herbes cuites.)

Le **manioc** est consommé par les animaux sous la forme de *farine* ou de *cosseltes de manioc.* La farine est préférablement réservée aux veaux d'élevage en association au lait écrémé. Les cossettes sont mieux indiquées chez le porc comme étant d'un usage plus économique. Elles sont donnés après trempage. L'eau employée à cette opération peut, en outre, servir à délayer d'autres éléments de la ration.

Pains et Déchets de fabrication des pâtes alimentaires. — La panification prépare des aliments très digestibles, mais le prix de revient de l'opération est un obstacle à son emploi ordinaire. Aussi n'utilise-t-on pour les animaux que des déchets de pain, reliefs de l'alimentation humaine. L'emploi en est recommandable, mais sous la réserve expresse qu'il ne s'agisse pas de pain moisi. Ainsi altéré, le pain cause des accidents et provoque l'avortement chez la truie. Des précautions sont donc à prendre en vue de l'achat et de la conservation des déchets de cette nature.

Il en est de même des déchets de fabrication des pâtes alimentaires, à propos desquels il faut faire observer qu'ils ont l'inconvénient de provoquer la constipation. Pour l'éviter, on les administre en mélange avec du petit-lait ou du lait écrémé. Les doses ordinaires pour porcs d'engraissement varient entre 1 kg. et 1 kg. 500.

Résidus industriels divers. — Les *drêches de brasserie* constituées par le malt épuisé lors de la fabrication de la bière sont employées quelquefois pour l'engraissement des porcs. La ration est souvent complétée par un autre sous-produit de la même industrie, les *germes d'orge* ou *touraillons.*

5 à 6 kilogrammes de drêches additionnés de 150 à 200 grammes de touraillons constituent une excellente ration d'engraissement que nous avons essayée avec succés.

Les *résidus des distilleries de grains* (seigle, maïs) sont admis dans la ration du porc à la dose maxima de 5 à 6 kilogrammes avec adjonction d'un aliment protéique, germes d'orge, grains ou tourteau.

Les *pulpes de féculerie* sont trop aqueuses pour convenir à l'engraissement du porc ; nous les avons cependant essayées en leur adjoignant de la farine de maïs et en les soumettant à la cuisson; les résultats ont été peu satisfaisants.

Mais comme c'est un aliment très bon marché, on pourrait le faire entrer dans la ration des truies à l'entretien (ni portières, ni nourrices) et des nourrains qui vont au pâturage.

Le porc utilise bien la *mélasse*. Les expériences faites au Danemark par Frey et Frédérickson, en Allemagne par Maercker, en France par Dickson et Malpeaux ont montré que l'alimentation à la mélasse permet de réaliser en peu de temps, chez le porc, des augmentations notables de poids vif. Afin d'éviter les accidents consécutifs au régime mélassique intensif (diarrhée, polyurie, albuminurie, superpurgation) la dose quotidienne en mélasse pure ne dépasse pas 0 kg. 300 à 0 kg. 400. Les aliments mélassés le plus recommandables pour le porc sont ceux qui contiennent le moins de cellulose, étant bien établi que cet animal digère mal la cellulose brute contenue dans les fourrages secs ou plus ou moins ligneux.

Le *marc de raisin* peut être donné au porc à l'état frais à une dose variant de 5 à 10 kilogrammes suivant l'âge des animaux. Le mode d'emploi consiste à détremper le marc et à le mélanger à des pommes de terre cuites, du son, etc.

Dans les années d'exceptionnelle abondance, les *pommes* peuvent être consommées par le bétail. Le porc les prend spontanément; elles seront débitées en tranches, coupées ou passées au coupe-racines afin d'éviter les accidents d'obstruction de l'œsophage. La dose sera modérée (1 kg. 500-2kilos) sous peine de voir apparaître la diarrhée.

Les *marcs de pommes* se distribueront en mélange avec des sons, des farineux, des tourteaux; la dose moyenne est de 2 à 3 kilogrammes. Il est conseillé d'alterner la distribution en donnant les marcs seulement à un ou à deux repas sur trois. Voici des exemples de rations avec marcs de pommes :

Marcs...........	1 kg. 500	Marcs	2 kilos
Pommes de terre cuites.........	3 kilos	Recoupes	1 kg. 500
Eaux grasses.....	6 kilos	Orge	1 kg. 500

Les marcs sont généralement distribués à l'état cru; mais on peut les soumettre à la cuisson ou les traiter par la vapeur.

Tourteaux. — La production intensive de la viande de porc ne peut être réalisée que par la recherche d'une nourriture économique laissant disponible pour l'alimentation humaine le maximum de substances nutritives fournies par les céréales et les tubercules (pommes de terre, farineux, céréales panifiables, etc.). Il y a donc indication de transformer en viande de porc tous les sous-produits dont cet omnivore arrive à tirer un excellent parti. En se basant sur leur valeur nutritive comparée, on détermine que pour produire, chez le porc, 100 kilogrammes de poids vif, il faut faire consommer en moyenne :

Tourteau d'arachides................	425 kilos
— de coprah................	450 —
Farine d'orge	470 —
Tourteau de palmiste	500 —
Son..................................	800 —
Pommes de terre cuites..............	2.000 —

Cette comparaison montre la place avantageuse que tiennent les tourteaux parmi les aliments habituellement destinés à l'élevage et à l'engraissement du porc. Le calcul du prix de revient des 100 kilogrammes de poids vif, au coût de chaque denrée, fait ressortir la même conclusion, comme le montrent les chiffres suivants calculés avec des cours relevés à la même date pour les divers aliments comparés :

Prix de revient de 100 *kilos de poids vif de porc, produits avec :*

Tourteau d'arachides à 60 francs les 100 kilos..........................	255 francs
Tourteau de coprah à 70 francs les 100 kilos	315 —
Farine d'orge à 55 francs les 100 kilos.	255 fr. 75
Tourteau de palmiste à 27 francs les 100 kilos..........................	135 francs
Son de blé à 45 francs les 100 kilos...	360 —
Pommes de terre à 40 francs les 100 kilos	800 —

La plupart des tourteaux oléagineux peuvent être utilisés par le porc; ceux qui lui conviennent le mieux sont ceux d'arachide, de lin, d'œillette, de coprah, de palmiste. Celui de noix, qui rancit assez facilement, ne sera pas donné sur les derniers jours qui précèdent l'abatage, à cause de l'odeur qu'il communique à la viande. Ils seront mélangés à du petit-lait, ou à du lait écrémé; on les associera aux pommes de terre et racines cuites. Tous peuvent prendre une large place dans l'alimentation des porcs, en raison des avantages économiques que procure leur emploi.

Les porcs acceptent volontiers le *tourteau d'arachide*. La dose varie, par tête et par jour, entre 250 et 500 grammes suivant la composition de la ration totale. Le tourteau en farine est celui qu'il est préférable d'employer. On fait cuire cette farine avec d'autres aliments solides tels que pommes de terre, betteraves, topinambours, etc., ou bien on l'administre en buvées en la délayant dans l'eau. Les doses peuvent être de beaucoup supérieures à celles qui viennent d'être indiquées si l'on prend le tourteau comme aliment essentiel. Gouin et Andouard ont fait ressortir les avantages économiques d'une pareille opération en calculant le prix de revient de la livre de viande obtenue en partant d'un poids de 20 kilogrammes. Bien que les chiffres de ces auteurs ne correspondent plus aux mercuriales actuelles, ils conservent toute leur valeur démonstrative; à ce titre ils sont intéressants à citer :

Prix de revient de 150 *livres de viande*
(cours d'avril 1919).

Achat d'un goret de 20 kilos.......	150 francs
150 kilos de tourteau d'arachides à 43 francs les 100 kilos..........	64 fr. 50
150 kilos de tourteau de palmiste à 27 francs les 100 kilos............	40 fr. 50
10 kilos de poudre d'os	5 francs
Ensemble	260 francs

Soit 1 fr. 73 la livre de viande

« Pour l'éleveur qui disposerait de six litres de lait écrémé par tête et par jour, l'opération serait encore meilleure. Il n'y aurait plus besoin de poudre d'os. Le lait remplacerait une partie de tourteau le plus cher et la dépense alimentaire deviendrait moins élevée. Pour 150 livres de viande, on aurait :

Achat d'un goret de 20 kilos........	150 francs
700 litres de lait écrémé...........	mémoire
90 kilos de tourteau d'arachides..	38 fr. 70
150 kilos de tourteau de palmiste...	40 fr. 50
Ensemble	229 fr. 80

Soit 1 fr. 53 la livre de viande (1).

(1) Compte-rendus de l'Ac. d'Agriculture, 21 mai 1919.

Les exemples précédents comportent un mélange de tourteaux d'arachides et de *palmiste*. Le premier peut être employé seul à une dose un peu inférieure à celle des deux tourteaux mélangés, puisqu'il contient une quantité plus forte de principes nutritifs que le palmiste. C'est ainsi que, dans le premier exemple, les 300 kilogrammes seront remplacés par 280 kilogrammes de tourteau d'arachides.

Les porcs consomment également avec profit le *tourteau de coprah* qui leur fait acquérir un lard ferme et une chair de saveur agréable. Cependant le prix relativement élevé de ce tourteau lui fait préférer ceux d'arachides ou de palmiste. Voici un exemple de ration où il entre du tourteau de coprah :

Tourteau de coprah..............	0 kg. 250
Déchets d'abattoir cuits...........	0 kg. 500
Pommes de terre cuites...........	3 kilos
Lait écrémé......................	2 litres

Les doses moyennes de *tourteaux de palmiste* sont :

Porcelets de 3 à 4 mois	0 kg. 125
Porcs à l'engrais	0 kg. 250 à 1 kg.

On peut arriver à 2 kilogrammes, par doses progressives et en sachant qu'à partir de 1 kilogramme, le tourteau sera donné en deux fois. Il ne doit pas être préparé en buvées chaudes; mais on peut le mélanger facilement aux autres éléments de la ration : pommes de terre, farine d'orge, maïs, etc.

Le *tourteau de lin* a des qualités depuis longtemps reconnues; son prix élevé fait toutefois qu'on ne l'emploie généralement que comme adjuvant. Voici un exemple de ration avec tourteau de lin pour porcelets de trois ou quatre mois :

Orge concassée	0 kg. 500
Son de seigle	0 kg. 250
Balles de lin cuites................	0 kg. 750
Tourteau de lin......................	0 kg. 125
Petit-lait à volonté.	

Le *tourteau d'œillette* peut être donné avantageusement aux porcs, animaux d'élevage ou d'engraissement. Il se prête à la confection facile de soupes ou de buvées; la dose ordinaire est de 250 grammes.

Sous-produits des industries laitières. — Les industries laitières, beurrerie, fromagerie, laissent sous la forme de lait écrémé, petit-lait, babeurre, des résidus qui jouent un rôle de premier ordre dans l'alimentation du porc. L'importance de ces sous-produits en matière d'industrie porcine est telle que l'on a pu penser qu'en leur absence on ne pouvait pratiquer fructueusement celle-ci; cette opinion est certes trop absolue; on peut (v. page 268) élever et engraisser des porcs sans produits laitiers; nonobstant elle témoigne de leur grande utilité.

Le lait écrémé. — La composition chimique du lait écrémé est évidemment variable avec celle du lait complet qui l'a fourni et le mode d'écrémage employé; voici quelques compositions moyennes :

	Lait complet	Lait écrémé (centrifuge)	Écrémage centrifuge	Écrémage spontané
	—	—	—	—
Eau	87,25	90,40	91,0	89,85
Caséine	3,20	3,31	4,0	4,03
Albumine	0,30	0,33	—	—
Matières grasses.	3,65	0,20	0,30	0,75
Lactose........	4,85	5,00	3,90	4,60
Sels	0,75	0,76	0,8	0,77

Les porcs consomment la majeure partie du lait écrémé laissé par la production beurrière, ce qui est utilisé pour l'élevage des veaux ne correspond qu'à un pourcentage assez faible de cette production.

Avec le lait écrémé, on peut se livrer sur le porc à deux sortes d'opérations : nourrir des porcelets ou faire de l'engraissement.

Les porcelets pris au sevrage sont âgés de huit à dix ou douze semaines; on peut, surtout chez les plus jeunes, ne leur faire prendre que du laitage (5 à 6 litres par jour) pendant le premier mois, puis ajouter à ce liquide, dans la période suivante, des aliments complémentaires.

Les substances minérales du lait écrémé (0,8 %) suffisent déjà pour en faire un aliment précieux à l'usage des jeunes; l'intérêt pratique de ce sous-produit est encore accru du fait que l'on peut y mélanger commodément diverses autres denrées alimentaires. Voici un exemple :

Lait écrémé..................	7 litres
Farine d'arachides	0 kg. 150

Lorsque l'on pratique l'engraissement, les produits les plus variés seront associés au lait écrémé; il y en a de nombreux exemples parmi les rations que nous avons rassemblées dans un chapitre spécial. Suivant l'intensité de la production, l'appétit et la croissance des animaux, les quantités d'aliments complémentaires seront modifiées. Ces derniers sont indispensables; le lait maigre seul ne suffit pas à l'engraissement. Quatre essais faits à la Station d'expériences agricoles d'Utah (U. S. A.) ont démontré qu'il faut 33 kg. 120de lait maigre pour produire 1 kilogramme de poids vif; en outre, l'appétit et la santé des animaux n'étaient pas satisfaisants. Le meilleur mode d'engraissement, dans des essais ultérieurs, a consisté à donner aux porcs du lait écrémé, des pommes de terre cuites et de la semoule de maïs; cette dernière peut être remplacée par la farine de maïs ou de millet, des raves, des courges, etc. Pour préciser la part qui revient utilement au lait écrémé dans une ration d'engraissement, part qui ne doit pas être exagérée, nous pouvons dire que le mélange : 1 partie de farineux et 2 parties de lait écrémé donne de meilleurs résultats que : 1 partie de farineux contre 4 parties de lait. Souvent l'engraissement des porcs a causé des déboires parce qu'on a exagéré l'alimentation au lait écrémé. On est, en effet, ici, en présence d'une carence alimentaire partielle due à l'absence du facteur complémentaire de la nutrition (facteur A) contenu dans la matière grasse du lait.

Le petit-lait. — Le petit-lait ou sérum de lait est le résidu de la fabrication du fromage. Sa composition moyenne est voisine de la suivante :

Eau	93,60 %
Matières azotées totales.......	0,80 —
— grasses................	0,10 —
Extractifs non azotés (lactose)..	5,00 —
Phosphate de chaux	0,45 —

Sa teneur en principes nutritifs n'est pas suffisante pour qu'il puisse entrer seul dans l'alimentation; elle consiste essentiellement en lactose et en matières minérales. On le destine généralement au porc, car c'est cet animal qui en tire le meilleur parti. Mais qu'il s'agisse d'animaux à l'engrais, de bêtes en croissance ou de reproducteurs, il est indispensable d'adjoindre au petit-lait des substances fournissant la matière azotée et la matière grasse.

Dans les fermes, on s'adresse aux grains concassés, aux sons, aux farines; on y ajoute des racines ou tubercules cuits. Dans les porcheries industrielles, on a recours à des résidus concentrés : germes de brasserie, tourteaux, sons, etc. Au chapitre consacré spécialement aux modèles de rations, nous donnons un certain nombre d'exemples qui montrent de quelle manière, dans les situations les plus diverses, on associe le petit-lait à d'autres denrées.

Le lait de beurre. — Le lait de beurre obtenu après le barattage de la crème possède la composition moyenne suivante, d'après Fleischmann :

Eau	91,24 %
Caséine	3,30 —
Albumine	0,20 —
Matière grasse	0,56 —
Sucre de lait.................	4 —
Matières minérales...........	0,70 —

Ce résidu est bien utilisé par le porc après addition d'aliments secs, tels que grains concassés, farines, tourteaux et autres résidus industriels secs.

Au Danemark, on admet que 6 livres de babeurre ont, chez le porc, la même valeur nutritive qu'une livre d'orge (une unité fourragère).

La *recuite* retirée du sérum de fromagerie après chauffage à 75° a une composition variable suivant qu'elle provient de fromages mi-gras ou maigres; elle est riche en protéine (15 à 22 %), en matière grasse (3 à 4,5 %) et en matières minérales (2 %). On peut la faire consommer aux porcs; mais le plus souvent on donne à ceux-ci le résidu de la fabrication de la recuite qui est un second sérum, un petit-lait contenant encore un peu d'albumine et du lactose.

Les *râclures de fromage* données au porc en mélange

avec des pommes de terre cuites sont bien acceptées et mangées avec appétit; mais comme elles sont riches en sel, il est bon de ne pas dépasser la dose quotidienne de 0 kg. 250 à 0 kg. 300; elles sont à conseiller comme condiment.

Sous-produits d'origine animale (autres que les dérivés du lait). — L'utilisation du *sang* dans l'élevage et l'engraissement du porc est très recommandable. On peut donner à des porcs à l'engrais jusqu'à 5 kilogrammes de *sang frais*, cuit et mélangé à des pommes de terre, des sons, des farines, etc. Le *sang desséché* convient également bien, surtout en association à des aliments riches en hydrates de carbone, en raison de sa très forte teneur en protéine digestible. Des expériences récentes effectuées par l'Office d'inspection alimentaire de Buenos-Aires ont confirmé cette opinion. Dans ces expériences, la quantité de sang desséché utilisée fut de 57 grammes au début pour être portée progressivement à 176 grammes, soit une dose journalière moyenne de 113 grammes; ensuite, les animaux reçurent un supplément de sang de 325 grammes par tête; après quelques jours, l'accoutumance fut obtenue et les sujets ne montrèrent aucune indisposition.

La *farine ou poudre de viande*, résidu de la fabrication des extraits de viande, est extrêmement riche en protéine digestible (67,2 %) On la donne au porc mêlée à des pommes de terre, du son, de la farine d'orge, etc., ou bien en barbotage avec les résidus de laiterie ou les eaux de vaisselle.

La dose moyenne est de 0 kg. 250 par tête et par jour; on peut aller jusqu'à 0 kg. 500 pour les gros porcs à l'engrais; il suffit de 0 kg. 100 à 0 kg. 125 chez les porcelets. Au-dessus de ces doses il est à craindre que la diarrhée se manifeste.

Les résultats que nous avons obtenus à Grignon en 1910-1911 avec l'emploi de la *farine de poisson* dans la ration des porcs ainsi que ceux, récemment publiés par Velu, d'essais faits sur des porcs d'élevage au Maroc, montrent que cet aliment peut être économiquement employé. La farine de poisson convient à doses modérées pour les animaux de croissance, soit 0 kg. 200 à 0 kg. 300. Chez ceux à l'engrais on peut arriver à 1 kilogramme et même 1 kg. 500 sous condition d'opérer progressivement. La forte odeur du produit ne l'empêche pas d'être accepté par les porcs et elle est sans aucune influence sur la qualité de la viande.

La composition de la farine de poisson — teneur élevée en protéine, en chaux et en acide prosphorique — en fait un aliment recommandable pour les jeunes et explique les bons effets constatés chez les animaux en croissance.

Exemple de composition de la farine de poisson

(d'après VELU).

Eau	11,40 %
Protéine brute	60,02 —
Matières grasses	9,68 —
Matières minérales	18,90 —
Acide phosphorique	7,03 —
Chaux	7,60 —

De nombreux *sous-produits d'origine animale* sont transformés par le porc en matière nutritive utilisable par l'homme. La liste en est longue qui comprend notamment : les viscères et la triperie, les déchets de peaux, provenant des tanneries avant le traitement à la chaux, les résidus de ganterie, les résidus des conserves alimentaires, parmi lesquels mention doit être faite des têtes de sardines dont il faut cesser l'emploi quelque temps avant l'abatage.

Voici des rations dans lesquelles figurent quelques-uns de ces aliments :

I

Viande	0 kg. 300
Farine	0 kg. 500
Glands	1 kilo
Orties	4 — (cuites avec la viande.)

II

Triperie	0 kg. 800
Châtaignes	1 kg. 500
Eaux grasses	6 kilos

III

Déchets de ganterie	1 kilo
Seigle cuit	1 —
Lait écrémé	2 litres

Sur 35 jours, les porcelets nourris avec cette ration ont gagné en moyenne par jour : 0 kg. 570.

Les viandes peuvent être consommées crues, mais il y a avantage à les faire cuire ; la distribution en est plus facile, et avec les bouillons obtenus on peut préparer des pâtées économiques avec des sons, des farineux ou d'autres substances d'origine végétale : pommes de terre, carottes, betteraves, navets, etc.

On peut aussi faire cuire ensemble les produits végétaux et la viande en plaçant celle-ci dans le fond de la chaudière et en mélangeant le tout après cuisson.

Eaux grasses et de vaisselle. — Le contenu des

eaux ayant servi au lavage de la vaisselle et des ustensiles de cuisine est très variable. Selon Müntz, celles d'une ferme d'Alsace contenaient :

Eau	985/1000
Matières grasses	1,3
— azotées	1,2
— amylacées et sucrées	4,3
— cellulosiques	6
— minérales	1,2

Tous ces résidus sont donnés avec profit aux porcs, sous réserve qu'ils ne contiennent pas de cristaux de soude dont l'addition est assez fréquente pour faciliter le lavage de la vaisselle. Ils servent utilement de véhicule aux divers aliments secs et divisés, déjà mentionnés à plusieurs reprises.

Les **bouillons** et les **pâtées** considérés chez le porc comme étant des préparations alimentaires couramment employées, ne présentent pas la même valeur nutritive.

Les *bouillons* qui doivent être distribués chauds, ont, vis-à-vis des *pâtées* qui n'ont pas besoin d'être réchauffées, de nombreux inconvénients. Ils sont excessivement aqueux, d'où travail inutile de l'appareil digestif; ils s'altèrent facilement, d'où la nécessité de les distribuer trois ou quatre fois par jour, tandis qu'il suffit de remplir les auges de pâtée deux fois par jour; la mastication et l'insalivation sont insuffisantes, d'où digestion incomplète; les frais de combustible et de main-d'œuvre sont plus élevés, etc. MULLER et RICHTER ont comparé la valeur alimentaire des bouillons et des pâtées. Leurs résultats rapportés à l'augmentation journalière de poids vif en fonction de la consommation d'aliments pour la production mettent en évidence la supériorité de la pâtée (1).

QUELQUES EXEMPLES DE RATIONS

Rations pour verrats (2).

I	kg.	II	kg.
Pommes de terre.....	3	Pommes de terre.....	4
Farine	1,500	Farine	0,500
Herbe	1,500	Petit-lait	6
Petit-lait	2	Son	0,500
Eaux grasses........	3	Maïs concassé.......	3
		Tourteau............	0,500

III	kg.	IV	kg.
Pommes de terre.....	5	Pommes de terre cuites	4
Farine d'orge........	1	Farine de seigle......	0,500
Viande cuite........	0,500	Drèches de brasserie..	3
Bouillon	2	Tourteau............	0,250
Eaux grasses........	6	Son	0,500
		Eaux grasses........	6

V	kg.	VI	kg.
Farine d'orge........	1,500	Son	0,500
Ortie cuite..........	4	Tourteau............	0,800
Son	0,500	Ortie...............	3
Lait écrémé.........	3	Viande cuite........	0,200
Eaux grasses........	4	Eaux grasses........	7

(1) Muller et Richter, Travail résumé dans la *Revue internationale des Renseignements agricoles*, octobre-décembre 1923.

(2) En partie d'après E. Marchi et C. Pucci, le Porc (*el Maiale*), Milan, 1914.

VII

Pommes de terre.....	4
Farine d'orge........	1
Glands..............	1
Feuilles de betteraves.	2
Lait écrémé.........	2
Eaux grasses........	4

VIII

Pommes de terre.....	2
Grignons d'olives....	0,500
Farine d'orge........	0,500
Eaux grasses........	6

IX

Farine de fèves..........	0,250
Grignons d'olives........	1
Pommes de terre cuites....	3
Eaux grasses............	6

Rations pour truies en gestation.

Régime d'hiver.

I

Pommes de terre....................	2 kg. 500
Carottes...........................	0 kg. 500
Farine d'orge......................	0 kg. 500
Viande cuite.......................	0 kg. 250
Eaux grasses.......................	8 litres.

II

Pommes de terre....................	3 kilos
Citrouille.........................	1 —
Farine d'orge......................	1 kg. 500
Petit-lait.........................	2 litres
Eaux grasses.......................	3 —

Truies nourrices.

Rations conseillées par Boussingault pour une truie allaitant 5 petits :

1° Pendant les cinq premières semaines après la mise-bas :

Pommes de terre cuites	11 kg. 250
Farine de seigle	1 kg. 225
Lait écrémé	6 kilos

2° Après la cinquième semaine :

Pommes de terre cuites	5 kg. 500
Farine de seigle	0 kg. 490
Lait écrémé	3 kg. 050

	I	II
Pommes de terre	4 kilos	1 kg. 500
Farine d'orge	1 —	1 kg. 500
Herbe	0 kg. 500	5 kilos
Eaux grasses	5 kilos	»
Viande cuite	»	0 kg. 500

III	kg.
Pommes de terre	1,500
Son	1
Tourteau	0,500
Trèfle	6
Petit-lait	2
Eaux grasses	3

IV	kg.
Herbe	4
Farine d'orge	1,500
Pommes de terre	1,500
Eaux grasses	6

Porcelets de 3 a 4 mois.

I

Orge concassée	0 kg. 500
Son de seigle	0 kg. 250
Balles de lin cuites	0 kg. 750
Tourteau de lin	0 kg. 125
Petit lait	à volonté.

II

Farines	1 kg. 500
Tourteau	0 kg. 250
Pains de cretons	1 kilo
Eaux grasses	5 litres.

Faire bouillir le tout ensemble, bien mélanger et donner tiède.

Porcs a l'engrais.

	I	II
Tourteau d'arachides.....	0 kg. 250	0 kg. 400
Son de blé...............	0 kg. 500	0 kg.500
Pommes de terre cuites....	4 kilos	1 kg. 500
Petit-lait	5 litres	5 litres
Feuilles de choux ou trèfle vert..................	»	5 kilos

	kg.		kg.
Marcs	1,500	Marcs	2
Pommes de terre cuites	3	Recoupes	1,500
Eaux grasses........	6	Orge	1,500

Viande	0,300	Triperie	0,800
Farine	0,500	Châtaignes	1,500
Glands..............	1	Eaux grasses........	6
Orties (cuites avec la viande)...........	4		

Modèles de rations de Porcs données a Madagascar.

(*Communiqué par M. Brissot, vétérinaire du Haras de Besorohitra,* 1918-1919.)

I. — *Rations pour Porcelets jusqu'à* 50 *kilos* :

	kg.		kg.		kg.
Manioc......	2,500	Maïs......	0,200	Patates ...	0,500
Sang........	0,500	Son	0,500	Son	0,500
		Sang	0,100	Sang	0,200
		Riz.......	0,400	Farine	0,500

II. — *Rations pour Porcs de* 50 *à* 150 *kilos* :

Manioc......	5	Far. de riz.	2,500	Patates ...	2 kil.
Sang........	0,500	Sang	0,650	Son	1,500
				Sang	0,500
				Farine	1

III. — *Rations pour truies gestantes ou nourrices :*

	kg.		kg.
Maïs	1	Patates	2
Son.............	2	Son	2
Sang............	0,500	Sang	0,500
Riz	2	Farine	2

IV. — *Rations pour Verrats adultes* (150-300 kg.)

	kg.		kg.
Maïs	2	Patates	2
Son.............	2	Son	2
Sang............	0,500	Sang	0,500

Rations distribuées en 2 fois aux adultes, en 3 fois aux jeunes.

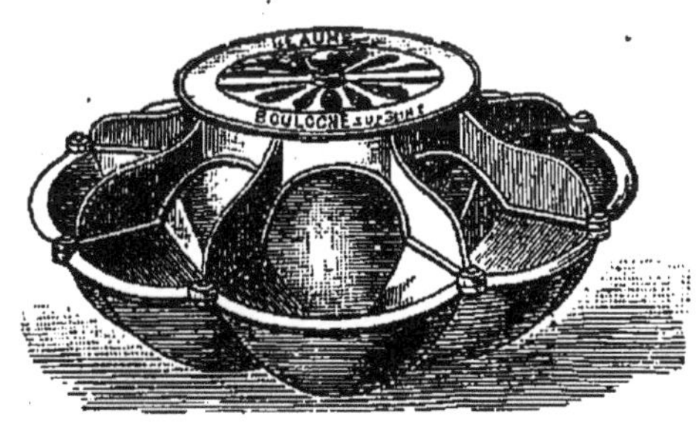

FIG. 78.
Auge à porcelets.

CHAPITRE VI

Appréciation et Rendement du Porc. Qualités et Catégories des viandes.

Le porc est essentiellement un animal « alimentaire »; aussi convient-il de rechercher les éléments de son appréciation et de son rendement comme producteur de viande.

La *qualité* de la chair du porc est influencée par diverses causes, telles que la race, l'âge, l'état de santé et d'engraissement, l'alimentation.

Les races extrêmement précoces fournissent beaucoup de graisse et une chair qui souvent manque de saveur. La précocité moyenne, assurant un développement suffisamment rapide des animaux, est compatible avec l'obtention d'une viande tendre, savoureuse et digestible. Les individus trop jeunes ou trop vieux sont éloignés de la bonne qualité, les premiers ayant une chair trop aqueuse, les seconds une chair dure et indigeste. Quand à l'alimentation, son influence a été assez souvent signalée dans les chapitres précédents pour qu'il soit utile d'y revenir : la qualité de la nourriture fait la qualité de la viande. On veillera surtout attentivement à l'alimentation dans la période qui précède l'abatage afin que la chair ne possède aucune odeur ni saveur désagréables.

L'appréciation du porc est basée sur l'examen de la conformation, l'abondance et la fermeté de la graisse déposée.

L'animal épais qui a le dos large et plat fournit beaucoup de lard; celui qui a les bourrelets de la gorge volumineux et le ventre tombant va donner de la graisse interne; il en aura beaucoup dans l'abdomen (panne et toilette) et autour des reins. Celui recherché par la charcuterie pour la vente du porc frais doit être fin et gras sans excès.

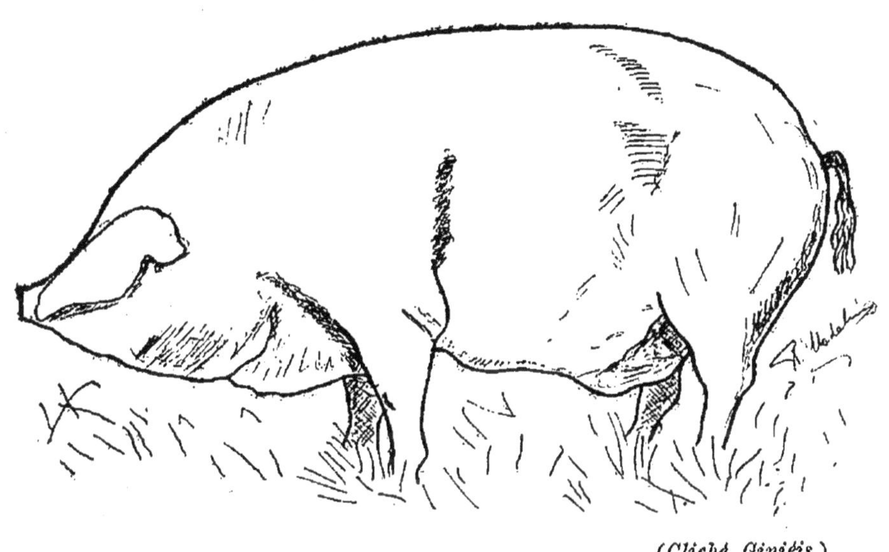

(*Cliché Giniéis.*)

Fig. 79. — Type de porc de boucherie.

Le *maniement* du porc comporte la palpation sur diverses régions corporelles, le dos, le rein, la croupe, les côtes en arrière des épaules. Lorsque la pression dénonce une graisse ferme, le lard a beaucoup de consistance ; si ces régions sont flasques, surtout la partie inférieure des côtes, la graisse est molle et la chair non sapide.

La viande des vieilles truies est dure; elle est aqueuse chez celles sacrifiées en cours de gestation. Les *verrats* et les porcs *cryptorchides* fournissent une viande à odeur plus ou moins accusée et désagréable au point de rendre, dans certains cas, la viande immangeable et justiciable de la saisie.

Caractères des viandes de porc suivant qualité.

1re *qualité.* — *Lard* abondant, ferme, blanc, onctueux. *Viande* de couleur légèrement rosée, avec marbré de grain fin.

2e *qualité.* — *Lard* légèrement rosé, gris ou jaune, peu résistant. *Viande* de couleur plus ou moins rouge; peu ou point de marbré.

3e *qualité.* — *Lard* sans consistance, spongieux. *Viande* cachectique ou de couleur blafarde.

Catégories. — Les morceaux de 1re catégorie sont fournis par le jambon et le rein. La 2e catégorie comprend les côtes, le ventre, l'épaule. La 3e catégorie, le cou et la tête.

Les morceaux sont indiqués plus loin en détail avec le découpage du porc.

Rendement. — Le porc est l'animal qui fournit le rendement le plus élevé en viande. Afin de pouvoir apprécier convenablement ce rendement, en conformité avec les habitudes du commerce de la charcuterie, il faut distinguer les trois cas suivants : les quartiers sont pesés ;

1o avec pieds et tête;
2o avec pieds sans tête;
3o sans pieds ni tête.

Il est publié ordinairement des chiffres de rendement qui sont élevés et compris généralement entre

76 et 85 %, mais on n'indique pas de quelle manière les pesées ont été faites. Il nous a donc paru nécessaire de recourir sur ce point à une documentation précise; nous avons pu y parvenir grâce à la collaboration de M. Chrétien, inspecteur du service vétérinaire des Halles de Paris, qui a bien voulu procéder pour nous à des pesées minutieuses ayant abouti au tableau ci-contre page 317 :

Le rendement moyen en viande nette pour les porcs utilisés par les charcutiers de Paris est sensiblement le suivant :

Avec pieds et tête........	71 %	du poids vif
Avec pieds sans tête......	66 à 67 %	—
Sans pieds ni tête........	64 à 65 —	—

Outre les quartiers de viande, tous les produits fournis par le porc : tête, pieds, intestins, sang, etc., sont livrés à la consommation; de sorte que le rendement total s'éléve jusqu'à 92-94-95 %,

Les pesées faites par M. Chrétien et celles auxquelles nous avons procédé de notre côté vont nous permettre de présenter certains détails relatifs à la répartition des morceaux, au poids des abats, etc. Sur l'une de nos observations faite à une date déjà éloignée, nous mentionnons les prix des diverses catégories de viande à cette époque.

1re *observation.* — mai 1909.

Achat de 8 porcs pesant ensemble 697 kilos à 0 fr. 96.

Poids de la viande nette : 483 kilogrammes.

EXEMPLES DE PESÉES DE PORCS

	Poids vif	Poids net chaud sans tête, avec pieds	Poids net froid, sans tête, avec pieds	tête	4 pieds	Rendement en viande nette, par rapport au poids vif: Poids mort froid avec pieds et tête	Poids mort froid avec pieds s^s tête	Poids mort froid s^s pieds ni tête
	kilos —	kilos —	kilos —	kilos —	kilos —	kilos —	kilos —	kilos —
Porc N° 1.	120	90	87,500	6,500	2,300	78,33 %	72,91 %	71 %
Porc N° 2.	114	79	77,500	7	2,650	74,12 %	67,98 %	65,65 %
Porc N° 3.	93	65	63,500	6	2,100	74,73 %	68,27 %	66,02 %
Porc N° 4. Marocain	79	51	50,500	5,800	1,700	71,26 %	63,92 %	61,77 %

Déchets de coupe.

Pieds..................	14 kg. 520	
Panne	23 kg. 700	
Rognons et queue......	2 kg. 070	
	40 kg. 290	40 kg. 290
Poids net..............		442 kg. 700

Rendement moyen :

Avec les déchets de coupe	69 %
Sans —	66 —

Détail des abats (1).

44 kg. 500 de tête à 0 fr. 25,	8 fuseaux à 0 fr. 10,
9 kg. 750 de foie à 1 fr. 20,	8 menus à 0 fr. 10,
9 kg. 70 de ratis à 0 fr. 60,	32 pieds à 1 fr. 75 le kilo = 4 fr. 80,
2 kg. 070 de rognons,	8 saignées à 0 fr. 10.
3 kg. 100 de crépines,	8 vessies à 0 fr. 05,
8 mous à 0 fr. 30,	23 kg. 700 de panne à 1 fr.
8 chaudins à 0 fr. 75,	

2e *observation* — janvier 1914.

23 porcs pesant ensemble 1.372 kilos.

Frais d'achat...... 1.372 × 1 fr. 52 =	2.085 fr. 44
Tuerie	46 fr. 10
Sorties d'abattoir....................	21 fr. 95
Total.........................	2.153 fr. 40

(1) Le *fuseau* (avec rosette) correspond au rectum ; la *suite de fuseau* est le colon, après lequel vient le *boyau frisé* ou *chaudin*. Le *menu* est l'intestin grêle.

Répartition des morceaux et abats.

Poids	Nature	Poids	Nature
—	—	—	—
260 kilos	Jambons.	163 kilos	Gras.
7 kg. 500	Crépines.	21 kilos	Ratis.
126 kilos	Têtes.		Vessies.
23 —	Menus.	21 kg. 400	Jambon de devant.
	Chaudins.		Palettes.
	Fuseaux.		
	Pieds.		Mous.
47 kilos	Panne.	28 kilos	Foies.
5 kg. 150	Rognons.		Rates.
337 kg. 300	Poitrine et hachage.	461 kg. 900	Porc frais.

Coupe du Porc adoptée par les Marchands en gros des Halles Centrales, à Paris (Gargots), d'après CHRÉTIEN.

Le nom de *complet* est donné au cadavre moins les viscères et la tête. Nous allons en suivre le découpage, en indiquant par un exemple, le poids des morceaux obtenus.

Soit un *complet* pesant 76 kilos; le *demi-complet* est de 38 kilos.

On enlève d'abord les *rognons* : 0 kg. 150. Puis, la *panne* : 0 kg. 950.

Ensuite, on scie les *pieds*, le pied de devant au-dessus de l'articulation du carpe, le pied de derrière au niveau de la bride tarsienne, à l'endroit où les tendons perforant et perforé sortent de cette bride.

2 pieds (1 devant et 1 derrière) : 1 kg. 250.

Le *jambon droit* — 9 kg. 450 — est scié au milieu du quasi, puis coupé perpendiculairement à l'os.

La *poitrine* est séparée par une section passant au ras des vertèbres dorsales et à l'articulation scapulo-humérale, en rejoignant l'angle formé par les deux sections du jambon. On obtient la *poitrine avec hachage* et *jambonneau.* Poids : 10 kg. 300.

Le *jambonneau de devant* est alors sectionné au ras de la région de l'épaule : 0 kg. 950.

Il reste la *poitrine avec hachage* : 9 kg. 350.

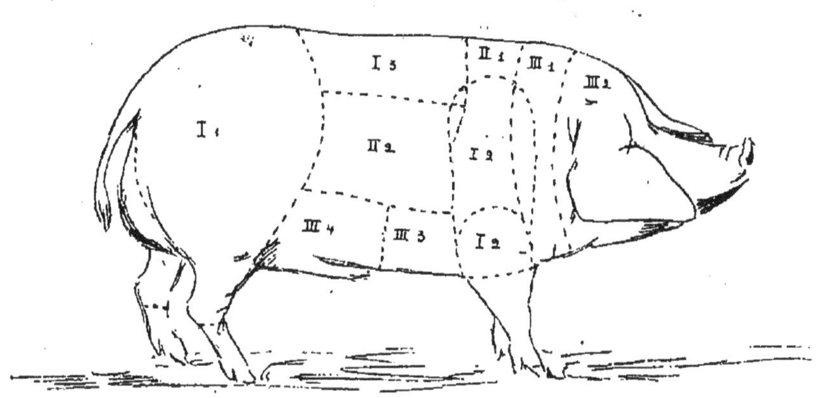

Fig. 80. — Répartition des morceaux d'après les catégories I, II, III.

I_1. Jambon de cuisse.
I_2. Jambonneaux.
I_2. Jambon d'épaule.
I_3. Filet et faux-filet.
II_1. Épaule.
II_2. Côtes.
III_1. Collet.
III_2. Tête.
III_3. Poitrine.
III_4. Ventre.

La partie supérieure du corps, c'est-à-dire celui-ci moins le jambon et moins la poitrine avec hachage, se nomme le *rein* : 17 kg. 600.

Le *rein* comprend :

La *longe avec palette*....................	10 kg. 100
La *bardière avec col*....................	7 kg. 500

La *bardière* ou *gras* est séparée de la *longe* au couteau en suivant sensiblement la limite du tissu adipeux.

La *palette* : 1 kg. 550, comprend le scapulum (os de l'épaule) et les muscles environnants. Lors du découpage, elle peut rester avec la longe ou en être séparée; dans ce dernier cas, on a d'une part la *palette*, d'autre part la *longe sans palette* ou *longe*.

La longe avec palette étant sectionnée perpendiculairement en arrière de la 5e côte, on obtient :

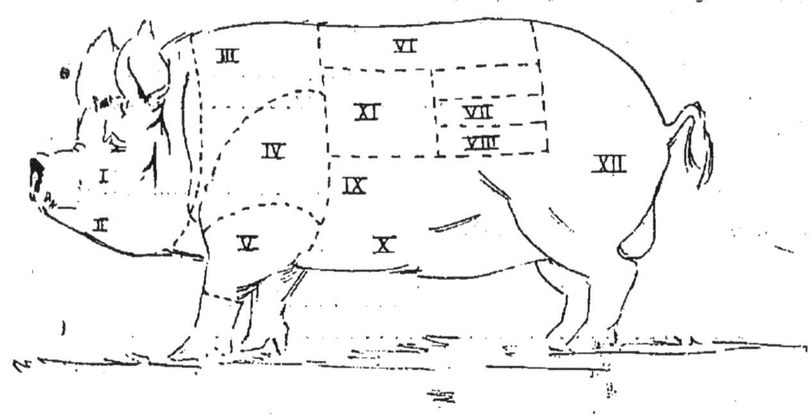

FIG. 81. — Répartition des morceaux du porc suivant la coupe adoptée aux États-Unis.

I. Tête.	VII. Reins.
II. Hure.	VIII. Lombes.
III. Épaule.	IX. Maigre des côtes.
IV. Partie postérieure de l'épaule.	X. Bord du ventre (bacon).
V. Jarret.	XI. Côtelettes.
VI. Gras du dos.	XII. Jambon.

En avant, l'*échine cinq côtes avec palette* : 4 kg. 500;

En arrière, le *filet levé* : 5 kg. 600.

Après séparation de la palette, l'échine cinq côtes avec palette devient *l'échine proprement dite* : 2 kg. 950.

La bardière étant séparée en deux parties à l'endroit où l'échine est séparée du filet, on a :

En avant : *le dessous de col* : 2 kg. 100;

En arrière : *la bardière sans col* : 5 kg. 300.

Le *col* : 3 kg. 650, se fait surtout chez les gros porcs, il comprend le dessous de col et la palette.

Bardière sans col et *filet levé* composent le *filet couvert* : 10 kg. 950.

Echine, *palette* et *dessous de col* composent le *bout de devant* : 6 kg. 650.

La poitrine avec hachage est sectionnée perpendiculairement à sa longueur, en arrière de la cinquième côte. On obtient alors :

En avant : le *hachage avec côtes*.........	4 kg. 200
En arrière : la *poitrine sans hachage*......	5 kg. 150

Si, du hachage avec côtes, on enlève les cinq premières côtes, cela donne :

Hachage sans côtes....................	3 kg. 550
Côtes	0 kg. 650

Le *jambon* comprend le *jambon démanché* et le *jambonneau sans pieds*. Cette coupe ne se fait jamais chez les gargots.

Le *caron* ou *pièce de lard* est une bardière très épaisse avec palette; il ne se coupe jamais que sur les gros animaux.

Le *gras* est le parage des jambons, poitrines et bardières.

Le *gras-hachage* n'existe pas dans les coupes ordinaires; il est composé de parties musculaires levées largement avec de la graisse sur les parties de bardières et de carons.

Les *grillades* sont les portions exclusivement maigres du gras-hachage.

Le *travers* est le haut des côtes du filet chez les gros animaux.

La *couenne* n'est pas autre chose que la peau.

Voici, pour compléter les indications précédentes quelques données recueillies par M. Chrétien.

La moyenne d'une *saignée de porc* à la Villette est de trois litres de sang.

Pesées sur une tête de porc.

Tête sans langue		5 kg. 270
Os	1 kg. 670	
Cervelle	0 kg. 100	5 kg. 220
Viande	3 kg. 450	

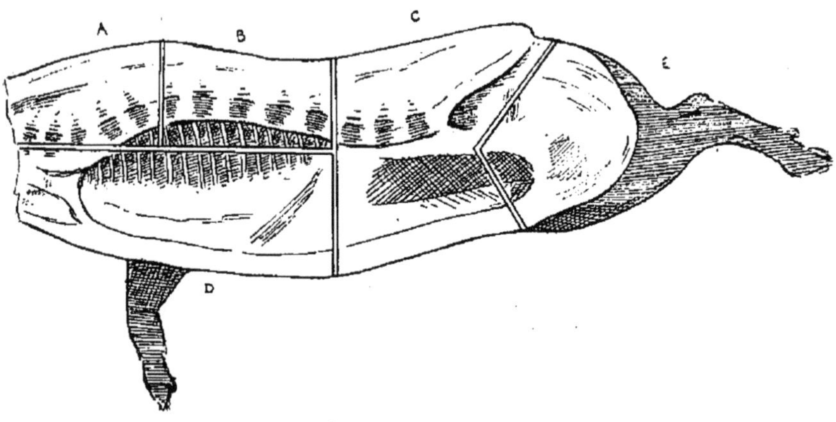

Fig. 82. — Coupe du porc.

A. Échine. — B. Filet. — C. Rein. — D. Poitrine. — E. Jambon.

Le poids moyen d'une tête de porc est de 6 kilogrammes chez le vendéen ou le normand et de 5 kilogrammes chez le corrézien.

Aux Halles centrales, pour 1.000 kilogrammes de têtes de porc, on estime qu'il y a :

Langue	100 kilos	Couenne	45 kilos
Cervelle	25 —	Tendons et aponévroses	20 —
Oreilles	125 —	Os	500 —
Museau	60 —		
Hachage	125 —		

Ces chiffres sont variables avec la race des animaux, et, aussi, selon qu'il s'agit de sujets jeunes ou de vieilles truies, selon la manière dont la tête est sectionnée; (les prix d'octroi à l'entrée n'étant pas les mêmes pour la viande de porc ou la tête, il arrive parfois qu'on laisse une partie du col sur la tête pour payer moins d'entrée). Dans les chiffres ci-dessus fournis par des marchands de porcs, le poids des os nous paraît un peu exagéré.

Chez les porcs de bonne qualité des charcutiers de Paris,

la *panne*, rend en moyenne 75 % de saindoux;

le *petit gras* avec couenne, 68-70 % de saindoux.

Enfin, nous en terminerons avec la documentation relative à la répartition des divers morceaux chez le porc en présentant les trois exemples suivants recueillis par Vincey, directeur des Services agricoles de la Seine.

Expérience de 6 porcs pesant ensemble 403 kg. 6 de viande nette.

3 Reins	46,5	2 Bardières	9,3
3 Longes	29	2 — (salais.)	7,4
2 — pal	24,5	Gras...........	20,2
3 Filets levés.....	15,9	6 Jambonn. dev.	4,7
3 Bouts de devant	15,9	6 — (salais.)..	4,7
6 Poit. 3 cols	53,8	2 — derrière .	1,9
4 Poit. (char.)....	29	12 Pannes	17,2
2 Poit. sans.......	9,2	12 Rognons.......	1,65
2 Hachages.......	6,9	24 Pieds	12,5
6 Jambons (sal.) .	40,5	Côtes..........	3,35
4 — (charc.)	26		
2 — (dém.).	10,8		
2 Carons	9,7		400,6

Expérience de 12 porcs : 745 kilos.

14 Longes........	118	4 Palettes........	5,3
6 — pal	54,5	24 Côtes	13
4 Filets levés....	19,8	4 Cols...........	14.6
4 Bouts de devant.	19,8	Gras...........	30
10 Jambons	67	24 Jambonn. dev.	17,8
8 — ronds ...	43,5	6 — derrière .	6,4
6 — déman ..	36,5	Panne..........	31,5
18 Poitrine, 6 cols.	130	Rognons.......	3,3
6 — sans ..	21,3	48 Pieds	25,2
6 Hachages S. C..	20,8		
10 Bardières	40,2		741,3
6 —	22,8		

Expérience de 4 porcs : 273 kilos.

2 Filets levés....	12,5	8 Pannes	10,8
2 Longes pal.....	18,3	8 Jambonn. devant	6,4
2 Bouts de devant.	14,3	16 Pieds	8,5
2 Longes	18,9	4 Bardières	13,2
2 Reins	29,6	Gras...........	14,4
8 Jambons	55,5	Rognons.......	1,2
8 Poit. hach.....	59,3		
2 Cols...........	8		270,9

Voici, pour compléter cette documentation, deux exemples de rendements de porcs appartenant à des races étrangères :

Rendement d'un porc anglais Essex.

(Poids vif : 169 kilos au moment de l'abatage après 24 heures de jeûne.)

	kilos
Poids du sang.........................	7,750
Intestin et estomac vidés................	4,100
Contenu intestin, vessie et estomac.......	5,050
Cœur, poumon, foie, langue..............	4,750
Graisse, rognon, ventre, intestin.........	14,250
Pertes (soie, pieds, etc.).................	3,800
Poids de la carcasse nette..............	129,300

M. F. Badoux a publié, dans la *Terre vaudoise* (1923), les rendements comparés d'un porc Yorkshire et d'un porc lucernois, tous deux abattus après un jeûne de 24 heures. Les résultats des pesées sont les suivants :

	Lucernois	York
	kg.	kg.
Poids du sang	2,500	2,300
Intestin et estomac vidés	4,800	3,800
Contenu intestin, vessie, estomac	7	2,700
Cœur, poumons, foie, langue	5	4,200
Graisse, rognon, ventre, intestin	13,900	14,900
Pertes, soies, pieds, etc	1,600	1,200
Poids de la carcasse nette	132,200	130,900
Total	167 kilos	160 kilos

TABLEAU DONNANT LE DÉTAIL DE L'UTILISATION D'UN PORC.

I. — *Carcasse ou complet.*

Jambon droit { jambon démanché, jambonneau sans pied.

Poitrine avec hachage { hachage avec côtes { hachage sans côtes, côtes. ; poitrine sans hachage.

Jambonneau de devant.

Rein

Longe avec palette { longe, palette.

Bardière avec col { dessous de col, bardière sans col.

Échine cinq côtes.

Filet levé.

II. — *Issues* (1).

Tête.

---

(1) G.-T. HAMEL, *Sous-produits primaires des abattoirs américains*. Ch. Amat, 1912.

- Pieds — vendus pour la consommation ou donnant
  - saindoux,
  - colle,
  - engrais.
- Sang.
- Viscères comestibles
  - cœur,
  - foie,
  - poumon.
- Matières grasses
  - panne,
  - saindoux
    - huile de saindoux,
    - stéarine de saindoux,
  - déchets allant aux engrais.
- Estomac et Intestins
  - Pepsine,
  - Enveloppes pour divers produits comestibles.
- Pancréas — Pancréatine.
- Issues diverses
  - Vessies,
  - Soies.
- Résidus
  - Graisses
    - Huile de lard,
    - Stéarine de lard.
  - Engrais.

CHAPITRE VII

Évaluation du poids du porc par les mensurations.

Appliquée surtout au bœuf et au cheval, la zoométrie permit de recueillir dans ces deux espèces une utile documentation, et d'établir des formules permettant de déterminer le poids des animaux. Elle n'a guère été pratiquée chez le porc. Toutefois, il doit être fait mention d'un travail sur les mensurations du porc publié par M. Pedro Gonzalez, professeur de zootechnie à l'École vétérinaire de Santiago (Chili), en 1911 (1).

Dans ce travail, l'auteur poursuit l'application au porc du système de notation et d'appréciation établi par Lydtin pour les Bovins. Il dresse un tableau de notation dans lequel chaque mensuration possède un coefficient d'appréciation permettant d'arriver finalement au pointage de l'animal. Les coefficients sont conçus de façon à donner plus d'importance aux régions ou parties du corps qui régissent la conformation du tronc et influencent le rendement en viande.

Voici ce tableau :

---

(1) Dans le nº du 1er août 1911 de « *Praticas Modernas* ».

TABLEAU DE NOTATION POUR L'ESPÈCE PORCINE

DÉSIGNATION.	COEFFICIENTS.
1° *Ligne dorsale.* — Apprécier son horizontalité en prenant les hauteurs au garrot, au dos et à la croupe........................	2
2° *Longueur du tronc.* — Longueur scapulo-ischiale prise de la pointe de l'épaule à la pointe de la fesse. On la recherche aussi grande que possible..................	2
3° *Poitrail.* — Amplitude appréciée par la largeur et la hauteur du thorax...........	2
4° *Bassin.* — Amplitude appréciée par la largeur et la longueur de la croupe.............	2
5° *Indice dactylo-thoracique.* — Rapport entre le périmètre du canon et le périmètre thoracique donnant la finesse relative du squelette	1
6° *Tête et Encolure.* — Leurs caractères ethniques et individuels.........................	0,75
7° *Robe, Peau et Muqueuses.* — Leurs caractères ethniques et individuels................	0,25
Total..........................	10

La notation étant faite de 0 à 10, le total de points obtenus varie jusqu'au maximum 100.

L'auteur indique des mensurations prises sur 17 animaux appartenant à la *race de Galice* (du type concave à oreilles tombantes) et il en déduit la conformation théorique du type, conformément au tableau ci-dessous :

Un porc ayant 100 *cent. de hauteur au garrot doit avoir :*

Hauteur du dos.................	110	cent.	ou moins.
Hauteur à la croupe.............	110	—	—
Longueur scapulo-ischiale........	140	—	ou plus.
Largeur de poitrine..............	40	—	—
Hauteur de poitrine..............	60	—	—

Largeur de croupe..............	35 cent.	ou plus.
Longueur de croupe.............	45 —	—
Indice dactylo-thoracique........	$\frac{1}{6}$ —	ou moins.

Les porcs du Centre national zootechnique des Vaulx de Cernay étant tous mesurés périodiquement, nous avons à notre disposition une quantité importante de fiches individuelles dont chacune comprend les mensurations suivantes :

Hauteur au garrot,
Hauteur au dos et au sacrum,
Largeur et longueur du bassin,
Longueur du tronc.
Tour du canon.
Tour droit de la poitrine.
Tour biais et tour spiral.

Les unes sont prises avec la canne toise ou le compas d'épaisseur, d'autres avec le ruban métrique. Leur application au porc ne va pas toutefois sans quelques difficultés. M. Degois, vétérinaire du Centre zootechnique, aidé de collaborateurs habiles, patients et — fait essentiel — bien connus des animaux qu'ils maniaient toujours avec la plus grande douceur, a pu opérer avec toutes garanties désirables.

Sans entrer dans de plus longs détails, nous retiendrons que les mensurations sont praticables sur le porc, et qu'on peut les obtenir exactement. De ces mensurations, on peut tirer des éléments de grande valeur pour l'appréciation de la croissance des animaux et de leur plastique. Nous retenons seulement, ici, leur application à l'appréciation du poids (1).

---

(1) Dechambre et Degois, Évaluation du poids du porc par les mensurations. *Travail du Centre national zootechnique des Vaulx-de-Cernay* (*Revue de Zootechnie*, 1924).

Recherche du poids vif. — 1° *Formule de Crevat, en fonction du tour droit de poitrine.*

Le tour droit de la poitrine s'obtient en faisant passer le ruban sur le garrot et les côtes immédiatement en arrière des épaules, en enveloppant la poitrine pour revenir au point de départ. Le ruban doit être suffisamment serré.

Chez les *Bovins*, le poids vif est donné par la formule : $P = 80\ C^3$, C étant le tour de poitrine (circonférence thoracique).

Pour l'application au *porc*, le coefficient doit être abaissé à **75**.

Avec la formule : $P = 75\ C^3$, on a un résultat suffisant (5 % d'écart) dans plus de la moitié des cas. Dans un quart des cas l'écart atteint ou dépasse 10 %.

2° *Formule de Quételet en fonction du tour de poitrine* (c) *et de la longueur* (l) *du corps.*

Chez les Bovins, on emploie la formule :

$$P = C^2 \times l \times 87{,}5$$

Avec le porc, le coefficient doit être élevé à 100.

La cause en est, en partie, au poids de la tête et des membres qui chez le porc dépasse généralement le dixième admis par Quételet chez le bœuf. Nous avons, en effet, trouvé le poids moyen de la tête égal à 7,3 % du poids vif. Pour un porc de 100 kilogrammes, il ne resterait que 2 kg,700 pour les quatre membres coupés au ras du corps; ce qui serait insuffisant. Nous avons obtenu, par le coefficient 100, $\frac{5}{10}$ de bons résultats (moins de 5 % d'écart), 2/10 de résultats suffisants (entre 5 et 10 %) et 3/10 d'insuffisants (au-dessus de 10 % d'écart avec le poids fourni par la bascule).

3° *Formule de Crevat en fonction du tour spiral* (f). Le coefficient employé pour les bovins est 40 :

$$P = 40\ f^3$$

Nous l'avons ramené pour les porcs à 34.

$$P = 34\ f^3$$

Les résultats sont meilleurs qu'avec les deux précédentes formules. Sur 35 animaux, il n'y en eut que 6 sur lesquels le ruban a donné un écart trop marqué pour que les résultats fussent acceptables.

Recherche du poids net. — 1° *Méthode Dombasle.* La méthode Dombasle donne le *poids net* d'après le *tour biais* de la poitrine. En l'absence du ruban spécial établi pour les bovins, on calcule ce poids net en employant un coefficient qui varie de 29,5 à 33 suivant l'état d'engraissement.

$$Pn = b^3 \times 29{,}5$$

Nous avons porté ce coefficient à 50 pour le porc. Ce chiffre nous paraît être celui qui permet d'approcher le plus près de l'exactitude, puisque, sur 35 porcs, nous trouvons 14 écarts en plus du poids sur bascule et 14 écarts en moins, les 7 autres étant très exacts.

2° *Calcul du poids net par le tour droit de la poitrine.* Le coefficient par lequel on multiplie le cube du tour droit (C^3) varie de 35 à 42 pour les bovins. Avec un rendement moyen de 75 %, il est, chez le porc, de 55. On l'élèvera jusqu'à 60 avec les porcs très gras, fins et précoces.

3° *Calcul du poids net par le tour spiral.*

Crevat a appliqué aux bovins le coefficient 22. De même que dans les formules précédentes, la différence de rendement entre porcs et bovins oblige à modifier ce coefficient. Celui qui convient le mieux, nous paraît être 26, d'où la formule :

$$Pn = 26 f^3$$

Avec des races précoces et des sujets très engraissés, on emploiera un chiffre plus fort. C'est ainsi qu'avec les Middle White, le coefficient 27 donne un résultat un peu plus approché.

Les formules et mensurations qui viennent d'être indiquées peuvent rendre service aux débutants, les aider dans leurs appréciations et rectifier un jugement encore flottant. La pesée du porc étant plus facile que celle des grands animaux, car on peut utiliser pour lui une bascule ordinaire, tandis que les grosses bascules nécessaires pour ces derniers n'existent que dans une minorité d'exploitations — les formules offrent dans cette espèce moins d'intérêt pratique que chez les grands ruminants. Nonobstant, nous avons cru utile de les faire connaître. Des observations nouvelles, faites en divers pays et sur diverses races, en nombre aussi grand que possible, permettront certainement, dans la suite, de serrer de plus près la solution du problème.

CHAPITRE VIII

Conditions économiques de la Production porcine.

Les qualités reconnues au porc comme producteur de viande et machine à transformer les aliments s'accompagnent de circonstances propres à l'espèce pour modifier dans un laps de temps relativement court, l'effectif des animaux exploités. En d'autres termes, les conditions économiques de la production porcine sont régies par des facteurs spéciaux nuisibles ou avantageux à cette production suivant les cas.

La truie est féconde et prolifique; elle peut faire cinq portées en deux ans, et le porc arrive à produire de la viande comestible plus tôt que les autres animaux de la ferme. Il faut peu de temps aux éleveurs pour augmenter leur effectif porcin; il leur est d'autre part également facile de le comprimer, et ces deux alternatives se produisent souvent.

Lorsque les porcs sont en nombre réduit, le prix augmente, et l'on voit alors les fermiers accroître l'effectif des truies livrées à la production; en peu de temps, les arrivages des porcelets sur les marchés montent à tel point que, en vertu de la loi de l'offre et de la demande, les prix baissent. Si cette chute des prix est très marquée, elle a, sans retard, un retentissement sur l'élevage : les producteurs vendent leurs truies et cessent l'élevage des porcelets. Pour peu que cette pratique se généralise, elle provoque pendant quelque temps une surcharge du marché qui pèse encore sur les cours, au point qu'une véritable démoralisation peut s'en suivre et une crise survenir, comme ce fut le cas en 1896. A cette date, en effet, la mévente des porcs fut telle et les porcelets étaient tombés à un prix si bas que nombre de reproducteurs furent envoyés à l'abattoir. Puis peu à peu,une fois que le marché a fini d'absorber les éléments en excès, la pénurie se fait sentir, les prix reprennent; la courbe représentative des cours accuse une marche ascendante. En la suivant pendant un certain nombre d'années, on voit cette courbe passer alternativement par des maxima et des minima dont l'amplitude est plus marquée qu'avec n'importe quelle autre espèce animale. Les cours élevés sont pour beaucoup le signal de se jeter à nouveau dans l'élevage intensif du porc, jusqu'à ce qu'un nouvel excès de production ne fasse pencher la balance dans un autre sens.

Le prix de revient des denrées alimentaires ou la difficulté de s'en procurer interviennent aussi pour influencer la production porcine. La récolte des pommes de terre, en particulier, est un facteur dont il faut tenir compte; s'il est exact que le porc se plie à un régime alimentaire très varié, et échappe de ce fait aux aléas auxquels restent soumises les autres espèces à viande, il n'en est pas moins vrai que, dans les fermes où l'alimentation avec les sous-produits industriels n'est que peu ou point employée, lorsque la récolte de pommes de terre est déficitaire, on élève et on engraisse moins de cochons. Vienne une année de récolte abondante, les porcelets et porcs maigres atteindront des prix élevés, car chacun voudra en garnir son toit pour faire consommer le précieux tubercule devenu abondant.

En 1913, la France possédait un troupeau porcin

dépassant 7 millions de têtes (consulter le tableau ci-contre des statistiques); malgré cet effectif important, elle importait chaque année un nombre élevé de porcs vivants :

En 1910 .... 16.000 têtes
— 1911 .... 218.000 —
— 1912 .... 395.000 —

en provenance de Belgique, de Hollande, de Danemark, de Serbie, etc. Dans la même période, nous introduisions en outre environ 60.000 quintaux de porcs abattus, salés ou fumés.

STATISTIQUE DE L'ESPÈCE PORCINE EN FRANCE

Années	Animaux reproducteurs		Animaux à l'engrais de plus de 6 mois	Porcs jeunes de moins de 6 mois	Total de l'espèce
	Verrats	Truies			
1922[a]	30.430	692.740	1.982.530	2.490.040	5.195.740
1922[b]	»	»	»	»	4.840.960
1921[a]	33.630	708.080	1.931.160	2.493.210	5.166.080
1919[b]	26.350	617.830	1.468.250	1.968.130	4.080.560
1913[b]	38.560	906.790	2.800.760	3.289.740	7.035.850

Le rapprochement des chiffres ci-dessus donne lieu aux constatations ci-après :

	Porcins
Augmentation en 1922 par rapport à 1921[a]	29.660 soit 0,58 %

	Porcins		
	—		
Augmentation en 1921, par rapport à 1920[b]...............	224.620	—	4,55 —
Déficit en 1922[b], par rapport à 1913.....................	2.194.890	—	31,2 —

Nota. — *a.* — Signifie : y compris l'Alsace et la Lorraine
b. — non compris —

L'effectif actuel est supérieur à 5 millions de têtes; mais si l'on examine les chiffres du tableau statistique, on constate que la reconstitution du cheptel porcin ne s'opère que lentement : la progression a été, en 1922, notablement moindre que celle constatée l'année précédente. Par rapport aux existences de 1913, les chiffres totaux de 1922 (déduction faite des existants dans les trois départements reconquis, Moselle, Haut-Rhin et Bas-Rhin, pour rendre ces chiffres exactement comparables à ceux d'avant-guerre) accusent encore un déficit considérable puisqu'il arrive à 31,2 % (1).

On peut donc avancer que, contrairement à toute prévision, et en contradiction avec ce qui a été dit plus haut, l'élevage porcin ne semble pas réparer aussi vite qu'on eût pu le penser les pertes qu'il a subies. Quelles peuvent être les causes qui interviennent ici?

La première observation à faire est relative aux statistiques elles-mêmes qui, aussi bien et aussi

(1) D'une manière générale, on est autorisé à dire que depuis la guerre, la production porcine marque partout une tendance à la diminution. Aux États-Unis, l'effectif actuel est de 60 millions, avec 10 % de moins qu'avant la guerre. Au Canada, il est de 2.515.000 environ, avec une diminution de 900.000 têtes. En Angleterre, on compte environ 1.920.000 porcs, et une réduction de 550.000 en chiffres ronds.

consciencieusement établies qu'elles soient, ne peuvent pas représenter la situation exacte d'espèces qui, comme celle des bovins, des moutons et des porcs fournissent à la consommation un grand nombre d'animaux jeunes. Nous aurons dans un autre ouvrage à faire état de ces arguments au sujet de la diminution de l'effectif ovin. Nous en tenant à ce qui concerne l'espèce porcine, nous constatons qu'un certain nombre d'individus livrés à la consommation avant la fin de leur première année d'âge, souvent entre 7 et 8 mois, peuvent échapper aux statistiques dressées annuellement, à des dates à peu près fixes entre lesquelles s'écoule leur brève existence.

Ensuite, dans le rendement économique d'une espèce, et, une fois encore, d'une espèce comestible. le nombre des représentants n'est pas le seul critérium de la productivité. Celle-ci est fonction du rendement individuel; lorsque ce dernier se trouve augmenté, le rendement total de l'espèce s'en trouve accru, et il peut atteindre, avec un nombre relativement réduit, celui d'une population plus dense, mais à rendement individuel moindre. L'amélioration réalisée dans l'élevage porcin, la hâtivité de développement qui en est la conséquence, et qui accélère l'évolution d'animaux destinés à être abattus de plus en plus tôt, atténue dans une certaine mesure le déficit causé par l'insuffisance numérique du cheptel. Il est sûr que la compensation n'est pas totale; pour en avoir la certitude, il faudrait toutefois posséder sur l'état du cheptel porcin une documentation statistique tellement détaillée qu'on ne peut guère compter la rassembler. Quoiqu'il en soit, on est en droit de dire que le seul examen des statistiques ne suffit pas à donner l'aspect exact de notre production porcine, et que la diminution des effectifs est en partie compensée par une augmentation de la productivité des unités existantes.

En dehors des considérations précédentes, diverses causes agissent pour empêcher que l'effectif porcin ne soit remonté à son niveau primitif aussi rapidement qu'on eût pu le prévoir. Ces causes tiennent essentiellement à des difficultés de main-d'œuvre et d'alimentation. La crise de main-d'œuvre dont souffre l'agriculture d'une manière générale rend difficile, parfois impossible, le recrutement du personnel nécessaire à la porcherie; aussi, dans bien des cas, au lieu de donner à celle-ci l'importance qu'elle serait susceptible de prendre, la limite-t-on au nombre d'animaux que l'on peut entretenir avec une main-d'œuvre non spécialisée. D'autre part, l'alimentation économique du porc est souvent difficile, soit parce que divers aliments ont atteint un prix élevé, soit aussi parce que bien des producteurs insuffisamment avertis des avantages offerts par les substitutions alimentaires hésitent à les pratiquer. La crise par laquelle passe en ce moment et dans tous les pays, la production de la pomme de terre si réduite du fait de graves maladies, n'est pas non plus sans influence sur la production porcine. Si l'espèce conserve d'une manière générale toutes possibilités connues pour réparer ses pertes d'effectif lorsque les conditions lui sont favorables, il faut constater que, dans la situation actuelle, des éléments interviennent qui n'ont pas encore permis un retour complet à ce qui existait dans la période précédente.

TABLE MÉTHODIQUE DES MATIÈRES

DEUXIÈME PARTIE

Élevage et Exploitation du Porc.

TABLE ALPHABÉTIQUE

LISTE DES CARTE ET GRAVURES

contenues dans le tome IV.

CARTE

GRAVURES

LISTE DES TABLEAUX

IMPR. DE MONTLIGEON, LA CHAPELLE-MONTLIGEON (ORNE). — 14035-5-24

ANNONCES

Bien qu'il n'ait pas dédaigné les notions théoriques, l'auteur a voulu écrire un livre pour les praticiens. Aussi n'a-t-il pas craint d'accumuler les remarques empiriques, les observations pratiques et toutes les constatations multiples que seules peuvent faire les personnes qui examinent et apprécient des animaux chaque jour.

Des modifications et des additions nombreuses ont été apportées à cette seconde édition.

Le dynamisme y occupe sa véritable place. A côté de l'âge, de la conformation et de l'intégrité organique, l'énergétique ou aptitude fontionnelle qui a son origine dans l'activité intime des tissus, exerce, en effet, une grande influence sur la capacité productive des animaux. Elle représente, avec la plastique et le dressage, l'un des principaux facteurs de l'adaptation professionnelle. Elle a été dégagée dans chaque espèce domestique. Pour les moteurs et pour l'espèce chevaline, en particulier, elle a conduit l'auteur à compléter l'examen de l'animal au repos par l'examen de l'animal en mouvement. De là quelques chapitres nouveaux sur les attitudes, les mouvements sur place, les allures, les relations de l'énergétique avec l'antithèse dynamo-cinétique qui ne figuraient pas dans la première édition et dont tous les praticiens, les acheteurs de chevaux notamment, apprécieront l'importance. Dans les chapitres qui traitent des autres espèces, elle a provoqué des remaniements qui en font mieux ressortir toute la valeur.

En second lieu, l'objet de la *Connaissance du Bétail* s'est étendu. Il ne reste plus limité à l'étude des grands animaux de la ferme. A cause de l'importance croissante que prennent d'autres espèces et de l'exploitation de plus en plus intensive de nos colonies, M. Ginieis a résumé quelques brefs aperçus sur l'appréciation du chameau, du chien, des volailles et de l'autruche.

COSSETTES
"NOSYBEENNE"
Alimentation du Bétail
ENGRAISSEMENT RAPIDE
PORCS
VEAUX
Etc.
MANIOC
100 Kos
MANIOC
remplacent
110 Kos Orge
140 Kos Avoine
450 Kos Pommes de Terre
Cie Nosybeenne d'Industries Agricoles
9, Rue Pillet-Will
PARIS

www.ingramcontent.com/pod-product-compliance
Ingram Content Group UK Ltd.
Pitfield, Milton Keynes, MK11 3LW, UK
UKHW020301230726
13925UKWH00001B/164